数据科学与大数据管理丛书

Data Resource
Management

数据资源管理

主　编　陈忆金　奉国和

副主编　赵一鸣　曹高辉　张文亮

U0178154

机械工业出版社
CHINA MACHINE PRESS

本书是一本介绍数字化转型背景下数据资源管理相关理论、方法与应用的图书。书中介绍了数字化转型、数据与数据资源管理、数据架构与设计、数据存储与管理、数据组织、数据分析与服务、元数据管理、数据质量控制、数据安全管理与数据资源管理机构等方面的内容。"数据资源管理"课程是信息管理与信息系统专业的一门基础课，也是管理学、数据科学的一门重要的核心课程，本书可以作为该课程的参考教材使用。本书在介绍相关理论的同时，也积极引入实践应用领域出现的新案例和新问题，理论与案例相结合，因此本书也适合想要初步了解数据资源管理相关知识的读者阅读。该者可以从书中了解数据资源管理涉及的理论和方法，了解相关技术在社会经济发展中的应用现状。

图书在版编目（CIP）数据

数据资源管理 / 陈忆金，奉国和主编. —北京：
机械工业出版社，2023.11
（数据科学与大数据管理丛书）
ISBN 978-7-111-74321-7

Ⅰ．①数…　Ⅱ．①陈…　②奉…　Ⅲ．①数据管理－资源管理（电子计算机）　Ⅳ．① TP274

中国国家版本馆 CIP 数据核字（2023）第 225871 号

机械工业出版社（北京市百万庄大街22号　邮政编码100037）
策划编辑：张有利　　　　　　责任编辑：张有利　李　乐
责任校对：韩佳欣　李小宝　　责任印制：李　昂
河北鹏盛贤印刷有限公司印刷
2024年1月第1版第1次印刷
185mm×260mm・18.5印张・401千字
标准书号：ISBN 978-7-111-74321-7
定价：59.00元

电话服务　　　　　　　　　　网络服务
客服电话：010-88361066　　　机　工　官　网：www.cmpbook.com
　　　　　010-88379833　　　机　工　官　博：weibo.com/cmp1952
　　　　　010-68326294　　　金　书　网：www.golden-book.com
封底无防伪标均为盗版　机工教育服务网：www.cmpedu.com

在大数据、人工智能环境下，数据资源的管理与应用成为关注焦点。为此，我们组织相关老师编写了本书，数据资源管理是信息管理与信息系统专业的一门基础课，也是管理学、数据科学的一门重要的核心课程。作为该课程的教材，意在向学生介绍数字化转型背景下数据资源管理的相关理论、方法与应用。在本书编写过程中，我们积极引入实践应用领域出现的新案例和新问题，以求能尽量贴近社会经济发展的需求。

本书编写参阅了许多学者的研究成果，我们以脚注的形式进行了标注（可能有因疏忽而遗漏的），对这些学者表示由衷的感谢。本书的编写得到了华南师范大学经济与管理学院的大力支持，蔡亚芳、刘任铧、牛庆萱、肖雅婧、朱思琪、邱嘉萱等同学的参与让本书的编写工作得以顺利进行，在此一并表示感谢。

本书的编写也得到了兄弟院校同行的大力帮助和支持，机械工业出版社的编辑，提出了许多宝贵建议，为本书的编辑出版付出了辛勤劳动。要编写出一本结构合理、内容经典的教材，需要我们持续精进与努力付出。对于本书中存在的疏漏与错误，也恳请同行和读者批评指正！

编 者

2022年11月22日于广州

CONTENTS

目 录 ●─○─●─○─●

数字化转型

■ 章前案例[⊖]:

华为技术有限公司（以下简称华为）于1987年注册成立，1988年正式开始运营，在信息化领域于1993年成立管理工程部，1999年由于管理环节暴露了很多问题，华为开始推进流程的变革，制定IT战略五年规划。2006年，随着市场环境的变化，华为面临着将市场从亚非国家推向发达国家的发展机遇，因此，华为开始了ERP和供应链的建设与变革，对合规性包括华为财经体系的建设提出了更高的要求。早期，华为的客户大多是全球TOP50的运营商，低频高价值的交易流占主导，IT系统的交易压力并不大。到了2016年，华为的业务形态发生了非常大的变化，业务范围从运营商业务扩展到企业业务，这对华为原有的IT系统产生了非常大的冲击，因此，华为走上了数字化变革的道路。

华为的IT投资占到了销售收入的2%~2.5%，IT从职能部门转到了生产力部门，成为华为业务的支撑。华为作为一家非原生数字企业，其数字化转型面临着新的挑战。从建立公司起，华为就累积了大量的原始数据，但这些数据存在着储存标准不一致、数据之间不互联互通、数据架构老化等问题；并且对于拥有19万名员工、15万个合作伙伴，在170个国家开展业务的全球化企业，其服务对象非常复杂，需要实现对供应商、渠道合作伙伴、企业客户、消费者、员工等五类用户需求的及时响应。同时，华为的应用系统复杂，系统集成和数据集成面临着巨大的挑战，需要有坚定的决心和付出长久的努力。

2016年，华为正式启动集团的数字化转型战略。数字化转型对内部来讲主要是提升运营效率，各业务领域数字化、服务化，打通领域的信息断点，达到领先于行业的运营效率；对外部而言是提升用户体验，实现与客户做生意更简单、更高效、更安全的目标，从

⊖ 案例来源: CIO发展中心. 华为的数字化转型之道［EB/OL］.（2020-10-14）［2022-11-28］. www.ileader. com.cn/html/2020/10/14/72037.htm.

而提升客户满意度。华为数字化转型主要从 5 个方面着手：第一，转意识，数字化转型要在理解业务变革之后明确业务的诉求，从业务出发而不是从技术出发。第二，转组织，建立业务与 IT 的一体化团队，数字化转型触及流程和组织的变动，如何将业务团队融合共同推动数字化转型就十分重要。第三，转文化，打通数据之间的壁垒，使不同部门之间的数据流通起来，在业务流程和企业文化上建立一种共享机制。第四，转方法，数字化转型需要建立好数据存储和数据收集基础，在数字化转型之前要先做好业务对象、业务流程、业务规则的数字化。第五，转模式，如何在已有 IT 系统的基础之上充分利用 IT 资产，形成新的适应企业发展的 IT 架构是每个数字化转型企业需要思考的问题。

华为数字化转型围绕价值创造的变革主线，横向将主要业务分为三个方面，第一个是面向客户体验的交易流，第二个是面向研发和产品创造的产品流，第三个是基于敏捷交付的实现流。从纵向来看，华为的 IT 系统平台采用了前、中、后台的架构，对前台实现了更加快速敏捷的用户链接，对中台通过梳理和打散业务能力实现服务化，对后台的搭建以业内成熟的"软件包"为基础构建业务交易和应用骨干，将大量软件包的功能通过 API 进行封装向中台去沉淀，来满足前台快速灵活编排的需求。在对数据的管理和数据标准的统一上，华为在集团层面构建了一个统一的数据湖，各个部门的数据要素都往数据湖里面汇聚。以业务数字化为前提，数据入湖为基础，重点建设数据中台，同时加强数据安全、数据质量、数据标准、元数据管理等数据治理能力建设。数字化转型过程中的安全问题也是企业最关注的问题，华为采用"以云治云"的模式来保证集团数据、流程、IT、业务的安全，为资产和使用对象建设了画像中心，实现了使用对象能够与资产进行快速匹配。

案例思考题：

1. 华为为什么要进行数字化转型？

2. 华为数字化转型面临什么困难？

3. 华为数字化转型经验为其他企业提供了哪些借鉴与启示？

1.1 数字化转型概述

自 1998 年美国前副总统戈尔第一次提出"数字地球"的概念开始，涵盖人类生活的数字化概念层出不穷。数字化是指通过采集模拟信息并编码为 0 和 1 的过程，对信息进行储存、加工和传输；转型是指社会经济结构、企业商业模式、文化、组织结构等不断变化发展创新的过程。2020 年 5 月 13 日下午，国家发展和改革委员会官网发布"数字化转型伙伴行动"倡议。该倡议提出，政府和社会各界联合起来，共同构建"政府引导 - 平台赋能 - 龙头引领 - 机构支撑 - 多元服务"的联合推进机制，以带动中小微企业数字化转型为重点，在更大范围、更深程度推行普惠性"上云用数赋智"服务，提升转型服务供给能力，加快打造数字化企业，构建数字化产业链，培育数字化生态，形成"数字引领、抗击疫情、携手创新、普惠共赢"的数字化生态共同体，支撑经济高质量发展。同时数字经济正在重塑世界经济版图，也成为中国经济增长的新动能。

根据中国信息通信研究院历年发布的数据，2002—2018 年间，中国数字经济总量从 1.2 万亿元增加到 31.3 万亿元，年均增长率达到 22.6%。根据国家统计局的数据，以新产业、新业态和新商业模式为代表的数字经济增加值于 2018 年达到 14.5 万亿元，占 GDP 比重为 16.1%。数字经济的迅猛崛起，对生产、生活、生态产生了全面而深刻的影响。在"加快构建以国内大循环为主体、国内国际双循环相互促进的新发展格局"的战略背景下，我国亟待加快产业数字化转型，提高产业链、供应链的稳定性和竞争力。

1.1.1　数字化转型定义

针对数字化转型的定义，不同学者给出了不同的观点，典型观点与定义如下：①数字化转型是指企业运用数字技术的创新过程，通过重塑企业愿景、战略、组织结构、流程、能力和文化，以适应高度变化的数字环境[一]；②对于数字化前的组织来说，数字化转型是一种由信息系统推动的业务转型，涉及结构和组织转型、信息技术使用、产品和服务价值创造，从而引发调整或全新的商业模式[二]；③数字化转型是数字技术推动传统产业转型升级，促进整个社会创新创业和转型发展[三]；④数字化转型是以大数据、云计算、人工智能、区块链等新一代信息通信技术为驱动力，以数据为关键要素，通过实现企业的生产智能化、营销精准化、运营数据化、管理智慧化，催生一批新业态、新模式、新动能，实现以创新驱动的产业高质量化和跨领域的同步化发展[四]。

国务院发展研究中心将数字化转型定义为，利用新一代信息技术，构建数据的采集、传输、存储、处理和反馈的闭环，打通不同层级与不同行业间的数据壁垒，提高行业整体的运行效率，构建全新的数字经济体系。国务院发展研究中心和腾讯研究院提出，数字化转型将不断发展的数字技术和不断增加的数据应用到经济、社会、政府治理等各个领域，从而改变经济、社会和政府，它是促进从生产力到生产关系深刻变革的重要力量。

本书认为数字化转型的含义包括几个要素：数字技术、数据管理、新的产业形态、新的商业模式、提升效率、产业升级。其定义如下：数字化转型是利用数字技术，构建数据采集、数据传输、数据存储、数据处理和数据反馈的闭环，从而打通不同层级、不同行业、不同部门之间的数据壁垒，构造新的产业形态、新的商业模式、新的组织结构，从而提升生产和运营效率、提高用户体验、激发组织活力的持久的与系统的过程。

[一]　GURBAXANI V, DUNKLE D. Gearing up for successful digital transformation［J］. MIS Quarterly Executive, 2019，18（3）：209-220.

[二]　CHANIAS S, MYERS M D, HESS T. Digital transformation strategy making in pre-digital organizations: the case of a financial services provider［J］. The Journal of Strategic Information Systems, 2019，28（1）：17-33.

[三]　唐浩丹，蒋殿春. 数字并购与企业数字化转型：内涵、事实与经验［J］. 经济学家，2021（4）：22-29.

[四]　焦宗双，张雪滢. 工业互联网与制造业数字化转型［J］. 信息通信技术与政策，2020（3）：49-52.

从内涵上看，数字化转型是围绕业务流程将大数据、云计算、人工智能、物联网、先进生产方法等前沿技术与生产业务相结合，打通不同层级与行业间的数据壁垒，改变产业原有的商业模式、组织结构、管理模式、决策模式、供应链协同模式，通过扁平的产业形态、高效的业务流程、完善的客户体验、广阔的价值创造、新兴的产业生态，实现产业协同发展与转型升级⊖。

从外延上看，数字化转型包含数字政府、数字经济、数字社会。数字政府是指政府通过数字化思维、数字化理念、数字化战略、数字化资源、数字化工具和数字化规则等治理信息社会空间、提供优质政府服务、增强公众服务满意度。数字经济主要涵盖数字化背景下的经济结构、创新体系、市场竞争方式、贸易规则的全面转变。数字社会主要包括社会治理模式、就业模式、教育体系等可持续发展问题。

1.1.2 数字化转型目标

1. 政府数字化转型目标

政府内部通过数字化的部署，打通政府各个部门、各个层级之间的信息孤岛，达到各个部门之间数据互通共享，建立起基于政府内部数据的高效办事网络，节省社会交易成本，同时数据信息对外开放促进社会公共信息在社会成员之间的共享和可获取，释放数据活力、推进社会稳定和繁荣。政府的目标是为人民服务，建立数字政府加强了政府与公众之间的联系，真正实现以民为本、以人为中心的社会公共服务价值。政府数字化转型强调重塑政府、流程、制度、职能等，以实现治理创新为目的。

2. 企业数字化转型目标

（1）管理精细化　不确定的环境对企业发展的可持续性提出了更高的要求，企业应积极推进数字化转型，通过"数字技术 + 管理创新"双轮驱动，在积极探索能够为企业开辟新收入来源的创新业务的同时，保证企业内部卓越运营。构建企业智慧大脑，通过大数据驱动的持续学习、纠错和演进迭代，实现企业智慧管理能力的持续提升，从而帮助企业能够随着内外部环境变化和目标调整而自主寻优，动态调整业务、组织和资源配置，实现企业持续成长。通过共享服务模式满足相关组织和人员的共同需求，比如财务共享、人力共享、采购共享等。基于数据驱动实时生成业务报告、绩效考评、薪酬等报表，提高业务运转效率、精准控制风险，达到辅助企业管理决策的目的，实现智能化管理，使企业管理变得更轻松⊜。

⊖ 祝合良，王春娟．"双循环"新发展格局战略背景下产业数字化转型：理论与对策［J］．财贸经济，2021，42（3）：14-27.

⊜ 中国电子技术标准化研究院．企业数字化转型白皮书：2021 年［EB/OL］．（2021-11-03）［2022-11-23］．www.cesi.cn/images/editor/20211104/20211104152310850.pdf.

（2）**产品差异化**　在以往标准化的工业时代，企业抢占市场依靠的是扩大生产规模和拓宽销售渠道。但是现在客户需求"千人千面"，消费市场考验企业的不再是企业规模，而是企业如何凭借技术和产品为用户提供个性化服务。产品差异化的目的是利用业务重构与创造新的数据驱动模式，给客户提供更好的体验、服务和产品。企业必须转向网络平台选择更广泛的供应商，获取更详细的消费者消息，推出更丰富、更复杂的产品线，构建融合线上线下一体化的购物渠道与体验场景，以更精准地满足消费者需求。面对用户的个性化需求，企业需要对用户进行分层、分群、分类，为不同的用户在不同的时间提供不同的产品，通过数据分析为用户画像，可以精准了解用户的需求，快速为用户提供相匹配的服务。

（3）**服务精准化**　企业数字化转型所涉及的各种服务，如内部的各部门所需的数据要求、流程定制、管理决策，外部客户所需的个性化定制等，都可以做到精准地定制，从而适应和满足不同的需求。在服务的生命周期内，可以做到针对不同的情况及个性化的需求，提供全程的解决方案。精准化的服务可以为各级决策提供准确的依据，使管理精准化和科学化，使企业基业长青；精准化的服务可以满足客户个性化的需求，提高满意度和忠诚度，为企业带来效益；精准化的服务可以提高业务创新能力，提升竞争力，降低企业成本。服务精准化在现代社会"一切皆服务"的大背景下，是企业生存和发展的重要竞争力。

（4）**决策科学化**　现代组织、机构、企业需要科学决策，也就是决策科学化。企业数字化转型恰恰能以数字化技术，提供满足决策过程中每个步骤所需的各种数据，以及实现每个步骤的各种技术，有效地减少各种失误和臆断，从而保证了决策科学化。企业数字化转型加快了企业数据应用体系建设，数据驱动的企业通过实时的数据分析，将洞察转换成最佳决策，并得以精准执行。强化内外数据的采集、融合、分析、应用、治理能力建设，实现数据在信息系统、软硬件、自动化设备与人之间的实时、自由、有序流动，并通过"数据－信息－知识－智慧"的跃迁实现数据资源为企业全面赋能，为企业产品研发、市场销售、经营管理等提供科学决策和精准执行。

（5）**客户体验个性化**　随着大数据与人工智能时代的到来，"以产品为中心"的传统模式正在向"以客户为中心"的全新模式转化，客户体验成为产品的"终极竞争力"。良好的客户体验能够提高客户参与度、转化率、品牌忠诚度，进而带来企业收入和利润率的提升，同时可以使企业在数字世界中创造差异化，是企业生存与发展的关键。通过数字化转型，企业能够建立全渠道、多触点的营销模式，实现精准营销，并充分利用大数据、人工智能、机器学习、高级分析等数字技术，实时感知客户，快速满足客户个性化的需求，建立动态的客户画像，客户可以在产品全生命周期各阶段都获得参与感，不仅创新了产品的交付和服务模式，同时也更好地响应、服务客户，提升与客户持续互动的能力，实现与客户合作共赢。

3. 社会数字化转型目标

为了推进国家治理体系和治理能力的现代化建设，社会治理体系也需要进行数字化转型，目的主要是构建适合数字社会形态发展规律的生产关系、网络化、数字化和智能化平台加速万物联通、业务覆盖和智能升级，使人力、物力和财力能够突破以往的物理时空限制而进行全景融合、高量赋能，且成效获得指数级放大。不断推进智慧城市、智慧社会、智慧司法建设，层级治理逐渐被智慧治理取代，已成为国家治理体系和治理能力现代化的重要一环。

1.1.3 数字化转型特征

1. 数字化转型是一个长期战略，需要不断迭代

数字化转型是一个长期持续的过程，需要从战略层面做好规划，不能依靠个别项目的成功实现数字化转型。数字化转型是分阶段的，不能一开始就进行全局转型，需要结合主体的现状制定匹配当前发展模式的数字化转型之路，分阶段实现目标。数字化转型是随着社会发展、业务不断调整的过程。

2. 数字化转型的关键举措是数据要素驱动

数据是继土地、劳动力、资本、技术之后的第五大生产要素，在企业构筑竞争优势过程中越来越重要。数据驱动是将企业的数据资产梳理清楚，对之进行集成、共享、挖掘，从而发现问题，驱动创新。同时，数据是最客观、直接的，能够帮助管理者化繁为简，透过复杂的流程看到业务的本质，更好地指导生产经营。

3. 数字化转型是业务和技术双轮驱动

数字化转型的驱动力来源于业务和技术两个方面，是业务和技术双轮驱动的过程。业务与技术的深度融合是数字化与信息化最大的不同，数字化转型不仅是技术部门的事情，更需要技术部门和业务部门之间强有力的配合。在信息化时代，IT被定位成业务的支撑部门，经常被动地实现业务需求和IT系统构建，但是在数字化时代，IT需要走向前端与业务部门共同交付商业价值，业务与IT需要深度融合在一起。数字化人才队伍也需要具备业务与技术融合的能力，组建业务团队与技术团队高度融合的综合型团队。

4. 数字化转型是长期规划与局部建设协同进行

数字化转型必须从战略层面，针对业务全局制定总体规划设计，但在实际落地时必须从业务局部入手，逐步建设和扩展业务范围。如果按照总体规划设计，全面进行业务建设，战线太长会对组织管理和协同提出更高的要求；在数字化地基不稳固、数字化人才不足的情况下，成功率会很低。从局部出发，需要把握总体规划和局部实施的匹配度，在业务模式、企业文化、组织人才等保障方面做好相应的规划。

1.1.4 数字化转型的战略意义

1. 政府数字化转型的战略意义

进入 2010 年之后，国际社会尤其是发达国家都十分重视将政府数字化转型作为提升综合国力的重大战略，并将其作为应对未来全球竞争的工具选择，"纷纷运用数字技术推动政府转型成为新公共管理运动后政府改革的主旋律之一"[⊖]。2015 年，经济合作与发展组织（OECD）发出数字政府战略的全球倡议；美国于 2017 年颁布"数字政府战略"（M-Government）；英国在 2012 年至 2017 年期间，先后颁布《政府数字化战略》《政府数字包容战略》《政府转型战略（2017—2020）》，并启动"数字政府即平台"计划（2015 年）；韩国于 2013 年制定"政府 3.0 时代""智慧政府实施计划"；被日本早稻田大学《国际数字政府评估排名研究报告》连续多年确定为排名第一位的新加坡政府提出政府数字化变革的"智慧国家工程"；2014 年之后，联合国 193 个会员国相继开展了不同程度的在线服务。可见，推进政府数字化转型、建设数字政府是世界各国政府努力适应数字化治理潮流的改革战略抉择和必须审慎应对的高阶政治问题[⊖]。

2. 企业数字化转型的战略意义

数字化转型推动企业构建泛在感知、智能决策、敏捷响应、动态优化的生产新范式。通过广泛部署感知终端与数据采集设施，实现全要素、全产业链、全价值链状态信息的全面深度实时监测，打造企业泛在感知能力。基于泛在感知形成的海量工业数据，通过工业模型与数据科学的融合开展分析优化，并作用于设备、产线、企业等领域，形成企业智能决策能力。基于信息数据的充分与高效集成，针对外部需求的变化和内部运营的弹性等不确定性因素，形成企业敏捷响应能力。通过对物理系统的精准描述与虚实联动，建立数字孪生系统，在监控物理系统的同时，在线实时对物理系统的运行进行分析优化，使企业运行始终处于最优状态。

数字化转型推动企业打破组织边界，实现社会化协同。企业和外部环境的紧密联系，是当今经济社会发展的历史必然。只有紧密嵌入外部环境，在合作伙伴之间、不同的利益相关者之间，甚至任何组织单元之间实现动态社会化协作，才能充分发挥聚合效应。当前，企业数字化能力建设支持企业打通了企业内、企业间以及企业与客户间的壁垒，提升了企业对市场变化和需求的响应及交付速度。打破组织边界、实现社会化协同是数字化转型在组织层面的必然结果。通过数字技术的广泛应用，特别是基于泛在感知、全面连接与深度集成，不仅能在企业内实现研发、生产、管理等不同业务的协同并优化企业运行效率，而且能够在企业外实现各类生产资源和社会资源的协同并优化产业资源配置效率，最终建立

⊖ DUNLEAVY P, MARGETTS H, BASTOW S, et al. New public management is dead: Long live digital-era governance [J] .Journal of Public Administration Research and Theory, 2006, 16（3）: 467-494.

⊖ 许峰 . 地方政府数字化转型机理阐释：基于政务改革"浙江经验"的分析 [J] .电子政务, 2020（10）: 2-19.

"互联网 +"全局协同能力。

数字化转型加快推动行业知识演进升级，实现智能化发展。从全局角度看，数字化转型就是要实现知识的创新和创造以及实现知识与行动统一的全局智能决策。知识创造主要是指由于显性知识和隐性知识相互转化而形成的知识螺旋的过程。一方面，数字化转型在本质上是实现知识显性化、创造新知识的过程，通过虚拟仿真、数字孪生和可视化等路径，数字技术重建数字空间，将传感器、边缘设备等采集到的隐性知识结构化、再现化，极大地推动生产经营中隐性知识的显性化；另一方面，软件技术实现了知识的可交易化和流动共享，通过打造"封装知识"，软件技术成为知识的载体，为克服知识的分散化、人格化和隐性化创造了条件。大量跨行业与跨领域的工业经验、知识、方法以应用程序（APP）和微服务组件的形式沉淀到工业互联网平台，而工业互联网平台成为重构知识创造、传播、复用的新体系，促进了知识工程和知识图谱等智能化基础的形成。

3. 社会数字化转型的战略意义

各行各业迎来了从信息科技时代进入数字科技时代的历史机遇，社会数字化转型发展是必然趋势。从历史逻辑看，数字化转型是技术发展和社会进步的必然产物。社会的发展随着技术发展水平而转移，18 世纪 60 年代蒸汽机的工业化应用，开创了以机器代替手工劳动的时代；20 世纪四五十年代电子计算机的广泛使用，迎来了信息化时代；大数据、人工智能与区块链等数字技术的发展和应用，正通过"数字化转型"推动人类社会走向智能化，一个以数字技术为驱动核心的数字时代已经到来。从现实逻辑看，数字化转型源自人类对提高确定性的追求和发展生产力的积极建构[一]。克劳德·香农认为，"信息是用来减少随机不确定性的东西，信息的价值是确定性的增加"[二]。面对社会的高度复杂性和不确定性，需要加速信息决策的科学化、精准化，而信息数字化有利于快速发现与实现信息的价值，这伴随着将信息化整合到数据化的过程。在这样宏大的时代背景下，数字化已经成为各部门、各行业发展的重要动力，甚至产生了能够改变现有价值主张的颠覆性创新[三]。

1.2 数字化转型机理与过程

企业数字化转型受自身发展因素和外部环境因素的双重影响，随着社会经济和信息技术的快速发展，传统的生产和运营模式发生了变化。互联网通过集成与优化资源配置，与传统行业深度融合，加快应用于各行各业，创造新的经济生态。企业数字化转型目前还处

[一] 祝智庭，胡姣.教育数字化转型的理论框架［J］.中国教育学刊，2022（4）：41-49.

[二] SHANNON C E.A mathematical theory of communication［J］.Mobile Computing and Communications Review, 2001, 5（1）：3-55.

[三] HUANG J, HENFRIDSSON O, LIU M J, et al. Growing on steroids: Rapidly scaling the user base of digital ventures through digital innovation［J］. MIS Quarterly, 2017, 41（1）：301-314.

于探索阶段，不管是原生数字企业或是传统企业，都需要根据自身的业务特性和条件来选择适合的转型路径。

1.2.1　数字化转型机理

数字化转型机理由技术驱动、需求倒逼、管理创新、文化变革四个方面组成，如图 1.1 所示。

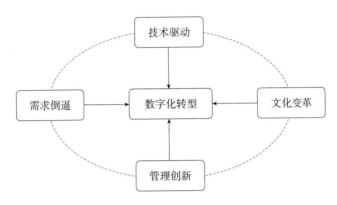

图1.1　数字化转型机理的四个方面

1. 技术驱动

数字技术是数字化转型的工具和基础，是信息、计算机、交互、连接技术的组合，会在一个更广阔的网络中对企业的战略、业务流程、企业能力、产品和服务、公司间关系带进行变革。"ABCD5"（Artificial Intelligence、Blockchain、Cloud Computing、Big Data、5G）等新一代信息技术不断推动信息处理的数据化和集中化，为社会、经济、政府管理和服务的转型升级提供了新的工具与手段，引领着科技、经济、社会的不断发展与变革，与人类的生产紧密相连。数字技术的应用使得数字化转型从理论走向实践，为数字化转型提供了核心动力。

（1）**物联网技术应用**　物联网是指通过各种信息传感器、射频识别技术、全球定位系统、红外感应器、激光扫描器等装置与技术，实时采集任何需要监控、连接、互动的物体或过程，采集其声、光、热、电、力学、化学、生物、位置等各种需要的信息，通过各类可能的网络接入，实现物与物、物与人的泛在连接，实现对物品和过程的智能化感知、识别与管理。物联网是一个基于互联网、传统电信网等的信息承载体，让所有能够被独立寻址的普通物理对象形成互联互通的网络。作为信息时代的新产物，物联网拓展了互联网的应用范围，使得用户可以随时随地获取、接收、发送、分析物体的数据信息，将物理世界映射到数据世界中，并通过智能处理数据信息得到分析结果对物体进行控制。物联网的应用领域十分广泛，在各个行业的应用大大提高了行业效率。结合物联网技术和移动支付技术，不少城市推出智慧停车管理系统，提高共享车位的资源利用率，提高用户的方便程度。

近年来全球气候情况异常，突发灾害的危害性进一步加大。互联网通过对自然环境的实时监控，预测灾害发生的可能性，降低灾害对人类生命财产的威胁。

（2）云计算技术应用　云计算是分布式计算的一种，指的是通过网络"云"将巨大的数据计算处理程序分解成无数个小程序，通过多部服务器组成的系统处理和分析这些小程序得到的结果并将其返回给用户。云计算是与信息技术、软件、互联网相关的一种服务，这种计算资源共享池叫作"云"。云计算把许多计算资源集合起来，通过软件实现自动化管理，只需要很少的人参与，就能让资源被快速提供。云计算是继互联网、计算机后在信息时代的又一次革新，使计算能力成为一种商品。较为简单的云计算技术已经普遍服务于如今的互联网中，最为常见的就是网络搜索引擎和网络邮箱。云储存是在云计算技术基础上发展起来的新的存储技术，是一个以数据存储和管理为核心的云计算系统。用户将本地资源上传到云端，可以在任何地方连入互联网来获取云上的资源。

（3）大数据技术应用　现在的社会高速发展、科技发达、信息流通，人们之间的交流越来越密切，生活也越来越方便，大数据就是这个高科技时代的产物。大数据是无法通过常规方法获取、存储、分析和管理的数据，特点有种类复杂、规模庞大、增长快速、价值较高，特征是海量性、高速性、多样性、价值性。大数据包括结构化、半结构化和非结构化数据，其中，非结构化数据成为主要部分。

（4）区块链技术应用　区块链起源于比特币，具有去中心化、开放性、独立性、安全性、匿名性等特征。区块链为数字化转型降低成本、提高效率，为数据安全提供保障，解决信息不对称和隐私保护等问题，实现整个产业链或多个治理主体之间的信任与协作。这些特点使区块链得到广泛应用，从金融领域拓展到社会治理领域。

（5）外部驱使因素　数字化转型的外部驱使因素主要体现在智能化技术、个性化需求、在线化模式和生态化发展四个方面。智能化技术和个性化需求因素反映了企业经营环境与消费者习惯的变化，在线化模式和生态化发展主要体现了企业经营方式和商业模式变化。传统企业的数字化转型需要针对这四个变革因素，感知将会给企业带来的威胁和潜在机会。

2. 需求倒逼

"ABCD5"等技术的发展和应用，构建了一个将物理世界完整映射到虚拟世界的数字化空间，使用户能实时、多渠道地获取市场和产品信息，在整个产业链中的地位得到很大提升。用户能平等地和企业对话，表达个性化需求，并参与到企业的生产过程中。消费模式的变化倒逼企业不断迎合消费者的需求，并且企业要善于挖掘用户的需求变化。只有以用户价值为主导，持续向用户输出价值，才有可能赢得用户的认可，从而在市场竞争中获得优势。用户需求变化和用户参与生产过程成为企业商业模式创新的驱动力，促使企业向柔性化、定制化、数字化的方向转变。

3. 管理创新

"ABCD5"等技术打破了组织边界，赋能企业跨界发展。智能化设备的应用日益推广，其性能的扩展和产生的数据重新定义了用户价值、竞争模式以及竞争边界 [⊖]。传统制约因素的消除改变了竞争方式，从"市场内的竞争"转向"市场间的竞争"。用户与用户之间、用户与企业之间以及企业与企业之间的沟通和互动，比以往任何时期都更加频繁、高效。在数字经济浪潮下，替代式竞争是市场运行的基本特征。市场总是不断淘汰那些低效或无效地向用户供给价值的企业，完成自我更新与升级。海量数据为企业业务流程的优化以及标准化提供了条件，也增加了维持竞争优势的难度。与那些将互联网技术仅仅作为办公工具的企业相比，能够将互联网技术用于提高核心竞争力的企业往往获得更多的竞争优势 [⊖]。将"ABCD5"等技术与实体经济进行深度融合，不仅有利于加快传统产业的质量变革、效率变革、动力变革，而且为企业对接全球技术标准、提升国际竞争力奠定了基础。随着"ABCD5"等技术在企业运营中的全面应用，企业势必需要对内部的各项职能活动做出适应性调整，进而不断提高价值创造与供给的效率。

4. 文化变革

组织文化在数字化转型中占有关键地位 [⊜]。从概念上讲，组织文化是一个组织的价值观、信念、仪式、符号、处事方式等组成的特有的文化形象。《华为行业数字化转型方法论白皮书》中写道数字化转型需要两个保障条件，即通过组织机制转型激发组织活力，通过文化转型创造转型氛围。一个企业如果重视数字化转型工作，肯定会制定相应的数字化战略。如果没有建立推进战略的组织和适应数字化生产运营的组织架构，就很难保证数字化转型的效果和持续性，最终也难以避免遭受失败。数字文化对于吸引数字人才尤为重要，目前数字人才供不应求。大型成熟的公司必须经常采取新颖的方法来吸引、发展和留住人才，以推进企业的数字化转型。

1.2.2 数字化转型方法与路径

1. 华为数字化转型方法

华为集团从 1 个目标、2 个对象、3 个阶段、4A 架构、5 个转变来总结其数字化转型的框架，如图 1.2 所示。

（1）**1 个目标** 结合数字技术和企业的业务特征制定自顶向下的数字化转型远景目标，自下而上地落实技术支撑。

⊖ PORTER M E, HEPPELMANN J E.How smart, connected products are transforming competition［J］.Harvard Business Review, 2014，92（11）：62-88.

⊖ PORTER M E. Strategy and the Internet［J］. Harvard Business Review, 2001，79（3）：62-78，164.

⊜ 华为技术有限公司 . 华为行业数字化转型方法论白皮书［EB/OL］.（2019-03-20）［2022-11-23］. e.huawei. com/cn/material/enterprise/newict/digitalplatform/78924a97a2a24768a4329308b4a1d3e4.

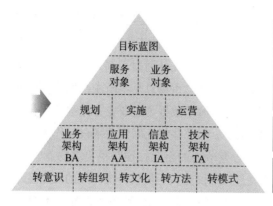

图1.2 数字化转型金字塔模型

（2）2个对象 一是服务对象，分为客户、消费者、合作伙伴、供应商、开发者、员工六类，通过交易过程数字化来提高服务满意度。二是业务对象，包括研发、运用、营销、财经等模块，各模块围绕数据形成更好的服务，通过业务数字化、服务化打通跨领域的信息断点，提升运营效率。

（3）3个阶段 规划、实施、运营三个阶段持续优化，支撑目标达成。规划阶段由企业战略和内外部环境出发进行业务变革，包括数字化转型方向、战略规划、商业模式设计和能力分析；实施阶段要做到解决方案开发的落地和实施，由 IT 解决方案组织，面向客户履行从规划到推行落地的端到端责任；运营阶段进行运作的管理，建立持续运营的管理体系。

（4）4A 架构 数字化转型整体规划依托 4A 架构展开，通过业务驱动、应用驱动、信息驱动和技术驱动四个方面协同治理。

（5）5个转变 5个转变是指意识、组织、文化、方法和模式进行全方面转变。转意识是指业务与数字技术"双轮驱动"。转组织是指业务团队与技术团队一体化，而非传统的分别由业务团队提需求、技术团队提供支持。转文化强调"我为人人，人人为我"的思想，削弱制约数据流动的部门墙，让数据流动起来。转方法是指在打好数字化基础的同时，不断丰富和完善数字化场景与方案，实现对象、流程及规则的数字化，通过数据挖掘、仿真、机器学习等数字孪生技术，使业务实现自动化或者半自动化，从而提升效率。转模式是解决新旧数据治理之间的问题，存量应用使用 Bi-Model 方式，传统软件包延续瀑布模式，服务化应用使用 DevOps 敏捷开发模式；新增应用使用云原生方式，直接构建在云平台之上，采用微服务架构和 DevOps 敏捷开发模式。

2. 技术转型

数字技术与产业设计、生产、制造、销售、服务等环节充分融合，从数字层、平台层、物理层、前沿技术四个方面赋能产业发展[⊖]。

⊖ 祝合良，王春娟．"双循环"新发展格局战略背景下产业数字化转型：理论与对策［J］．财贸经济，2021，42（3）：14-27．

（1）数字层 数字层由数据汇聚而成，主要进行数据资源的采集、存储、分析和应用。产业底层的物理层通过虚拟产业形成大数据服务，通过数据建模等方式实现知识化赋能。

（2）平台层 平台层主要由大数据和云计算平台构成，围绕数字闭环、业务闭环等，搭建数字监控、数字技能培训、社会治理、网络安全检测等平台，解决产业数字化转型面临的问题。

（3）物理层 物理层由传感器、网络等硬件基础设备和物联网、5G、超算中心等技术构成，负责数据采集、传输和生产执行。

（4）前沿技术 人工智能、区块链、人机交互、安全防护体系等前沿技术的应用，推进了产业价值链数字化。

3. 流程转型

（1）政务流程 打破信息孤岛，实现政务部门数据互联互通。政府部门之间存在跨层级、跨地域、跨系统、跨部门、跨业务导致的数据互通不充分问题，影响了政务办理效率，打通数据孤岛是政府数字化转型最重要的一步，通过统一数据库、统一数据标准、构建大数据应用平台、建立数据传输及运维制度，来整合海量的政务数据，加快建设跨部门、跨地域、跨系统的数字化政务系统，实现业务流、信息流、数据流的联通共享。

深化政务改革为政府数字化转型提供推动力。权力清单标准化不够，群众办事流程和标准不一致，各部门办事流程尚未标准化，是数字政府建设的难点。因此，必须全面推进群众办事指南规范化和企业投资项目审批事项标准化，加快制定办事事项和审批事项标准化流程，实现办事目录、流程、格式、文本、技术等全要素与全流程标准化。重点是跨部门、跨层级、跨领域联办事项，破解企业投资项目审批"部门多、层级多、事项多、中介多"等难题。深化企业投资项目审批便利化改革，加快在线审批监管平台建设，推广"一口受理、在线咨询、网上办理、代办服务、快递送达"办理模式。加强行政审批中介服务改革，全面推广施工图联合审查以及联合测绘、联合验收、竣工测验合一，建立统一的网上"中介超市"和"竞价平台"。

构建统一的政务服务平台，以数据互联互通、大数据系统建设为前提条件，将分散的资源集中，形成各政务部门资源共享的模式，通过数据流、业务流、信息流的实时同步，提高政务流程办事效率。

（2）业务流程

1）研发重塑：传统产业研发环节由企业自身研发团队主导，没有直接了解消费者需求，针对消费者的市场调研也具有局限性，时效性不强。产业数字化转型直接通过数字化平台与消费者进行及时、深度、持久的双向交互，更加精准快速地把握市场变化和用户痛点，有针对性地随时调整研发方向和内容；同时可以让消费者直接参与到产品研发设计中，为产业带来更多的创新源泉，推动过去封闭式自我研发向开放式众包的研发转型。

2）生产重塑：通过云计算、大数据分析、物联网等数字化技术，企业不仅可以更加及时精准地定位用户群体和需求，还能挖掘出生产环节所产生大量数据的深度价值，再造企业的全产业链流程。

3）消费重塑：传统消费模式下，企业依赖于中间渠道寻找客户，市场信息不对称，限制了市场和利润的拓展，增加了交易双方的时间与经济成本。数字化技术极大地削弱了信息的不对称性，通过线上线下的多渠道交互实现供需两端的精准高效对接，重构传统消费业态，实现全渠道、交互式、精准化营销。

4）协同重塑：产业数字化转型不仅有助于企业内部协作，还能够从整体产业层面实现不同环节的协同联动，打造更具有生命力的全产业生态系统。通过产业数字化转型既可以实现电子商务、互联网金融、智能生产、移动办公等分散应用的连接整合，又能够将产业链的不同环节连接起来，实现上下游企业的协同联动，以及产业生态系统的优化完善。⊖

4. 组织转型

（1）**政府** 形成强有力的政府数字化转型推进机制。数字政府建设是系统性、耦合性工程，有必要成立工作领导小组，建立强有力的政府数字化转型推进机制，按照全国"一盘棋、一张网"的思路通盘谋划，加强总体规划和顶层设计，细化落实任务书、时间表、路线图、责任状。鼓励将第三方网站作为政府网站的拓展延伸，以降低企业参与政府数字化建设的门槛。英国数字政府战略之所以能落地执行，主要归功于内阁办公室专设的数字服务小组。该小组作为一个重要角色推动数字技术在英国政府的发展，使数字技术对政府转型的重要性得以被广泛接受。该机构的具体工作内容包括制定默认的数字服务标准，开发、运营统一的通用技术平台和门户网站 GOV.UK，协助支持其他部门提高数字能力，为部门管理层提供数字培训，搭建数字技术共享平台，为没有条件接触数字化的民众提供辅助支持，督促各部门按时发布部门数字战略，并及时总结战略实施成效等。

政府通过数字化的思维、理念、战略、资源、工具和规则等，治理信息社会空间、提供优质政府服务、增强公众服务满意度。传统的农业社会和工业社会政府职能以统计管理为主，目标是为决策层提供数据支撑，而信息社会的政府职能以数据融通和提供智慧服务为主，着力解决信息碎片化、应用条块化、服务割裂化等问题，确保信息数据在政府与社会、市场及公民之间畅通流动，以更好地提供基于个性化的政府服务，以信息化推进国家治理体系和治理能力现代化。

（2）**企业** 组织结构趋于网络化、扁平化。随着市场在与企业相互影响的过程中变得更加复杂，企业唯有加强对市场需求的即时响应，才有机会在竞争激烈的环境中赢得发展先机。因此，企业内部要消除冗余层级，减少信息传递的阻碍。然而，传统的垂直型、多层级、封闭的组织结构过度依赖于集团总部的中央管控，缺乏灵活应变的管理机制，越来越难以适应数字经济时代。集团与终端用户之间相去甚远，不利于信息快速地转化为经营

⊖ 戚聿东，肖旭. 数字经济时代的企业管理变革［J］. 管理世界，2020，36（6）：135-152；250.

决策，严重削弱了企业的市场竞争力。扁平化的组织结构以用户为中心，基于小型团队的分散化决策以及更广泛的连接与集合，加快资源的交互与整合，成为企业内部数字化转型的最优方案。在扁平化的组织结构下，供给侧的分工得到深化，小型团队将致力于持续强化在用户价值创造方面的核心能力，企业的核心能力更加侧重于价值整合、价值供给以及改善用户体验，通过平台化管理为小型团队与用户的沟通以及小型团队之间的交流、合作提供支持。

营销模式趋于精准化、精细化。工业化时代"广而告之"的粗放化营销模式在满足个性化需求上速度慢、时间长、成本高，越来越难以适应市场变化。数字经济时代下，企业的营销模式必须更加精准化、精细化，详细了解用户需求的变化，减少信息噪声，为用户打造独特、便捷的使用体验，提供真正需要的产品和服务。精准化、精细化营销的基础是通过海量数据去深入分析用户的消费行为与意图，开展全渠道营销、拓展数据来源成为必要之举。

生产模式趋于模块化、柔性化。精细化的营销模式倒逼上游的生产体系改变，模块化、柔性化生产模式应运而生，逐步替代工业化时代的单一性、批量化生产模式。

产品设计趋于版本化、迭代化。柔性化生产与个性化定制加强了市场供需两端的衔接，企业与用户共同参与生产活动，进一步加快了产品更新换代。新产品的生命周期缩短，产品在时间维度上的价值潜力逐渐超过了其他方面。在数字化空间中，详细的技术参数全方位地展示了每一件产品，物理世界的虚拟呈现能较为准确地还原系统集成的步骤，降低了企业试错与创新的成本。

研发模式趋于开放化、开源化。传统的封闭式、闭源式创新模式在市场需求趋同、信息相对有限的情况下具有优势，但在响应多样化需求以及应对不确定性方面存在不足。数字经济时代下，任何企业都不具备在所有领域保持领先的全部技术、资源与能力，只有在不断凝聚、展现新想法的过程中才能发展壮大。因此，创新不应仅仅是组织内部的闭门造车，还需要整个生态的协力共进。整个生态在价值创造上的协同，产生指数级的增长效应，使有价值的思想遍布数字化空间的各个角落。企业可持续发展显然不能忽略规模庞大的外部知识，众包有助于调动网络上的资源与能力，将研发活动交由最合适的人员在最有效率的地方开展，汇聚来自不同领域的知识，发掘跨界创新的潜力，构建创新生态圈。

用工模式趋于多元化、弹性化。工业化时代，用工模式表现出直接雇用、刚性化的特点，在用工成本上给企业造成了很大的负担。特别是在产业转型升级、智力资本价值凸显、劳动力结构和配置亟待优化的背景下，传统用工模式加重了企业发展的困境。在开放化创新模式下，企业劳动力结构与技术之间的匹配扭曲，会阻碍新技术应用所带来的积极效应，抑制创新产出。"ABCD5"等技术应用对生产率的影响具有不确定性，只有在特定情境下与高技术劳动力结合才能产生促进作用。高技术劳动力在数据分析、深度思考以及解决新问题等方面的优势，对"ABCD5"等技术形成有益的赋能与补充，其市场需求日益增加。互联网促进企业与高技术劳动力之间快速匹配，二者之间通过建立短期、灵活的项目契约关

系来达成合作。劳动者不必拘泥于传统组织的束缚，企业也能够按需招聘、降低用工成本、提高创新能力。⊖

5. 数字化转型的路径

根据埃森哲的观点，"数字化转型"本身具有不确定性——没有固定的形态和一成不变的路径，因此，本书从宏观角度将数字化转型分为四个阶段，如图 1.3 所示。

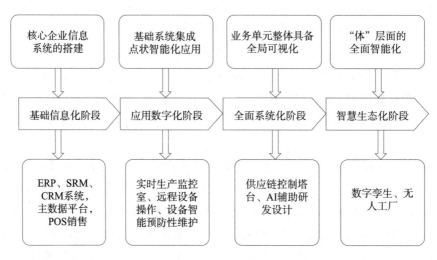

图1.3 数字化转型路径

（1）**基础信息化阶段** 搭建基础信息化系统，建立内部统一运营管理能力。基本特性是在业务线内完成企业信息系统搭建，进行核心价值业务环节的可视化。典型应用有 ERP、SRM、CRM 系统实施和建成，主数据平台搭建的完成，POS 销售、多终端的客服 APP、可视化报表等。

（2）**应用数字化阶段** 搭建关键业务的可视化、智能化流程。基本特性是集团内的基础系统集成，全面实现信息化，数据架构清晰完善，关键业务流程可视化，点状智能化应用。典型应用有实时生产监控室，设备智能预防性维护，远程设备操作。

（3）**全面系统化阶段** 开展全局可视化管理和智能化决策，支持业务实现商业模式创新。基本特性是针对业务单元整体具备全局可视化和分析能力，可快速锁定异常并辅助决策，运用智能化手段进行商业模式创新。典型应用有供应链控制搭台，AI 辅助研发设计，大数据业务预测沙盘。

（4）**智慧生态化阶段** 实现业务管理全面智能化。基本特性是运用 AI 等技术联动业务不同环节，实现业务自动化。这是数字化的理想状态，因为企业仍需要人参与决策，较难实现"体"层面的全面智能化。典型应用有数字孪生、无人工厂。

⊖ 戚聿东.数字经济时代的企业管理变革［Z/OL］.（2021-05-08）［2022-09-18］. https://k.cnki.net/CInfo/Index/14239.

1.3　数据成为重要战略资源

数据要素市场化是数字经济的新现象。由于大数据与人工智能技术的结合，数据已经成为第一生产要素，数据及其运行机制成为支撑算法算力切实有效发挥作用的关键要素，是数字经济高质量发展的基础原料和逻辑基点[一]。数据正成为企业进行决策、生产、营销、交易、配送、服务等商务活动所必不可少的投入品和重要的战略性资产，成为促进经济高质量增长的重要驱动力。协同推进技术、模式、业态和制度创新，切实用好数据要素，将为经济社会数字化发展带来强劲动力。[二]

1.3.1　国家战略

2015 年，党的十八届五中全会正式提出"大数据"战略并将其上升为国家战略，数据成为国家基础性战略资源。[三]《中华人民共和国国家安全法》[四]和《中华人民共和国网络安全法》[五]先后出台，关于数据合规的法律体系开始逐步搭建。

2019 年 10 月，中国共产党第十九届中央委员会第四次全体会议审议通过了《中共中央关于坚持和完善中国特色社会主义制度　推进国家治理体系和治理能力现代化若干重大问题的决定》，指出"健全劳动、资本、土地、知识、技术、管理、数据等生产要素由市场评价贡献、按贡献决定报酬的机制"，首次将数据作为与劳动、资本、土地、知识、技术、管理并列的生产要素，从制度层面确立了数据作为新的生产要素的重要地位。[六]

2020 年 4 月 9 日，《中共中央　国务院关于构建更加完善的要素市场化配置体制机制的意见》正式公布，分类提出了土地、劳动力、资本、技术、数据五个要素领域改革的方向，明确了完善要素市场化配置的具体举措，提出从推进政府数据开放共享、提升社会数据资源价值、加强数据资源整合和安全保护三个方面加快培育数据要素市场，并肯定了"数据产权"，旨在加强对商业数据的保护。[七]

[一] 陈兵，赵秉元.数据要素市场高质量发展的竞争法治推进［J］.上海财经大学学报：哲学社会科学版，2021，23（2）：3-16；33.

[二] 中华人民共和国国务院."十四五"数字经济发展规划［EB/OL］.（2022-01-12）［2022-11-23］.www.gov.cn/zhengce/content/2022/01/12/content_5667817.htm.

[三] 何哲.五中全会，大数据战略上升为国家战略［EB/OL］.（2015-11-08）［2022-12-01］.politics.people.com.cn/n/2015/1108/c1001-27790239.html.

[四] 中华人民共和国国家安全法［EB/OL］.（2015-07-01）［2022-12-01］.www.gov.cn/xinwen/2015-07/01/content_2888316.htm.

[五] 中华人民共和国网络安全法［EB/OL］.（2016-11-07）［2022-12-01］.www.gov.cn/xinwen/2016-11/07/content_5129723.htm.

[六] 中共中央关于坚持和完善中国特色社会主义制度　推进国家治理体系和治理能力现代化若干重大问题的决定［EB/OL］.（2019-11-05）［2022-12-01］.www.gov.cn/zhengce/2019-11/05/content_5449023.htm.

[七] 中共中央　国务院关于构建更加完善的要素市场化配置体制机制的意见［EB/OL］.（2020-04-09）［2022-12-01］.www.gov.cn/zhengce/2020-04/09/content_5500622.htm.

2021年,《中华人民共和国数据安全法》[一]和《中华人民共和国个人信息保护法》[二]出台,数据合规领域的基本法律体系搭建完成。

2022年1月,国务院印发的《"十四五"数字经济发展规划》提出,充分发挥数据要素作用,强化高质量数据要素供给,加快数据要素市场化流通,创新数据要素开发利用机制。[三]

2022年4月发布的《中共中央 国务院关于加快建设全国统一大市场的意见》提到,要加快培育数据要素市场,建立健全数据安全、权利保护、跨境传输管理、交易流通、开放共享、安全认证等基础制度和标准规范,深入开展数据资源调查,推动数据资源开发利用。[四]

2022年6月22日,中央全面深化改革委员会第二十六次会议审议通过了《关于构建数据基础制度更好发挥数据要素作用的意见》,对数据确权、流通、交易、安全等方面做出部署。会议明确,数据基础制度建设事关国家发展和安全大局,要维护国家数据安全,保护个人信息和商业秘密,促进数据高效流通使用、赋能实体经济,统筹推进数据产权、流通交易、收益分配、安全治理,加快构建数据基础制度体系。[五]

数据被列为生产要素,具有了基础性战略资源和关键性生产要素双重角色,数据要素市场开始加速培育。

1.3.2 数据要素

1. 数据要素的概念和特征

生产要素是指进行社会生产经营活动必备的资源和环境条件,相应的具体形态与主次序列随着经济发展而不断变迁[六]。传统的经济学将资源和劳动作为最基本的生产要素,其中资源的背后是土地、自然资源、能源等"物"的要素,劳动则是"人"的要素,人类利用不断开发、不断进步的技术将"地球的馈赠"转化为供人类使用的商品和服务[七],因此过去的生产要素市场包括土地、劳动力、资本、技术市场。

[一] 中华人民共和国数据安全法［EB/OL］.（2021-06-11）［2022-12-01］.www.gov.cn/xinwen/2021-06/11/content_5616919.htm.

[二] 中华人民共和国个人信息保护法［EB/OL］.（2021-08-20）［2022-12-01］.www.gov.cn/xinwen/2021-08/20/content_5632486.htm.

[三] 中华人民共和国国务院."十四五"数字经济发展规划［EB/OL］.（2022-01-12）［2022-12-01］.www.gov.cn/zhengce/content/2022-01/12/content_5667817.htm.

[四] 中共中央 国务院关于加快建设全国统一大市场的意见［EB/OL］.（2022-04-10）［2022-12-01］.www.qstheory.cn/yaowen/2022-04/10/c_1128547604.htm.

[五] 习近平主持召开中央全面深化改革委员会第二十六次会议［EB/OL］.（2022-06-22）［2022-12-01］.mp.weixin.qq.com/s/-3d9xEogfD-iYXnoH_hhlg.

[六] 王凤.加快培育数据要素市场［N］.经济日报,2020-04-16（5）.

[七] 田杰棠,刘露瑶.交易模式、权利界定与数据要素市场培育［J］.改革,2020（7）:17-26.

在 5G、物联网、云计算、大数据、区块链和人工智能等合力作用之下，数据对生产的贡献越来越突出，同时也显著提升了其他生产要素的利用效率，成为具有多重价值的生产资料。这一新兴生产要素正与其他要素一同参与到经济价值创造过程中，成为完善要素市场化配置的重要部分 [1]。数据要素涉及数据生产、采集、存储、加工、分析、服务等多个环节，对价值创造和生产力发展有广泛影响，是驱动数字经济发展的"助燃剂"。数据具有生产要素的一般特征，包括以下几个。

1）需求性：随着互联网、大数据、人工智能等新技术对实体经济渗透程度的日渐加深，市场对数据要素的需求日益提高。近年来，数据作为国民经济信息化、数字化、智能化的技术基础，逐步融入传统产业的生产服务中，对既有工序实行痛点疏通，对供需关系进行精准预测，进而突破了制约效率提升的桎梏，为全社会创造出难以估量的再生价值。因此，数据已融入经济循环全产业价值创造过程，是人类从事经济活动时必要的生产要素。[2]

2）不可替代性：数据要素赋能经济发展的作用日益凸显。

3）稀缺性：如果一种资源具有生产有用性，但不稀缺，而是取之不尽、用之不竭，则不属于经济资源讨论的范围。数据作为生产要素的稀缺性主要体现在用户需求上，经济活动行为者对于数据要素的需求是无限的，而数据要素的开发需要相应的成本。经济活动行为者受限于人力、物力、财力等方面，其数据资源拥有量总是有限的。

数据作为土地、资本、技术、劳动等传统生产要素之外的新的生产要素，具有独特的经济属性。

1）非物质性：根据数据的定义可知，数据无论存在于何种物质载体中，都表现为非物质的数据状态，同一数据无论记录在纸张还是计算机上，始终是等价的。

2）共享性 [3]：传统生产要素的利用表现为占有和消耗，当物质资源或能源资源量一定时，各利用者在资源利用上总是存在着明显的竞争关系，即"你多我就少"。而数据在产生后进行复制、传输、使用的边际成本趋近于零，突破了土地、资本等传统生产要素的局限性，不存在上述的竞争关系。数据可以被多个经济主体同时使用，对额外用户的开放使用并不会降低原有数据使用者或数据原始持有人的数据价值，更多用户使用同一数据并不会造成其他用户的利益受损。

3）非均质性：资本、劳动等传统生产要素具有一定的均质性。资本的每一元钱之间没有本质区别；劳动力之间尽管有明显差别，但是这种差别只是在一定范围内存在，均质性仍然比较明显；不同技术之间存在的差异性更大，但是专利审查制度的出现和执行会将这种差异度减小，因此专利数据常用于衡量创新能力，尽管其准确性有待商榷。而同样的数

○ 刘旭然.加快培育发展数据要素市场［J］.中国党政干部论坛，2021（2）：71-74.
○ 武汉大学大数据研究院.中国数据要素市场发展报告综论［EB/OL］.（2022-07-01）［2022-11-23］.finance.sina.com.cn/tech/roll/2022-11-11/doc-imqmmthc4098302.shtml.
○ 武汉大学大数据研究院.中国数据要素市场发展报告综论［EB/OL］.（2022-07-01）［2022-11-23］.finance.sina.com.cn/tech/roll/2022-11-11/doc-imqmmthc4098302.shtml.

据量所对应的信息量可能是截然不同的，一个可能是极有用的信息，另一个则可能是垃圾信息，且数据要素存在"1+1＞2"的规模经济特性。两个本不能指导和调节现实生产与再生产过程的数据集合并，可能揭示原来分立的数据集都不能揭示的经济规律，发挥意料之外的调节和指导作用。

4）外部性：在数据要素交易过程中，数据有偿使用与"搭便车"行为往往共存，数据信息外溢会给其他经济主体带来经济利益，可能不会使数据产权主体得到合理回报。

2. 数据要素市场的概念及条件

数据要素市场是将尚未完全由市场配置的数据要素转向由市场配置的动态过程，其目的是形成以市场为根本的调配机制，实现数据流动的价值或者数据在流动中产生价值。数据要素市场的发展将推动商业模式向以消费者数据为中心转变。

我国发展数据要素市场的基础条件主要包括以下几个。

1）海量数据资源：随着新一代信息技术的快速发展，人类进入万物互联时代，带来海量数据的急速汇聚和生成，为数据资源化、资产化、资本化发展提供了肥沃土壤和丰富原料。我国是数据大国，网民规模居世界第一，是数据量最大、数据种类最丰富的国家之一。然而，目前我国数据利用率较低，大量数据未能发挥应有的价值，间接反映出我国数据要素潜藏的市场空间巨大。

2）数据基础设施：近年来，5G、数据中心、人工智能等新型数据基础设施日益完善。新基建的加快建设为数据要素流通提供了良好的基础环境。车联网、可穿戴设备、无人机、无线医疗、智能制造等应用场景不断丰富，对数据要素市场的培育和发展具有较强的促进作用。数据中心集数据、算法、算力于一体，不仅为海量数据提供存储计算服务，还为各类场景优化提供数据应用服务，成为海量数据的"图书馆"、海量算力的"发动机"、海量服务的"发射器"。

3）培育交易市场：数据要素市场的培育也至关重要，主要包括市场配置、市场定价、市场交易、市场竞争。市场配置意味着数据产权的独立性和数据交易的自由性，数据要素确权是市场配置的前提。由于数据具有虚拟性，不如其他实物要素那样方便计价，需要在确权的基础上进行专业估价，进而在市场磨合定价。市场交易须克服地方与行业壁垒、大企业垄断，达成中外数据要素市场联通，实现数据线上交易和线下服务的高效协作。数据要素规模和质量差异引起市场竞争，这种竞争有利于数据产品创新和社会生产力提高。但同类数据市场竞争的结果往往是形成一家独大的局面，从而逐渐消解竞争。⊖

3. 数据要素市场的发展意义

（1）传统生产要素市场的有力补充　数据作为新型生产要素，对经济增长的影响已经不亚于传统生产要素。数据要素与传统生产要素深度融合，能够显著提高生产效率，壮大

⊖　武汉大学大数据研究院. 中国数据要素市场发展报告综论［EB/OL］.（2022-07-01）［2022-11-23］. finance.sina.com.cn/tech/roll/2022-11-11/doc-imqmmthc4098302.shtml.

发展新动能。数据作为生产要素参与资源配置，提升社会数据资源价值，进一步推动数字经济发展。数据要素激励出新的产业模式，以物联网、云计算、人工智能等新型信息技术为驱动的企业应运而生，为数据提供了更多可利用的场景，有效推动了产业转型升级。同时，数据作为生产要素参与资源配置鼓励了数字产业化、产业数字化、数字化治理和数据价值化，尤其是通过数据定价、数据确权等对数据进行价值化，形成全新的数字经济体系，更好地激励数据参与到社会生产中，加快推动数字经济发展的进程。

（2）数字经济深化发展的核心引擎　数据的爆发增长、海量集聚蕴藏了巨大的价值，为智能化发展带来了新的机遇。随着大数据市场规模突破 1 万亿元，数据在数字经济中的地位不断提升，要素属性逐渐凸显。充分发挥数据要素市场化配置是我国数字经济发展水平达到一定程度后的必然结果，也是数据供需双方在数据资源和需求积累到一定阶段后产生的必然现象。数据要素市场对数字经济发展的积极作用表现在以下几个方面：

第一，数据作为新的关键投入要素，是催生和推动数字经济新产业、新业态、新模式发展的基础。在数据挖掘、脱敏、分析的基础之上对数据资源实现高效利用，将极大地推动创新、加速产业升级。数据成本的大幅下降决定了数字经济整个产业链效率的提升，能有效促进数字经济的专业化分工。

第二，数据是数字经济产业链最重要的传输介质。虽然数字经济的运行包括很多实体货物产品和中间品的传递，但整个产业链是围绕数据从创造、收集、加工到应用延伸的，产业链中的每一个环节都对数据进行更深一步的加工后再传递到下一个环节。从某种意义上说，数字经济的主线就是数据要素价值的不断挖掘，并与其他产业进行深度融合。

第三，随着全球化的推进，通过跨国货物贸易、资金往来、人才流动、信息交流、跨国公司在全球布局产能，一般要素的价格在参与国际产业分工的国家不断趋同。对于数字经济而言，数据则是一种很难被趋同的要素资源。不同国家和地区数据要素的差异主要表现在数据规模和对数据的处理能力方面，虽然数据处理能力容易实现趋同，但数据创造规模与人口、经济规模相关，人口和经济总量直接决定数据创造的上限，而各个国家和地区在这方面的差异是巨大的。当数据成为专属资源时，拥有更多人口和更大经济规模的地区在数字经济分工上占有更大优势。

第四，数据对其他生产要素也具有乘数作用，可以利用数据实现供给与需求的精准对接，创新价值链流转方式，放大劳动力、资本等要素在社会各行业中的价值。善用数据生产要素，促进数据要素市场化，有助于推动数字经济与实体经济深度融合，为经济转型发展提供新动力，实现高质量发展。因此，利用好数据要素是驱动数字经济创新发展的重要抓手。

第五，数据与算法、算力的有机融合构成数字经济的核心内涵。数据流动调配计算机算力，驱动算法体系搭建的平台运行，构成了数字经济的核心内涵。数字经济与传统经济形态的根本不同在于计算机算法算力体系利用数据进行决策，解放与发展了人的有目的劳动和思维活动，极大地拓展了人类改造自然世界和协调人类社会的能力。在数字经济中，人们借助各类数字平台进行的生产与交换行为、社会交往行为、公共治理行为等，都是通过产生数据流来驱动算法算力体系实现的。此外，政府和企业在处理人们的原始数据请求时，还将产生新的数据。所有数据被长时间存储和积淀下来，就构成了数据资源池。在利用数据资源池的过程中，同样需要大量的计算机算力配合适当的算法体系进行运算分析。随着计算机智能水平和算力规模的不断发展，数据越来越成为驱动数字经济运行的核心要素。数据要素市场、算法体系和算力系统之间也是互为条件、相互制约的，三者所构成的有机整体就是数字经济的核心。

第六，数据要素是数字经济运行和进一步创新发展的燃料。加快培育数据要素市场，有利于为算法体系发展提供基础训练数据集，也有利于牵引数据处理需求，推动数字经济核心硬件与软件自主化和赶超发展。必须充分发挥我国海量数据优势，撬动巨大市场应用规模潜能发挥，加快发展新一代人工智能，助力我国赢得全球科技竞争主动权。这是由数据－算法－算力的相互制约关系所决定的。

第七，新产业的创生和新技术在新行业的广泛应用，仅仅是一次宏大技术革命浪潮的开始阶段。只有当新技术扩散到新部门之外的广泛领域，深入改造足够多的传统部门生产体系，新技术范式所蕴含的生产力潜力才能真正得以释放，新技术对社会生产方式的全面变革才能得以实现。目前，我国数字经济发展仅处于展开初期，数字经济对社会生产方式的变革仍集中在新兴行业。加快培育数据要素市场，有利于充分激发传统产业数字化转型以采集数据、利用数据的积极性，推动数字经济与实体经济深度融合，开启数字经济发展的新阶段，推动我国产业优化升级和生产力整体跃升。

第八，在数字经济发展的国际竞争中，我国必须及时抢占数据开发利用的技术高点和先机，加快发展数据要素市场和数据治理体系，积极保护和开发数据资源，保障国内数字经济发展空间，保证数据资源开发利用带来的增长红利为我所用。世界各国正在抢先开发利用本国乃至世界范围内的数据资源。美国于2012年实施《大数据的研究和发展计划》，欧盟委员会也于2020年2月发布《欧洲数据战略》，推动数字资源的解锁利用，甚至统一数据市场的建设。

（3）国民经济健康发展的全新赋能　数字经济发展在国民经济发展中的地位正不断提升，积极推动培育规范化的数据要素市场，充分挖掘数据要素的价值，加速数据要素安全、高效地流通，对于国民经济发展具有重要意义。

积极推动数据要素市场培育与发展，能够大幅度提高国民经济运行效率。数据要素市场的出现，改变了传统的治理模式、生产模式与商业模式，将劳动力从传统的体力劳动中解放出来，采用更灵活、更高效、更具弹性的生产方式。借助云计算、物联网、人工智能、机器学习等新型数字技术，对数据进行实时的采集、使用、传播与价值化等，能够实时、快速、有效地从海量数据中挖掘出有价值的信息并进行传输与传播，形成更强有力的生产力，从而提升国民经济的运行效率。

积极推动数据要素市场培育与发展，有助于我国产业结构转型升级。新型数字技术的出现与传统产业碰撞出新的火花，催生出企业更大的创造力和应对市场需求变化、潜在机会的敏捷性，使其具备更有弹性和柔性的生产能力，及时预警风险与发现机会。数据要素市场有效地促进了产业在生产模式、产业链等方面的升级，优化企业的产品供给、推动产业数字化升级与数字产业化发展，增强宏观经济调控的准确度。

积极推动数据要素市场培育与发展，有助于提升国家政府治理效能。在数字化治理方面，我国大力建设与发展数据驱动的数字化政府和新型智慧城市，搭建与优化政府信息化技术框架，积极推动政务服务、数字治理、数据治理三方面的建设，最大化地利用数据为百姓提供高效透明的公共服务。对于国家治理而言，数据要素市场丰富了社会治理的资源，通过引入数字化技术充分利用当前海量的数据资源，有效地降低了服务成本、提升了治理效能。加速数据要素市场化配置从国家治理层面也有着显著的社会效用，能够改善传统治理模式，实现多主体协同共治，促进政府数据开放共享，加快推动各地区、部门、主体之间的数据共享与交换，以及数据责任清单的制定，优化治理模式与服务。

综上可见，数据要素市场对促进国民经济各个方面的发展有着重要的意义。数据要素市场作为数字经济发展中不可或缺的核心与中坚力量，对国家经济发展与国民生活水平的提升有着重要的价值和影响。只有积极推动数据要素市场的培育与发展，才能更好地提升我国经济水平，增强我国综合实力，更好地服务于民、便利于民。⊖

1.3.3　数据确权与交易

1. 数据确权

除了要发挥数据的价值之外，还要重视和关注数据的确权、交易与定价。数据确权是数据要素市场的逻辑起点，决定数据权益的分配方式。数据所有权具有一般产权的内涵，包括占有权、收益权、使用权等。企业与企业之间的数据所有权冲突时有发生。2018年发生的"华为腾讯数据之争"便是由数据所有权引发的争端。

产权是经济学的一个基本概念，指一种可执行的社会架构。该架构决定经济资源如何被使用或拥有 ⊖，包括：第一，使用经济资源的权利；第二，从经济资源中获得收益的权利；第三，将经济资源转移给他人、改变经济资源、放弃经济资源，以及损毁经济资源的权利。产权可以细分为所有权、占有权、支配权、使用权、收益权和处置权等"权利束"。产权界定是任何要素有效配置的前提。

数据资产的确权就是要解决依附于数据的权利归谁所有的问题。数据资产归属问题的一个重要症结在于企业和消费者之间的冲突。企业利用数据资产获利，但这一过程往往伴随着对消费者利益的侵害。目前比较成熟的做法是将个人信息分为不同的隐私和风险等级，给予不同程度的拒绝权、收益权等控制性权利，赋予数据产品持有者（企业）有限制的占

⊖ 武汉大学大数据研究院. 中国数据要素市场发展报告综论 [EB/OL]. (2022-07-01) [2022-11-23]. finance.sina.com.cn/tech/roll/2022-11-11/doc-imqmmthc4098302.shtml.

⊖ 邹传伟. 数据要素市场的组织形式和估值框架 [J]. 大数据，2021，7（4）：28-36.

有权来解决数据滥用和数据垄断问题。我国各部委制定行业分类标准，典型的有 2020 年央行颁布的金融数据安全分级标准等。

数据确权是建立数据交易市场秩序和规则的前提条件，是厘清数据流通边界的根本途径，是实现数据收益按贡献分配的必由之路。数据权属的确定有利于明确数据交易主体的责权利，规范数据交易主体行为，化解数据产权不确定所带来的利益冲突，保护各自的合法权益，形成良好的数据交易秩序，引导数据交易相关方规范公正地完成数据交易，促进数据产业繁荣发展。数据确权的难点有以下几个。

1）数据产权界定的复杂性来源于数据的特殊性。一方面，数据的非消耗性、非竞争性使传统的科斯定理无法直接适用；另一方面，从数据本身的特性来看，数据产权外延内的所有权和一般民法对所有权的界定不同。数据权在数据的全生命周期中有不同的支配主体，权利人需承担更多的义务和责任，不仅要对数据泄露和数据侵权等事件承担责任，而且需要在日常数据收集和处理等工作中履行相应义务。个人维护数据权益受到专业能力、技术装备等方面的局限性，需要从法律层面加大对数据拥有者的规制力度，明确企业对数据市场活动的行为边界。在政府数据开放的讨论语境下，政府数据也是一种重要的权利客体。相对于个人数据和政府数据的概念，商业数据比较模糊，尚未成为严格的法律概念。大部分企业因数据授权信息难以界定，数据流通环节难以追踪管控，无法确保数据在允许的范围内流动，对商业秘密、客户个人隐私泄露心存疑虑，对外部单位共享数据的意愿不高，直接制约了企业数据对经济社会价值的有效释放。

2）原始数据和衍生数据的产权界定陷入两难。与其他财产不同，数据的全生命周期由多个参与者（数据提供者、数据收集者、数据处理者等）对数据进行支配，每一个参与者在各自环节赋予数据不同价值。赋予某一参与者专属的、排他性的所有权不可行，需要在数据提供者、数据处理者等参与者之间进行协商和划分，确定各权利主体之间的边界和相互关系。数据权利内容还会随着应用场景的变化而变化，甚至衍生出新的权利内容，使得事先约定权利归属变得困难。

3）物权法、合同法、知识产权法等法律仍不完善，数据的电子化、易复制性、隐蔽性等特点使数据确权更加复杂困难。从经济学的角度来看，按照科斯定理的基本原则，如果对产权的法律界定导致交易成本过高，从而事实上阻止了数据交易和流通，那么这种权利界定就是无效率的。对于经过匿名化处理、总体价值密度较低的大数据而言，其中包含的每一条个人信息的贡献价值其实都非常小。如果认可个人的财产权利主张，那么个人授权或获取分成收益的成本很可能超过其信息贡献价值，导致数据交易成本太高，从而无法实现数据在市场上的流通，甚至使数据市场失去存在的意义。但从法学角度来看，认可个人的财产权利主张有其维护社会公平的道理，这是数据权属争议的核心问题。[一]

○ 武汉大学大数据研究院. 中国数据要素市场发展报告综论［EB/OL］.（2022-07-01）［2022-11-23］.
finance.sina.com.cn/tech/roll/2022-11-11/doc-imqmmthc4098302.shtml.

2. 数据交易

我国还没有制定出台有关数据交易的专门性法律法规，可交易和流转的数据范围没有明确的界定。在产权、估值等数据交易要素不明朗的情况下，数据交易市场规模化发展尚待时日。自 2014 年以来，全国多地启动了大数据交易所建设，截至 2019 年年底，我国数据交易平台超 50 个。数据交易作为新业态尚处于孵化中，大数据交易所面临层次较低、质量较低、交易额度较低、风险较高的现实困境，需依托现有的数据交易平台，进一步探索数据交易规则和估值标准、权益保护机制，打造市场化数据交易生态体系，形成资本与数据价值变现的良性循环。

与传统实体形态的市场渠道不同，数据要素通过网络平台实现配置。这就要求 5G 基站、大数据中心等数字技术设施覆盖市场区域，数据交易网络的技术支持完备，数据交易网络的平台健康运行，万物互联网交易链接便捷，要素市场供求信息公开、发布及时，各类要素市场连为一体。数据要素交易须克服地方与行业壁垒、大企业垄断，达成中外数据要素市场连通，实现数据线上交易和线下服务的高效协作。

从产品的角度来划分，数据交易可以分为两大类 [⊖]。一是基于数据集的交易，这类数据通常是机器学习的训练集数据 [⊖] 或专家决策系统所依赖的底层数据，其交易标的物多以数据集和定制化 API 的方式呈现，产品具有规模化、劳动密集型、质量强相关、多次迭代等特点。第二类是基于数据分析衍生品的交易，京东、淘宝这样的平台除了促成数以亿计的线上交易外，还通过网站埋点来感知与采集数据，积累实时、细粒度的商品交易、用户行为等海量数据，并在此基础上进行人物、商品、行为多维度与关联性分析，经过平台长时间序列的数据积累，即可衍生出各类基于海量数据的涉及国计民生、各行各业的数据分析报告等，这类数据交易的产品具有规模化、强衍生、多维度、隐蔽性等突出特点。

从依托主体来划分，数据交易主要分为基于平台的数据交易和基于服务商的数据交易。基于平台的数据交易有 Facebook、X（原 Twitter）、Amazon、Google 以及国内的京东、携程、百度等，此类数据通过平台对用户行为进行感知而产生，具有原创和可实时更新的特点。基于平台的数据交易能产出上述数据集及数据分析衍生品两类产品。基于服务商的数据交易如 Statista、Clarivate 等，可以基于服务商收集和整理多个数据源的数据，但服务商并不产出原始数据。此类交易同样可以产出上述数据集及数据分析衍生品两类产品。

1.3.4 数据资产价值

1. 数据价值

对数据价值进行评估是数据资产管理的关键环节，是数据要素市场化和资产化的前提。

⊖ 武虹，李世欣，陈庆鹏，等 . 建设数据要素市场的核心问题及解决路径探讨［J］. 今日科苑, 2022（8）：4-13.

⊖ 杨琪，龚南宁 . 我国大数据交易的主要问题及建议［J］. 大数据，2015，1（2）：38-48.

狭义的数据价值是指数据的经济效益，广义的数据价值是指在经济效益之外考虑数据的业务效益、成本计量等因素 ⊖。不同的研究机构对数据价值评估进行研究，有以下的研究结果：①国家标准化管理委员会提出数据资产应用效果的分析，考虑数据资产的使用对象、使用次数和使用效果评价，在评估数据资产的运营效果时有参考价值 ⊜。②中国资产评估协会提出数据资产的评估专家指引，参考无形资产评估，为数据资产评估提出改良成本法、改良收益法和改良市场法三种方法。③Gartner 作为全球技术咨询服务公司，从多角度评估数据资产的多方面的价值，提出市场价值、经济价值、内在价值、业务价值、绩效价值、成本价值、废弃价值、风险价值共八大维度的信息资产价值评估模型。④阿里研究院将数据资产与无形资产进行对比，探索无形资产评估方法在数据资产中运用的可能性，分析数据资产价值影响因素以及五种评估方式，分别是市场价值法、多期超额利润法、前后对照法、权利金节省法、成本法 ⊜。⑤中国信息通信研究院云计算与大数据研究所从内在价值、成本价值、经济价值、市场价值四个价值维度出发，建立数据资产价值评估体系。

综合国内外组织的上述研究成果，数据的价值主要包含以下内容：

（1）**内在价值** 内在价值是指数据本身所蕴含的潜在价值，通过数据规模、数据质量等指标进行衡量。评估数据资产内在价值是评估数据资产能力的基础，对于数据资产其他维度的价值评估具有指导作用。数据的内在价值包含数据质量评分、服务质量评分、使用频度评分三个维度：数据质量评分是从数据的完整性、准确性、规范性等质量维度统计数据的通过率情况；服务质量评分是从业务应用角度统计数据的覆盖度和使用友好性情况；使用频度评分是统计数据资产的使用频度情况 ⊛。

（2）**成本价值** 数据资产的成本价值是指数据获取、加工、维护和管理所需的财务开销，包括获取成本、加工成本、运维成本、管理成本、风险成本等。评估数据资产成本价值有助于优化数据成本管理方案，有效控制数据成本。获取成本是指数据采集、传输、购买的投入成本，加工成本是指数据清洗、校验、整合等环节的投入成本，运维成本是指数据存储、备份、迁移、维护与IT建设的投入成本，管理成本是指围绕数据管理的投入成本，风险成本是指由于数据泄露或外部监管处罚等风险而可能带来的损失。

（3）**经济价值** 数据资产的经济价值是指运用数据资产所产生的直接或间接的经济收益，通过货币化方式计量数据资产为企业做出的贡献。公式为：经济价值 = 业务总效益 × 数据资产贡献比例，其中，数据资产贡献比例的计算存在难度，可考虑利用业务流和价

⊖ 中国信息通信研究院云计算与大数据研究所.数据资产管理实践白皮书：5.0 版［EB/OL］.（2021-12-20）［2022-11-23］.www.vzkoo.com/document/d3dee7984b3e9a76344a7ecf608aa29f.html.

⊜ 国家标准化管理委员会.电子商务数据资产评估指标体系［EB/OL］.（2019-06-04）［2022-11-23］.openstd.samr.gov.cn/bzgk/gb/newGbInfo?hcno=20775B4FD5BABBFE66E2C1CC0F6EEE0A.

⊜ 阿里研究院.数据资产化之路：数据资产的估值与行业实践［EB/OL］.（2019-11-04）［2022-11-23］.www.cbdio.com/BigData/2019-11/04/content_6152582.htm.

⊛ 中国信息通信研究院云计算与大数据研究所.数据资产管理实践白皮书：5.0 版［EB/OL］.（2021-12-20）［2022-11-23］.www.vzkoo.com/document/d3dee7984b3e9a76344a7ecf608aa29f.html.

值流对业务总效益进行拆解，并对应数据流，进一步界定该业务价值环节的数据资产贡献比例。

（4）**市场价值**　市场价值是指在公开市场上售卖数据产品所产生的经济收益，等于数据产品在对外流通中产生的总收益。随着数据产品需求的增加以及数据交易市场规则的建立，该方法的可行性与准确性逐步提升。

（5）**绩效价值**　这即数据对于工作绩效的价值，例如提高工作效率、降低沟通成本等。

（6）**商业价值**　这即数据在商业活动中的价值衡量，从而让业务更加高效、精准、低成本和有据可依，便于促进商业模式的优化和创新，有利于商业的长期持续发展。

2. 数据价值链

迈克尔·波特最早提出"价值链"的概念，认为企业内外价值增加的活动可分为基础活动和辅助活动，二者构成了企业的价值链，如图1.4所示。数据价值链是描述数据价值创造的理论创新，通过数据价值创造活动实现数据的价值创造以及传递过程中的价值增值，强调通过对价值链各节点上数据的采集、传输、存储、分析以及应用，实现数据的价值创造以及在传递过程中的价值增值。由此，数据价值链可以理解为是由数据获取、数据存储、数据分析、数据应用等基础活动以及软硬件基础设施、研究与开发、人力资源管理等辅助活动构成的。

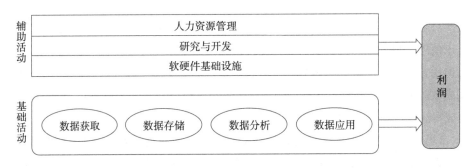

图1.4　数据价值链

随着信息技术的迅速发展和广泛应用，数据已经成为市场经济不可或缺的新生产要素。数据价值链的概念是从企业价值链发展延伸而来的，前提是信息技术与产业的深度融合。企业价值链的分析方法主要用于确定企业在关键环节上的核心竞争力，从而形成行业竞争优势。2017年，大数据战略重点实验室首次在《中国大数据发展报告No.1》中提出"数据价值链"的概念。2020年7月，经全国科学技术名词审定委员会批准，"数据价值链"作为大数据新词被准予向社会发布试用。

3. 数据定价

数据定价存在诸多难点。一方面，数据价格既与数据质量有关，也与数据收集难易程度有关，更与特定场景有关。对有的人"价值连城"的数据可能对其他人是"徒增成本"，数据产品的异质性、一品一价大大增大了数据市场定价难度。数据要素价值由生产加工数据产品的社会必要劳动时间所决定，是价格的基础，同时价格又受到市场供求关系的影响。数据具有虚拟性，需要在确权的基础上进行专业估价，进而在市场磨合定价，具有垄断性且涉及国计民生的基础数据定价还需要辅之以听证会的方式。为了统一数据估值标准，可从多种类数据交易市场切入，发挥市场力量探索数据定价机理，在多方互动中逐步明确数据要素定价规则和标准。

另一方面是管控难，目前大部分平台采用消费者免费使用的模式，给数据产品或服务定价监管带来新挑战。面对市场上数据产品定价不公的现象，消费者一般只能被动接受。保护消费者合法权益需要引入合理的定价机制，才能进行有效引导并加以规范。基于数据价值质量、应用、风险三个维度的市场法、成本法、收益法以及基于非市场角度的条件价值法和隐私价值法，都有各自的优缺点，没有完全解决数据定价机制的问题。数据估值缺乏统一的衡量标准，使数据无法作为资产进行会计核算，数据交易时买方不清楚应支付费用额度，数据要素收益分配时不清楚该如何测算贡献比例。

数据资产的评估方法有三种分类：

（1）**基于数据生产者**　修正历史成本法和市场法。

1）修正历史成本法：在假设市场各方为理智消费者的前提下，买方购买的数据资产将带来的经济收益应至少等于或大于购买其所需的资金成本。然而与传统的有形资产不同，数据资产的特质导致卖方可以反复出售数据资产，且被出售后数据不会消耗或减值。同时，数据资产可带来的未来收益跨度极大，且产生价值的衡量标准并不统一。如若买方购买数据后从未使用，那么我们可以认为其内在价值和使用价值均为零，只存在成本；而当数据资产为使用方提供了大量的决策分析价值与研究价值时，那么其资产评估价值应远超其历史购买成本。为了应对数据资产独有的特征与限制，穆迪和华尔希在1999年首次提出了修正历史成本法来强调数据的特殊属性与使用途径。

2）市场法：旨在理解客户的支付意愿，即客户为商品或服务有意愿支付的最高金额。当数据可以作为市场上的商品进行定价和交易时，买卖双方的交易定价为显示性偏好或显示性价值。当无法依靠市场定价时，数据的价值则通过叙述性偏好或叙述性价值间接地进行衡量。

（2）**基于数据使用者**　贡献比例法和决策导向估值法。

1）贡献比例法：自上向下型的估值模型，旨在使用结构性方法去分析并预测某资产对项目结果的相对影响。本方法首先确定可量化的预期结果，反推并研究能够达成该结果的最佳使用案例，最后将案例中资产的累计贡献作为其价值评估的参考。

2）决策导向估值法：由斯坦德在2015年提出，也是自上向下型的估值模型，目的为判断数据资产在未来收益中重要程度的相对占比，从而确定该数据资产的价值。企业对于任何数据库的购买或生成都是一个决策点，如若决策点价值为正，即数据库带来的未来收益大于成本，则决策点有效，反之则不应继续购买或生成该数据库。

（3）基于数据中心　基于消费的价值评估法和科研数据保护法

1）基于消费的价值评估法：作为数据的交通枢纽，数据中心的信息具有多端口来源、多端口输出的特征。与生产者和使用者不同，数据中心的价值并不来自对数据的出售或使用，而是基于"数据价值的评判只与数据的使用次数挂钩"，即使用次数越多，数据价值越高。所以，针对其价值的评估方法不应该拘泥于该数据中心所创造的现金收益，而是应该通过统计数据库的使用次数及人数的方式判断数据中心的价值所在。

2）科研数据保护法：该方法的最佳适用数据类型为重前期研究投入的科研型数据中心，且它对成本与收益的未来预测时间跨度往往在一年以上。此类数据中心往往国家或地方政府给予支持，公益性和科研性的重要程度远高于对短期盈利的追求。因此，在针对科研数据中心的评估中，选择评估方法时需要格外注意科研数据中心的社会职责，从宏观的角度看待科研数据中心为社会整体所带来的价值。

4. 数据确权、数据价值与数据交易的关系

数据确权是数据价值和数据交易的前提条件，明确的权利归属有利于市场价格的形成、降低信息不对称风险并促进资产的流通 ⊖。通过构建数据要素市场体系，要加快建立数据确权机制与数据确权基本框架，加快建立和明确数据定价规则，为数据交易提供价值评估和价格依据。数据价值的确立有利于促进数据交易过程标准化，也有利于制定数据流通交易规则，从而积极营造便于数据要素流通的市场环境。

◎ **本章思考题:**

1. 根据案例资料，深入分析华为数字化转型的路径、方法。

2. 找出不同行业的数字化转型案例，并总结其数字化转型的方法和过程。

3. 阅读理解国家数字化转型发展的相关政策文件，并阐述政策文件对社会、经济、文化等方面的影响。

4. 阅读数据要素相关资料，了解目前数据要素市场的建设状况，掌握我国现有的数据交易市场现状。

⊖ 林文声，王志刚，王美阳.农地确权、要素配置与农业生产效率：基于中国劳动力动态调查的实证分析
　　［J］.中国农村经济，2018（8）：64-82.

第2章

数据与数据资源管理

■ **章前案例**⊖：

2021 年 4 月 25 日，以"激发数据要素新动能，开启数字中国新征程"为主题的第四届数字中国建设峰会在福州开幕。此次峰会上，汉王科技股份有限公司（下文简称"汉王科技"）打造的 120m² 的"智慧数字"展区，集中展示了企业在大数据数字应用、AI 智慧建设等方面的前沿科技和最新成果。众多的"黑科技"不仅突出了数字科技的前瞻性与创新性，还呈现了数字经济的新模式与新场景。同时，汉王科技"从数据到智慧"的战略蓝图也逐渐浮出水面。从数据到智慧汉王手写识别、OCR 识别作为新基建数字建设核心技术，加之其布局的 NLP 技术，汉王科技的文本大数据与服务板块业务可以解决国家大数据中心建设、工业互联网建设中的数据智能采集问题，从而推动中国数字化建设加速前行。

汉王科技在文档数据化领域的布局进一步延伸。通过承担国家级、各行业项目，汉王科技进行文档"大数据化"研发工作，并同步建立起自己的文档大数据库，未来要做的是在大数据基础上开发各种新的应用，以探索文档数据化更广阔的应用前景。

据了解，按照"从数据到智慧"的发展战略，汉王科技一方面深化核心技术，成立多地研发中心进行 NLP 技术与手写 OCR 的研发；另一方面挖掘贴近用户需求和业务场景的应用价值点，推进创新型应用落地。汉王科技的 2020 年报显示，汉王科技大数据团队已将 NLP 技术进行有效落地应用，建立起了包括文本分类、聚类、结构化数据抽取、知识抽取、知识图谱、文本摘要、机器问答等在内的跨 NLP 各个子领域的全技术链体系。

⊖ 周冬. 突破关键技术为数字经济加速［EB/OL］.（2021-04-26）［2022-11-28］. fz.fjsen.com/2021/04/26/content_30711072.htm.

案例思考题：

1. 如何理解"从数据到智慧"？

2. 如何才能做到从数据到智慧？

2.1　数据、信息、知识与智慧

信息社会环境下不同类型的知识共存，信息的传递和使用的障碍在知识研究中要得到改良或者改进，才有利于促进知识生产或创新。Mittelstrass 认为，在一个信息技术已经为社会信息的发展铺平道路的社会里，知识逐渐被那些未被开发与使用的信息取代和混淆，因此引出了一个关于数据、信息、知识和智慧的讨论：如何从知识到智慧，什么是智慧，知识是否只是另一种信息 [⊖]。

数据 – 信息 – 知识 – 智慧（Data-Information-Knowledge-Wisdom，下文简称"DIKW"）框架是阐述知识生成的科学体系，指出将数据、信息与知识递进转化并被理解后就可以生产出指导未来做正确事情的智慧。DIKW 元素和相应的分级结构可以追溯到 20 世纪 80 年代 [⊜]，一系列扩展或改进 DIKW 框架的理论不断涌现，学术界也一直存在关于框架元素和结构的讨论。基于已有研究理论，广义上的 DIKW 元素可以概括为：数据、信息、知识、智慧。

2.1.1　数据、信息、知识与智慧框架

DIKW 框架由 Ackoff 提出，作为商业流程系统分析的金字塔模型，得到诸多学者的解读和使用。研究者普遍认为，在数据 – 信息 – 知识的金字塔中会有很多重复的东西，例如，用户需要定向知识，并且在很多的信息当中找出相关的信息（用户的目标必须清晰）。此外，Jennex 认识到在数据和信息都很清晰的情况下，大量的知识、生产产生的知识需要将数据和信息放在第一位，在这个层面上，知识的生产呈现出一种周期性，而不是线性。

数据是为了证明一个事实，从上下文可以知道数据是从哪里得到或从哪里传递过来的，具有重要意义 [⊜]。为什么这些数据要收集起来？在获得数据后是不是可以得到充分的理解？为什么数据会变成信息？这不只需要对数据本身有很深刻的理解，还需要了解更加庞大的系统——信息分析的方法与目标。信息的意义必须在信息成为真正的知识之前得到了解，如果不了解信息为什么传递，信息的上下文怎么产生，使用的人就不能够得到接下来的信

⊖　MITTELSTRASS J. The loss of knowledge in the information age［EB/OL］.［2022-11-23］. portlandpress. com/DocumentLibrary/Umbrella/Wenner%20Gren/Vol%2085/0850019.pdf.

⊜　JENNEX M E. Re-visiting the knowledge pyramid［R］. 42nd Hawaii International Conference on System Sciences, 2009.

⊜　DAVENPORT T H, PRUSAK L. Working knowledge: How organizations manage what they know［J］. Ubiquity, 2001，26（4）：396-397.

息或者他对数据反映现实的认知将会不完善。只有掌握全面的知识，才能够充分决定怎么做，并且从长远的角度来做出有效决策。

实质上，DIKW 网络从三个方面对实现"数据－信息－知识－智慧"之间转换所需的要素进行了概括。①洞察力：在数据、信息、知识接收和传递、辅助决策流程中显得格外重要，同时需要用户具备相应的知识才能使之得到深刻的理解。②智力：了解数据－信息－知识－智慧从一个阶段到另一个阶段的共同属性及其实质上的转换标准，需要人类智力的支持，例如问题疫苗事件中，用户如何从繁杂的网络信息中得到关于问题疫苗可能产生影响的信息，而不是单纯地接收"可能致死"的信号。③学习：贯穿 DIKW 的每一个阶段，并且可能影响数据、信息和知识在时间上的积累水平。这个网络的边缘可以看作从知识倒流回数据的审视，这种审视可以突破网络舆情管理的一些限制，对信息有了很好的理解、组织和观察之后，用户可以用人类的智力来做出更好的决策。这种决策方式通常被称为具有智慧的决策，也会产生良好的效果。

正确理解上下文、有良好的洞察力、充分利用智力进行学习的能力等在 DIKW 网络中都是一些不确定的因素，也是其固有的因素，错误理解上下文、缺少洞察力、没有很好运用智力会导致人们做出一些错误的、不明智的决策。

2.1.2　数据的概念、类型与特征

1. 数据的概念

数据是事实或观察的结果，是对客观事物的逻辑归纳，是用于表示客观事物的未经加工的原始素材。数据是可以呈现事物特征与其环境特征的一种象征，是可以观察的 ⊖。数据是按照一定规则排列组合、用以载荷或记录信息的物理符号，可以是数字、文字、图像，也可以是声音或计算机代码 ⊜，只有通过对数据背景和规则的解读才能获取 ⊜。

数据可以视为外部通信和存储介质，即由发送方根据信息进行编码，并由接收方解码为信息的储存器。更广泛地说，存储在数字媒体上或通过数字媒体进行通信的任何二进制表示的事物都被称为数据，比如数字媒体技术。数字媒体是指以二进制的形式记录、处理、传播、获取过程的信息载体，包括数字化的文字、图形、图像、声音、视频影像和动画等感觉媒体，以及表示这些感觉媒体的表示媒体（编码）等。

数据是对事物、事件、活动和交易的记录与描述。比如："1949 年 10 月 1 日，新中国成立"，其中"1949 年""10 月""1 日"就是数据，这是对新中国成立这一事件年份的描述。数据是离散、客观的事实或观察结果，没有经过组织和处理，不传达任何具体含义。

⊖　ACKOFF R L. From data to wisdom［J］. Journal of Applied Systems Analysis, 1989, 16（1）: 3-9.

⊜　马费成，胡翠华，陈亮. 信息管理学基础［M］. 武汉：武汉大学出版社，2002.

⊜　马费成. IRM-KM 范式与情报学发展研究［M］. 武汉：武汉大学出版社，2008.

比如："目前，我国杂交水稻年种植面积超过 2.4 亿亩（1 亩 =666.67m^2），占水稻总种植面积的 57%，产量约占水稻总产量的 65%"，其中单独的 "2.4 亿亩""57%" 就是没有组织和处理的数据。有人认为数据没有意义或价值，因为它没有上下文和解释。比如：中央红军长征一共用时 368 天，行程 25000 里（1 里 =0.5km），其中 "368 天""25000 里" 是统计数据，数据被单独挑出来，脱离了原有文本。

根据 DIKW 框架，数据的定义还有：数据是物理标志。它们没有意义，因为存在于人类思维之外，比如书中的人物、计算机内存中的位、街道标志等。

2. 数据的类型

（1）按数据主权所属可以将数据分为内部数据和外部数据两类

1）内部数据是组织内部业务产生的数据，在业务流程中产生或在业务管理规定中定义，比如企业的合同、项目和交易数据等。

2）外部数据是可以通过公共领域获取的数据，是客观存在的，其产生、修改不受本公司的影响，比如国家、币种、汇率。

（2）按数据存储特性可将数据分为结构化数据、非结构化数据、基础数据和主数据四类

1）结构化数据可以用关系型数据库存储，先有数据结构，再产生数据，比如国家、币种、组织、产品和客户等。

2）非结构化数据的形式相对不固定，不方便用数据库二维逻辑表来表示，具有形式多样、无法用关系型数据库存储、数据量通常较大等特征，比如网页、图片、视频、音频、XML、文本等。

3）基础数据用结构化的语言描述属性，是用于分类或目录整编的数据，也称参考数据。基础数据通常有一个有限的允许范围或者可选值范围，属于静态数据，非常稳定，可以用作业务 IT 的开关，职责或权限的划分，或统计报告的维度，比如合同类型、职位、国家和币种等。

4）主数据具有高业务价值，可以在组织内跨流程、跨系统被重复使用，具有唯一、准确、权威的数据源。主数据通常是业务事件的参与方。主数据取值不受限于预先定义的数据范围，并且在业务事件发生之前就客观存在，比较稳定。此外，主数据的补充描述可归入主数据范畴，像实体型组织、客户、人员基础配置就是常见的主数据。

（3）按数据源和感知的维度可将数据分为事务数据、观测数据、规则数据、报告数据和元数据

1）事务数据用于记录组织业务运转过程中产生的业务事件，实质是主数据之间活动产生的数据，有较强的时效性，通常是一次性的。事务数据无法脱离主数据而独立存在，比如支付指令、主生产计划等。

2）观测数据是观测者通过观测工具获取观测对象行为或者过程的记录数据，通常数据量较大，是过程性的，主要用作监控分析，并且可以由机器自动采集。系统日志、物联网数据、运输过程中产生的 GPS 数据就是常见的观测数据。

3）规则数据是结构化描述业务规则变量（一般为决策表、关联关系表、评分卡等形式）的数据，是实现业务规则的核心数据。规则数据不可实例化，只以逻辑实体形式存在，结构在纵向和横向两个维度上相对稳定，变化形式多为内容刷新。规则数据的变更对业务活动的影响是大范围的，比如员工报销规则、出差补助规则等。

4）报告数据是指对数据进行处理加工后，用作业务决策依据的数据。报告数据通常需要进行加工处理，将不同来源的数据进行清洗、转换、整合，以便更好地进行分析。维度、指标值都可归入报告数据，比如交易报表、收入报表、成本核算表等。

5）元数据是定义数据的数据，是有关一个组织所使用的物理数据、技术和业务流程、数据规则和约束以及数据的物理与逻辑结构的信息。它是描述性标签，描述了数据（如数据库、数据元素、数据模型）、相关概念（如业务流程、应用系统、软件代码、技术架构）以及它们之间的联系（关系），如数据标准、业务术语、指标定义等。

3. 数据的特征

1）数据具有非竞争性。非竞争性意味着同一数据能够被不同主体同时使用，且在不减少已有使用者价值的同时带来新的递增价值。数据只有实现开放共享、重复使用，才会创造更大价值[⊖]。

2）数据具有互补性和正外部性。不同维度的数据聚合会产生显著的范围经济，同时数据要素的挖掘利用具有正外部性，数据商业生态成为基本的组织形式。

3）数据具有时效性并会快速贬值。数据会随着时间的推移而迅速贬值，因此具有显著的动态性。

4）数据具有穿透性。数据与其他要素组合之后能够将模糊、不确定的事物进行透明化、可视化表达，这是数据在不相关的两者之间建立联系的基础。其所表现出的透明化和可视化使不同价值空间之间的链接与融合成为可能，从而实现产业之间的相互融合[⊜]。

2.1.3 信息的概念、类型与特征

1. 信息的概念

信息是相对的、有用的、有意义的、可处理的数据[⊜]，是可以统计和计算的，在任何情

⊖ 唐要家 . 数据价值释放重在营造创新环境［N］. 中国社会科学报，2022-08-10（3）.

⊖ 张培，杨惠晓 . 数据重构平台商业模式创新的内在逻辑与实现路径［J］. 科技管理研究，2022，42（5）：186-192.

⊜ ROWLEY J. The wisdom hierarchy: Representations of the DIKW hierarchy［J］. Journal of Information Science, 2007, 33（2）: 163-180.

况下可以从数据中推断出来[⊖]。

　　本体论层次的信息是事物关于自身运动状态及其变化方式的自我表述，认识论层次的信息是某个主体关于某个事物的运动状态及其变化方式的形式、含义和价值的表述。认识论层次的信息理念源于人们一开始问的一些问题："是谁""是什么""在哪里""什么时候""有多少"，与之相关的数据就可以变成答案，此时的数据就变成了"信息"。数据本身没有意义，除非变成一个相关的形式。总的来说，数据和信息的不同不在于结构上，而在于实用性上[⊖]。

　　1948 年，控制论创始人维纳在《控制论——动物与机器中的通信与控制问题》一书中指出，信息就是信息，既不是物质，也不是能量。这是科学家在历史上第一次将信息与物质和能量区分开来。但这个定义没有明确信息究竟是什么。1948 年，信息论奠基人香农在《通信的数学理论》一文中指出，信息就是能够消除有关不定性的东西。这个定义论述了信息的功能，让人们认识到信息的重要性。

　　来自其他领域的众多学者也对信息进行定义：信息是事物之间的差异；信息是为理解一个主体增加价值的数据；信息是被塑造成对人类有意义和有用的形式的数据；信息是使决策更容易的数据集合。根据 DIKW 框架，信息是通过对数据的认知处理而产生的。例如，经验丰富的飞行员能够将观察到的飞机精确地归入不同的类型（例如 F/A-18C 与 F/A-18D），新手则无法进行这种级别的分类，因此当相同的数据输入时获得的信息会更少。

2. 信息的类型

　　按信息描述的对象划分，可分为自然信息、生物信息、机器信息和社会信息。

　　按信息的性质划分，可分为语法信息、语义信息和语用信息。

　　按利用者观察的角度和过程划分，可分为实在信息、先验信息和实得信息。

　　按信息的传递方向划分，可分为纵向信息、横向信息和网状信息。

　　按信息的内容划分，可分为经济信息、科技信息、政治信息、文化信息、政策法规信息、娱乐信息等。

　　按信息的作用划分，可分为有用信息、无用信息和干扰信息。

　　按信息的运动状态划分，可分为连续性信息、间隔性信息、常规性信息和突发性信息等。

　　按信息的流通渠道划分，可分为真实信息和非真实信息。

　　按信息的记录方式划分，可分为语声信息、图像信息、文字信息、数字信息和计算信息等。

　　按信息的来源划分，可分为内部信息和外部信息。

　　无论从什么样的角度进行划分，不同种类的信息之间并没有绝对的界限，彼此之间互

⊖　TARGOWSKI A. From data to wisdom［J］. Dialogue & Universalism, 2005，15（5）：55-71.

⊖　ACKOFF R L. From data to wisdom［J］. Journal of Applied Systems Analysis, 1989，16（1）：3-9.

有交叉重叠。例如，一份政治信息或科技信息，对一个国家或企业的海外市场开拓决策产生决定性影响时，它就是一份重要的经济信息。

3. 信息的特征

（1）**信息存在的普遍性和客观性** 信息是事物运动状态的表现，宇宙间的事物都有独特的运动状态，就必然存在着反映其运动状态的信息。事物的存在和运动无时不有、无处不在，因而信息也就如影随形。这种普遍存在的信息还具有绝对性和客观性。绝对性表现为，客观物质世界先于人类主体而存在，因此信息的存在不依主体而转移；客观性表现为，信息不是虚无缥缈的东西，它的存在可以被人感知、获取、存储、处理、传递和利用。

（2）**信息产生的广延性和无限性** 宇宙时空中的一切事物都是其存在的方式和运动状态，都在不断地产生信息；而宇宙时空中的事物是无限丰富的，在空间上广阔无边，在时间上无限变化。因而信息的产生是无限的，分布也是无限的。即使在有限的空间和时间段中，事物也是无限多样的，信息自然也是无限的。

（3）**信息在时间和空间上的传递性** 信息产生于事物的存在和运动，但信息可以独立于其发生源而存在，可以由其他物质载体携载在时间或空间中传递。在时间上的传递即是信息的存储，在空间中的传递就是通信。其实，存储也是通信，只是面向未来的通信而已。当然，信息在空间中的传递也需要时间，但它在空间中传递的速度是一个有限值。尤其是在现代通信技术支持下，信息在空间中转移的时间越来越短，甚至可以忽略不计。信息在时间和空间中传递的性质十分依赖于信息的积累与传播，如维纳所说，信息是人类社会的黏结剂。

（4）**信息对物质载体的独立性** 信息表征事物的存在和运动，但信息不是事物本身。这种"表征"可以通过人类创造的各种符号、代码和语言来表达，通过竹、木、纸、磁盘物质载体来承载，否则信息便无法存在。这说明，信息对物质载体具有依附性。但信息具体由哪种物质载体来表达、记录和载荷并不会改变信息的性质和含义，这说明信息对物质载体具有独立性。例如"明天是否下雨"这则气象信息，表示方式可以用数字 0 与 1，传递方式可以用声音或电磁波，都不影响该信息的性质和内容。也就是说，载荷信息的物质载体的转换并不改变事物存在的方式和运动状态的表现形式，这一性质使人们有可能对信息进行各种加工处理和变换。

（5）**信息对认识主体的相对性** 人们的观察能力、认识能力、理解能力和目的不同，从同一事物中所获得的信息也不同。例如，对 $E=mc^2$ 这一公式，具有物理学知识的人立即会领会其代表的质能转换意义，而没有物理学知识的人很可能认为这就是一个普通的数学公式或者英文字母与数字组合。

（6）**信息的共享性** 由于信息可以脱离其发生源或独立于其物质载体，并且在利用中不被消耗，因而可以在同一时间或不同时间被众多用户利用。例如，某人阅读一本书，从中获取的知识内容（或称信息量）并不会因为其他人已经阅读而受到影响，也不会对将要阅读这本书的其他人产生影响。再如，当计算机的应用软件开发出来之后，生产者可以将其复制并转让给其他利用者，而生产者并未因转让而失去原有软件信息。利用该软件的信息并不以其他利用者少利用或不利用为前提，众多用户可以同时共享一份信息。

（7）**信息的不可变换性和不可组合性**　信息一旦产生，就会表达某种特定的含义。它不是包含在信息中的各种要素，如符号、数据、单词等的简单算术和，因而不可能将这些要素以任意的顺序排列和以不同的组合加以归并，而不损害信息的含义。例如，明年的夏天比今年更热。对于这条信息，如果将今年与明年两个信息要素调换位置，则变为今年的夏天比明年更热，意思与原信息完全相反。

（8）**信息产生和利用的时效性**　从信息产生的角度看，信息所表征的是特定时刻事物存在的方式和运动状态。由于所有的事物都在不断变化，过了这一时刻，事物的存在方式和运动状态必然会改变，表征这一存在方式和运动状态的信息也会随之改变，即所谓的时过境迁。从信息利用的角度看，信息仅在特定的时刻才能发挥其效用，一条及时的信息可能价值连城，使濒临破产的企业扭亏为盈，成为行业巨头。一条过时的信息则可能分文不值，使企业丧失难得的发展机遇，酿成灾难性的后果。

2.1.4　知识的概念、类型与特征

1. 知识的概念

哲学研究中对知识的研究叫作认识论，是认识知识本质、了解知识生产的过程。从认知哲学的层面看，知识是事物运动状态和状态变化的规律[一]。从信息链的角度看，知识是对信息加工、吸收、提取、评价的结果[二]。

知识是数据和信息的组合，再加上专家意见、技能和经验，形成可用于辅助决策的宝贵资产。知识是经过组织和处理的数据与信息，用于表达对当前问题或活动应用的理解、经验、积累的学习和专业知识。比如：钟南山院士长期从事呼吸内科的医疗、教学、科研工作，重点开展哮喘、慢阻肺疾病、呼吸衰竭和呼吸系统常见疾病的规范化诊疗，以及疑难病、少见病和呼吸危重症监护与救治等方面的研究，并首次证实了隐匿型哮喘的存在。他所领导的研究所对慢性不明原因咳嗽诊断成功率达85%，重症监护室抢救成功率达91%。

命题知识包括"怎么做"和"是什么"，前者比如"知道如何骑自行车"，后者比如"我知道北京是中国的首都"。Ackoff提出，关于怎么做的知识让指令变成信息这一过程成为可能。比如说，当一个人问"温度是多少"的时候，一个房间的温度可能会变成信息；当一个人知道如何控制温度的时候，温度信息就变成了知识[三]。

知识建立在从数据中提取的信息之上。在数据挖掘的背景下，知识等同于有用的信息，

[一]　MITTELSTRASS J. The loss of knowledge in the information age［EB/OL］.［2022-11-23］. portlandpress. com/DocumentLibrary/Umbrella/Wenner%20Gren/Vol%2085/0850019.pdf.

[二]　钟义信. 信息科学原理［M］. 3版. 北京：北京邮电大学出版社，2002.

[三]　ACKOFF R L. From data to wisdom［J］. Journal of Applied Systems Analysis, 1989, 16（1）: 3-9.

并被描述为超过用户确定的某个阈值的模式。比如在企业，一旦你通过了知道做什么的最低阈值，那么最重要的就是持续地做那件事，而不是其他事情。

知识是一种主观或内部现象 ⊖，是依赖语境的、默契的、嵌入的和社会建构的。比如，数学知识是人类创造性理性活动的产物。怀特海指出：纯粹数学这门科学在近代的发展可以说是人类性灵最富有创意的产物。爱因斯坦也认为数的概念是人类头脑的一种发明，一种自己创造的工具，用以整理、简化某些感觉经验。

根据罗素的观点，真理的知识（不同于事物的知识）具有相反的性质（即错误），所有真理的知识都有一定程度的怀疑。比如：牛顿第三运动定律在爱因斯坦相对论出来前是正确的，在爱因斯坦相对论出来后，就不再适用了。

柏拉图最初对知识的定义是：正当的真实信念。比如：太阳总是从东边升起。根据建构主义知识理论 ⊖，也有人认为知识是主观的，是从个人解释中建构出来的。比如：在休谟看来，知识是人性中最基本的要素，任何科学均与人性休戚相关。因此，一种常见的观点是，知识是知情者头脑中综合的产物，并且只存在于他或她的头脑中，比如：追求知识也是人的一种本性。荀子也表达过类似的看法，"凡以知，人之性也"。鉴于知识总是涉及一个有知识的人，可以认为所有的知识都是隐性的，在人类思维之外可以表达和变得有形的仅仅是信息。例如，一个书架或一台计算机可能包含很多信息，但不包含知识。

根据 DIKW 框架，知识构成了一个人的信念，而这些信念在社会上被认为是真实的。比如：太阳在太阳系的中心就是知识。采用 Rorty 的论点，即知识是相对于受众和一系列真理候选人的，可以认为解释的数据（即信息）可以通过执行层验证为知识；知识还取决于信仰主体和通过执行层进行的社会验证。换句话说，如果一个人不相信某些信息，那么它就不是知识。类似地，如果一个人相信某些信息没有被相关受众视为真理，那么它也不是知识。因此，知识只有在具有提供此类验证的概念工具的社区中才有意义。

2. 知识的类型

从知识是否被表达的角度看，知识分为两类：显性知识和隐性知识。显性知识是已经用文字、图表、数学公式等表达出来的知识；隐性知识是尚未用言语或其他形式表达的知识，比如信仰、隐喻、直觉、思维模式和所谓的"诀窍"（如手工匠掌握的特殊技艺）。

隐性知识又分为两类：一类是技术方面的隐性知识，包括非正式的难以表达的技能、技巧和诀窍；另一类是认识方面的隐性知识，包括心智模式、信念和价值观。从感性和理性的角度可将隐性知识分为感性隐性知识和理性隐性知识。感性隐性知识主要是通过实践和身临其境来获得的知识，如某一技能的掌握。拿手工匠来说，徒弟必须通过观察、模仿和亲身实践才能学到师傅难以言传甚至师傅本人都不知道的高超技能。再如要了解某一公

⊖ ZIINS C, SANTOS P L V A C. Mapping the knowledge covered by library classification systems［J］. Journal of the Association for Information Science and Technology，2011，62（5）：877-901.

⊖ PIAGET J. The development of thought: Equilibration of cognitive structures［M］. New York: Viking Press, 1977.

司的文化氛围，你就必须深入公司内部走访各个部门，身临其境才能体会到。理性隐性知识主要是通过思维上的深入研究才能获得的知识，如某一灵感的闪现。灵感实际上是需长期刻苦思考才能出现的，在科学创造活动中尤为重要。这种划分也不是截然分开的，有时隐性知识的获得需要两者的共同努力。

从知识的编码格式化角度看，可以把知识分为可编码的知识和不可编码的知识。显性知识可编码，隐性知识不可编码，由于知识只有被编码格式化后才能方便地为他人所共享，因此企业必须尽可能地实现隐性知识向显性知识的转化。

按照思维模式可以将知识分为有意识知识和无意识知识。显性知识一般指有意识知识，而隐性知识大多为无意识知识，分别受控于有意识思维和无意识思维。按照哈尼施的观点，有意识思维和无意识思维之间的合作受到它们不同信息量的影响，有意识思维的信息量处理速度远远低于无意识思维的。有意识思维信息处理量的局限性使有意识思维和无意识思维之间必须进行合作，以应付外部世界的复杂局面。我们可以把这种合作形式理解为：有意识思维每次只收集小块的信息，并且把它们合成越来越大的信息块，就像玩一个拼图游戏，逐步形成一幅外部世界的图画。

我们还可以把知识分为意会知识（无形知识）和言传知识（有形知识）。无形知识或意会知识的一个特点就是它深藏于大脑内，知识的拥有者不能完全意识到它，因而难以用语言进行表达。

Peter Novins 和 Richard Armstrong 将知识按适用性和可转移性两个维度分为四类：① Quick Knowledge，易访问知识；② Broad-based Knowledge，广泛适用的知识；③ Complex Knowledge，复合知识；④ One-off Knowledge，一次性的知识。

马克斯·博斯迈的知识分类：①公共知识，可以传播和扩散；②专有知识，能够编码，但难以扩散和传播；③个人知识；④常识，没有编码，但是扩散广泛。

OECD 在 1996 年发布的《以知识为基础的经济》报告中，从知识经济的应用角度把知识分为四类：① Know-what，知道"是什么"的知识，即事实知识；② Know-why，知道"为什么"的知识，是指客观事物发展、变化的原理和规律方面的知识，即原理知识；③ Know-how，知道"怎么做"的知识，是智能性的知识，包括特殊技艺、能力、诀窍以及识别组织、控制方面的技能等，即技能知识；④ Know-who，知道"谁能做"的知识，涉及谁知道和谁知道如何做某些事的信息的知识，它包含了特定社会关系的形成，有可能接触有关专家并有效地利用他们的知识，即知人的知识。前两种知识容易以文字的形式进行表述，属于可编码的知识，即显性知识；后两种难以用文字的形式进行表述，属于隐性知识。

根据所处生命周期阶段，知识可以分为：① Promising Knowledge，即发展中的知识，这种知识处于萌芽阶段，但未来可能会引发企业的重大变革；② Core Knowledge，即核心知识，这种知识当前正对企业产生重大影响，是企业核心竞争力的体现；③ Basic Knowledge，即基本知识，是企业从事基本经营活动所必须具备的知识，相对于核心知识而言，这种知识易于获得；④ Outdated Knowledge，即过期知识，在企业的经营活动中已经基本不再使用，且已经有新的知识来替代。

内部知识和外部知识的分类以组织为划分依据，所谓的内部和外部是相对组织而言的。内部知识是指企业自身所拥有的、特定于本企业使用的知识，包括管理模式、组织架构、企业文化、规章制度、生产方式、品牌商标、发明专利等，依靠这些知识，企业能够获得经济利益；而外部知识是指通用的、不特定于本企业但可以借鉴使用以改善组织、获得发展的各类知识。

从知识可用度和关键度两个维度出发，知识可以分为四类。①发展类知识：对企业战略目标和计划的实现起着关键作用但难以获取的知识，这类知识通常和新兴的技术或者市场关联；②生存类知识：对企业战略目标和计划的实现起着关键作用且易于获取的知识，这类知识较为成熟和稳定；③一般类知识：这类知识在企业中并不是关键知识，而且容易获取，更多的是一些常识性和辅助性的知识；④边缘类知识：这类知识不易获取并且对企业实现战略目标和计划影响不大。

3. 知识的特征

知识具有如下特性，其中一些特性还相互矛盾，使得对于知识的管理更为复杂。

1）复杂性：人们通常能见到的通过文字、图像、符号表述的、可结构化的知识只占了知识总量的一小部分，还有更多的知识难以用文字表达，难以记录和传播，只存在于人的大脑中，具有主观性和经验性，但是人们却能自然而然地运用它。同时，可结构化的知识和难以用文字表达的知识不停地相互作用、关联和转换，使知识不断创新和丰富。

2）可共享性：知识共享扩大了受众范围，从而提高其价值，形成递增效应。知识分享者不因知识的分享而减少知识，知识也不因分享而损耗。

3）专有性：知识的创新需要付出巨大的劳动，同时又可能带来巨大的价值和收益。为了激励知识创新，减少"搭便车者"降低研究开发投资的可能，因此存在知识产权、专利等阻碍知识传播的手段，确保创新者的收益。专有性在阻碍知识推广创造更大价值的同时，又激励了知识创新带来收益的热情。为了既保障创新者的合法权益，又不阻碍知识推广创造更大的价值，知识产权都会有一个保护期限，期限内使用者需要通过知识所有者授权的方式来使用知识，期限过后知识所有者失去了知识的专有权，任何人都可以无偿使用。

4）价值不确定性：知识的价值并不是确定的，在不同的地方、不同的时间、对不同的人都会带来不同的价值，同时知识投资的价值也难以预料，但是一旦成功，将会带来巨大的收益。

5）增值性：知识在生产、使用和传播的过程中，不断地被丰富和充实，存在着增值的可能。

与显性知识相比，隐性知识还具有如下特征。

1）个体性：一方面，隐性知识与其载体是无法分离的，一旦分离了，就失去了原有的含义，隐性知识本身也就消失了。另一方面，隐性知识的领会、获得需要个人身心的参与，这是一种置身其境的体验、领会过程。

2）非正式性：数学里的公式、定理就是一种典型的显性知识，而游泳、舞蹈、烹饪中蕴含的知识是难以用文字、图表、公式等具体形式表述出来的。

3）非系统性：隐性知识是由一些零散的、人们也许没意识到的点滴知识组合起来的，需要从整体上把握才能领会其意义。但人们却不能将这所有的点滴知识毫无遗漏地详述出来，只可意会，不可言传，因而不具备系统性。这是因为隐性知识在很大程度上是由没有主动认识到的细节造成的，我们知道的比我们能够说出来的多得多。

4）情境性：隐性知识是与一定情境密切相关的，"在特定的情境中才具有其独特的含义"，才存在。隐性知识的获得是与特定问题或任务情境联系在一起的，是个人在特定的实践活动中形成的某种思想和行为倾向，其内涵与认知者特定的情境背景有着直接的契合性，其作用的发挥往往与某种特殊问题或任务情境的"再现"或"类比"分不开。

5）即时性：隐性知识产生于认知者当下正在进行的认知活动之中。它是一种动态的存在，是一种稍纵即逝的现象。它随着认知主体注意力的转移而建构或消解。所以波兰尼把隐性知识称作"我们对正在做的某事所具有的知识"。

6）稳定性：已形成的隐性知识不易受环境的影响而改变，较少受年龄影响，不易消退遗忘。我们都有这样的体验，小时候学会了骑自行车，长大了依然不会忘记握着自行车的车把，能轻松地骑上去，在路上平稳地行驶。

7）整体性：隐性知识是个体内部认知整合的结果，是全身心投入认识的结果，是身体和大脑同时认识世界，是两者的完美结合。举例来说，一个失恋的人孤独地在一个房间里听伤心的情歌的感受和对这首情歌的认识，与他在喧闹的场合里的感受和认识是大不相同的，是身体所处的环境导致认识不同。隐性知识在很大程度上不仅仅是思维努力的结果，更需要身体的参与。人们是以自己处于一定时空位置中的、具有特定构成的身体来进行认识的。

8）文化性：与显性知识相比，隐性知识有着更强烈的文化特征，它与一定文化传统中人们所共享的概念、符号、知识体系是分不开的。显性知识传达的往往是一些显性的社会规范，而支配人们实际行为的往往是那些深深根植于社会文化传统中的"潜意识"。只有生活在这种生活实践中，才能掌握这种以隐性知识形式存在的真正规则，这就是隐性知识的文化性。

9）实践性：与显性知识的获取相比，隐性知识需要的是更多的实践和亲身体验。要想掌握高超的技能，就必须不断地实践、再实践，才能体会其中的奥妙所在。

2.1.5　智慧的概念、类型与特征

1. 智慧的概念

智慧通常是根据价值驱动（道德）的智能行为来定义的。心理学家认为，智慧是一种个人（而不是群体/社会）素质，是人类具有的特质，是高级认知和情感发展的一种形式，是一种罕见的素质，是由经验驱动的（而不是天生的），可以学习，随着年龄增长而增长，并且可以测量，比如IQ测试就可以测量智力。

智慧是积累的知识，使我们能够理解如何将一个领域的概念应用于新的情况或问题。

根据 DIKW 框架，智慧构成了一个人的规范性判断，而这些判断在社会上被认为是可取的。

2. 智慧的类型和特征

发展心理学认为，智慧在个体心理发展的过程中具有不同的形态或阶段。Labouvie-Vief 将智慧描述为由两个最简化的完整式样组成的集合体：理性智慧和感性智慧。理性智慧的主体是认知因素，包括推理、逻辑运算和分析解释等成分。感性智慧的主体是感性因素，包括整体式思维、感情和经验等成分。

Kahn 提出了"常规智慧和应变智慧"的分类，着眼于阐释智慧与环境之间的交互作用[一]。常规智慧是人们处在日常稳定的物理和社会环境下处理问题时展现的智慧，是一种自然流露，通过日常教育和社会知觉获得，不需要付出大量意识努力。应变智慧则是在环境发生较大变化时展现的智慧，其构成要素是新形成的一系列的信念和行为准则。

Staudinger 与 Glück 提出"个人智慧与一般智慧"的分类[二]，为理解智慧与人格的关系提供了新的视角。个人智慧也称"与自我有关的智慧"，指个体对自己人生的洞见：对自我的了解，对自己人生或生活的看法。一般智慧是指个体对大众所说的人生的洞见：对普遍意义上的人生或生活持有的观点。"个人智慧"将"智慧"视作一种人格特征或人格特征的一种模式，而"一般智慧"则是将"智慧"视为一种理论上可以讨论的客体（无论从个人角度还是从社会整体的水平上来说）。因此，"个人智慧"和"一般智慧"的主要区别在于智慧发生时的受用主体。

中国学者吴安春提出了"道德智慧"的存在[三]，蔡连玉提出了"道德智慧"和"非道德智慧"的划分[四]。虽然两者都言"道德智慧"，但其内涵各有不同。吴安春将"道德智慧"定义为"一种恰当地处理人与自然、人与社会、人与自己之间关系的意识和能力"，蔡连玉则将其定义为"个体或者群体的人解决道德问题的能力"。具体地，吴安春认为道德智慧可以分为宇宙道德智慧、生活道德智慧、生命道德智慧、人生道德智慧等四种不同的形态。

集体智慧的提出源于斯滕伯格的"集体智力"，就是团队成员在共同合作的过程中产生的智慧，与个体智慧相对。柏林智慧范式的团队对"智慧的社会合作方面"进行了考察，发现集体协作的情景和任务比个人独立思考更能激发个体的智慧[五]。

[一] KAHN P, O'ROURKE K. Understanding enquiry-based learning [EB/OL]. (2005-01-01) [2022-11-23]. www.researchgate.net/publication/258844946_1_UNDERSTANDING_ENQUIRY-BASED_LEARNING.

[二] STAUDINGER U M, GLÜCK J. Psychological wisdom research: Commonalities and differences in a growing field [J]. Annual Review Psychology, 2011, 62 (1): 215-241.

[三] 吴安春. 论道德智慧的四重形态 [J]. 教育科学, 2005 (2): 22-25.

[四] 蔡连玉. 道德智慧：概念内涵及其与多元智能的关系 [J]. 上海教育科研, 2007 (6): 16-18.

[五] BALTES P B, STAUDINGER U M. Wisdom: A metaheuristic (pragmatic) to orchestrate mind and virtue toward excellence [J]. American Psychologist, 2000, 55 (1): 122-136.

中国学者汪凤炎和郑红在智慧的德才兼备理论中提出了"德慧与物慧"的分类 [⊖]。德慧是个体在解决主我－客我、人－我关系或物－我关系等复杂人生问题中展现出来的智慧，物慧是个体在解决复杂自然科学与技术问题中展现出来的智慧。德慧与物慧之间的联系在于二者都是良好品德和聪明才智的代名词，区别主要体现在两大方面：第一，德慧与物慧涉及的问题的性质不同，德慧主要体现在处理复杂人生问题上，物慧主要体现在处理复杂"物理"问题上；第二，德慧与物慧的首要属性有差异。

2.2 数据管理

随着企业数据的积累和数字化的转型趋势，很多企业认识到数据已成为一种至关重要的企业资产。数据和信息使企业洞察顾客、产品与服务，帮助企业实现创新和战略目标，在竞争市场中取得优势。要利用好企业的数据，就需要将数据作为一种资产进行管理，并从中获得持续性的价值，需要有长期的目标、规划、协作和保障，更需要企业拥有数据管理能力和领导力。

2.2.1 数据管理定义

数据管理（Data Management，DM）的概念是伴随 20 世纪 80 年代数据随机存储技术和数据库技术的使用，计算机系统中的数据可以方便地存储和访问而提出的。2015 年，国际数据管理协会（DAMA）在 DBMOK 2.0 知识领域将其扩展为 11 个管理职能：数据架构、数据模型与设计、数据存储与操作、数据安全（Data Security）、数据集成与互操作性、文件和内容、参考数据和主数据（Master Data）、数据仓库（Data Warehouse）、商务智能（Business Intelligence，BI）、元数据（Metadata）、数据质量（Data Quality）等。DAMA 和 ISO 对数据管理的定义见表 2.1。

表2.1 DAMA和ISO对数据管理的定义

机构名称	数据管理的定义
DAMA	数据管理是为实现数据和信息资产价值的获取、控制、保护、交付以及提升，对政策、实践和项目所做的计划、执行与监督。该定义包含以下三层含义：①数据管理包含一系列业务职能，包括政策、实践和项目的计划与执行；②数据管理包含一套严格的管理规范和过程，用于确保业务职能得到有效履行；③数据管理包含多个由业务领导和技术专家组成的管理团队，负责落实管理规范和过程

⊖ 汪凤炎，郑红.智慧的德才兼备理论［C］// 中国心理学会.第十二届全国心理学学术大会论文摘要集.济南：山东师范大学，2009：286.

（续）

机构名称	数据管理的定义
ISO	①数据管理提供对数据的访问、执行或监视数据存储以及控制数据处理系统中所有输入输出操作的功能。［摘自 ISO/IEC 20944-1：2013（en），3.6.6.2］②数据管理在数据处理系统中提供对数据的访问、执行或监视数据存储以及控制输入输出操作的功能，在整个数据生命周期中提供对符合数据要求的业务和技术数据的规划、获取和管理。［摘自 ISO/IEC/IEEE 24765：2017（en），3.1017］

2.2.2 数据管理目标

数据管理是指利用计算机技术对数据进行有效且高效的存储、处理和应用。传统的数据管理侧重于数据的物理管理，更关注存储的数据结构以及数据之间的相关联系。这一层次的管理仅仅将数据作为信息的表现形式和载体，对于数据之间相关联系的管理也只是对数据体现的浅层信息进行管理。数据管理的目标在于充分有效地发挥数据的作用。

组织数据管理的目标应该是具体的、可衡量的、可实现的（或可执行的）、现实的，就指定的目标时间范围来说是及时的。数据管理的重点是了解机构或用户的数据需求，组织并提供相关数据，使数据价值得到充分利用。具体包括以下几点：

①理解组织和其他利益相关者的数据与信息需求；②获取、存储、保护和确认数据资产的完整性；③确保数据和信息的质量，包括数据的准确性、完整性、集成性、及时性、相关性和有用性以及数据定义的明确性与共识；④确保利益相关者数据的隐私和机密性；⑤防止未经授权和不适当地使用数据与信息；⑥确保可以有效地使用数据来为组织增加价值。

2.2.3 数据管理技术

随着信息技术的持续性发展和企业数据量级的增长，对数据管理技术提出了越来越高的要求，数据管理技术经历了从文件系统阶段、数据库系统阶段、数据仓库阶段到大数据管理阶段的发展，在大数据时代，数据管理应用复杂，数据管理技术应用于数据的整个生命周期。数据管理技术是信息应用技术的基础，数据管理也经历了从以软件和平台为中心到以数据为中心的转变，下面主要从数据存储、数据存取和数据应用三个方面来介绍数据管理中用到的主要技术。

1. 数据存储技术

（1）文件系统 文件系统是操作系统用于明确存储设备（常见的是磁盘，也有基于NAND Flash 的固态硬盘）或分区上的文件的方法和数据结构，即在存储设备上组织文件的方法。操作系统中负责管理和存储文件信息的软件机构称为文件管理系统（简称文件系统），由三部分组成：文件系统的接口、对对象操纵和管理的软件集合、对象及属性。从系统角度来看，文件系统是对文件存储设备的空间进行组织和分配，负责文件存储并对存入的文件进行保护和检索的系统。具体地说，它负责为用户建立文件，存入、读出、修改、转储文件，控制文件的存取，当用户不再使用时撤销文件。

Google 文件系统是一个大型的分布式文件系统，在 Google 之前还没有哪个公司拥有如此多的海量数据，因此 Google 自行开发了 GFS（Google File System）技术。GFS 是一个可扩展的分布式文件系统，用于大型的、分布式的、对大量数据进行访问的应用。它运行于廉价的普通硬件上，并提供容错功能。它可以给大量的用户提供总体性能较高的服务。GFS 系统架构如图 2.1 所示，整个系统分为三类角色，分别是 client 客户端、chunk server 数据块服务器和 master 主服务器。master 和 chunkserver 通常是运行用户层服务进程的 Linux 机器。只要资源和可靠性允许，chunkserver 和 client 可以运行在同一个机器上。master 维护文件系统所有的元数据，包括名字空间、访问控制信息、从文件到块的映射以及块的当前位置。它也控制系统范围的活动。chunkserver 负责具体的存储工作，数据以文件的形式存储在 chunkserver 上，chunkserver 的个数可以有很多，它的数目直接决定了 GFS 的规模。与每个应用相连的 GFS 客户代码实现了文件系统的 API，并与 master 和 chunkserver 通信以代表应用程序读和写数据。客户与 master 的交换只限于对元数据的操作，所有数据方面的通信都直接和 chunkserver 联系。

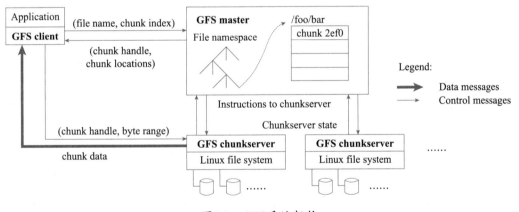

图2.1　GFS系统架构

（2）层次、网状数据库系统　层次与网状数据库系统是出现最早的数据库系统，在 20 世纪 70 年代和 80 年代初非常流行，称为第一代数据库系统。这两类数据库系统按照树或图来组织数据，解决了文件系统难以满足数据存储需求的问题，在当时的数据库系统产品中占主导地位。层次数据库系统有且仅有一个节点无双亲，这个节点即树的根，可以按照树遍历的顺序来存储数据。网状数据库系统允许节点无父节点，比层次模型更具普遍性。两类系统的本质都是用树来表达和存储数据，这是第一次将数据管理的功能从具体的应用逻辑中分离并独立出来，在数据管理发展历程中是一件里程碑的事情。比如，查询经济管理学院信息管理系的张月同学的信息，就需要先从学校进入学院系统，再从学院系统进入信息管理系的数据系统查找到张月同学的信息，通过父节点的值去检索所有子节点的值，兄弟节点之间使用指针进行连接，因此在层次和网状数据库管理系统中，指针和链表也被大量使用。

（3）**关系型数据库系统**　20世纪70年代初，IBM的工程师Codd发表了一篇名为"A Relational Model of Data for Large Shared Data Banks"的论文，提出了关系型数据库的概念，从此开启了数据管理技术的新时代。关系数据模型基于表格、行、列、属性等基本概念，把现实世界中的各类实体及其关系映射到表格上，使这些概念更易于理解。关系型数据库出现以后，不同的学者对数据模型相关技术进行研究，对存储、索引、并发控制、查询优化和执行优化进行研究，为关系型数据库技术的成熟和在不同领域的应用提供了条件。关系型数据库系统最初主要用于事务处理领域，随着数据的不断积累，人们需要对数据进行分析，包括简单的数据汇总和联机分析处理。事务处理应用的数据处理任务主要包括对数据进行增加、修改、删除和查询以及简单的汇总操作，涉及的数据量较少。联机分析处理则需要扫描大量的数据进行汇总分析操作，主要包括多维分析、统计分析、数据挖掘等。

（4）**数据仓库系统**　随着数据库技术的普及应用，数据库中存储的数据越来越多，数据仓库系统是关系型数据库系统的一个延伸，存储的数据除了支持日常事务处理之外，还应该让数据发挥更大的价值，因此产生了对数据进行分析，并挖掘隐藏在数据中的知识的需求，因此联机分析处理需要效率更高的数据库管理系统来支持。比如：沃尔玛曾经在大量的消费数据中通过数据挖掘的技术找到了商品"牛奶"和"尿布"之间潜在的关联关系。从数据中发现规律是需要大量数据积累的，因此需要在关系型数据库的基础之上，形成更高效的数据组织方式，数据仓库系统就是这样一种数据管理技术。数据仓库使用关系型数据库来实现，分别用事实表和维度表来存储统计结构和维度结构，星型模型是最常用的数据仓库的数据组织模型，选定一些属性作为分析的维度，另一些属性作为分析的对象，维度属性通常会根据值的包含关系形成一个层次，比如：地区属性可以形成省、市、区、街道这样的层次，这样可以统计不同维度的数据情况，这样的数据管理技术更有利于快速联机分析。

（5）**大数据管理系统**　随着信息技术的发展和数据库技术的应用，数据库中积累的数据越来越多，数据类型也越来越丰富，传统的数据库系统难以满足工程应用的需求，在这样的背景之下，NOSQL数据库应运而生。"NO SQL"的含义就是处理大量非结构化数据的需求，也就是非关系型数据库，是指数据模型定义不明确的非关系型数据库。各类NOSQL技术考虑到对大数据操作时需要快速读取，对写入的要求也很高，需要对数据进行划分并进行并行处理，同时需要允许数据暂时出现不一致的情况，接受最终的一致性。

依据存储模型，NOSQL数据库可分为基于Key Value（键值）存储模型、基于Column Family（列分组）存储模型、基于文档模型和基于图模型的数据库技术。NOSQL的重点在于如何表达和存储非结构化数据，但从应用程序的继承角度和提高生产率的角度，SQL都是不可或缺的，因此大数据管理系统也必备 SQL 引擎。

2. 数据存取技术

（1）**视图**　视图（View）也被称作虚表，即虚拟的表，是一组数据的逻辑表示，其本质是对应于一条 Select 语句，结果集被赋予一个名字，即视图名字。视图本身并不包含任何数据，只包含映射到基表的一个查询语句，当基表数据发生变化时，视图数据也随之变化。使用视图技术可以简化数据操作，简化用户处理数据的方式，也可以着重于特定的数据，不必要的数据或者敏感数据可以不出现在视图之中。因此视图提供了一个简单而有效的安全机制，可以定制不同用户对数据的访问权限。通常情况下某些数据库表的数据是敏感的，不是每个用户都能进行访问，但某些用户需要读取某些表的部分数据，这时就可以定义指定条件的视图来限制用户只能访问其指定的列，并提供一个视图接口进行访问，基于这样的原理也能大大简化查询语句编写以及复杂条件下的数据筛选；同时延伸出视图中套用视图，因为视图也是一个"表"，所以视图中套用视图可以简化用户更复杂的数据筛选，用户只需要调用视图即可得到经过复杂运算后的数据，提高开发效率的同时提高数据的安全性。

（2）**索引**　在关系型数据库中，索引是一种单独的、物理的对数据库表中一列或多列的值进行排序的存储结构，它是某个表中一列或若干列值的集合和相应的指向表中物理标识这些值的数据页的逻辑指针清单。索引的作用相当于图书的目录，可以根据目录中的页码快速找到所需的内容。添加索引的优点有加快数据的检索速度，保证数据库表中每一行数据的唯一性，加速表和表之间的连接，同时在使用分组和排序子句进行数据检索时，可以显著减少查询中分组和排序的时间。索引是提升数据读取效率的关键技术，常用的索引包括 Hash 索引、B 树索引等。Hash 索引用于快速执行索引项上的随机查找，B 树索引同时支持索引项上的随机查找和区间查找。

（3）**查询**　查询是数据库管理系统最基本的操作，查询的执行就是查询处理的过程，即数据库按照用户指定的 SQL 语句中的语义，执行语义所限定的操作。为了提高语句的执行效率，需要对查询语句进行优化。最常用的关系型数据库系统通过称为 SQL 的语言对数据库进行查询和更新。SQL（Structured Query Language）的含义是结构化查询语言。SQL 中最简单的查询就是从某个关系中查找满足某种条件的一些元组。这种查询类似于关系代数中的选择。这种简单的查询使用了具有 SQL 特性的三个关键字：Select、From 以及 Where。在面对海量数据时，传统关系型数据库虽然具有支持完整性约束、支持事务等优点，但是在大规模海量数据面前显得力不从心。传统关系型数据库主要存在以下问题：一是在数据格式转化和存储方面无法满足海量数据处理对性能的要求；二是无法满足动态扩展和高可用性的需求；三是传统大型关系型数据库通常运行在大型设备上，成本高昂。大数据对数据的存储和处理方法提出了新的要求。

Hadoop 是分布式集群系统架构，它具有高可用性、高容错性和高可扩展性等优点，用户可以在完全不了解底层实现细节的情形下，开发适合自身应用的分布式程序。HDFS（Hadoop Distributed File System）是一个分布式文件系统，具有高容错性的特点，以流式访问模式访问应用程序的数据，大大提高了整个系统的数据吞吐量，因而非常适用于具有超大数据集的应用程序中。Probery 是基于 Hadoop 分布式文件系统和 MapReduce 编程模型设计的一种大数据概率查询系统，采用了一种基于概率的近似完整性查询技术，其近似性主要体现在数据查全的可能性上，即查询到满足查询条件的所有数据的概率，称之为查全概率。查全概率的定义和传统的近似查询以及模糊查询不同，不度量结果与查询条件的匹配程度，也不度量结果集大小，而度量结果集是完整数据集的可能性。查全概率很小的结果集可能是完整的，也可能包含大部分结果，且查全概率大的查询并不一定比查全概率小的查询包含更多结果。Probery 是基于概率的大数据查询系统，系统根据给定的查全概率查询满足查询条件的数据，通过降低查全的可能性来换取性能，并且通过概率计算来保证查询结果的查全概率。为了实现大数据的分布式存储和高效查询，Probery 基于 Hadoop 平台对系统进行架构，通过将数据按概率划分为多个文件并存储在分布式文件系统上，以缩小数据的查询范围，且保证查询的并行性；同时也使得系统具有较强的容错能力和水平伸缩性。

3. 数据应用技术

（1）**区块链技术**　随着区块链在各行各业的不断广泛应用和深度融合，区块链系统的数据管理安全会变得更加重要。现从数据存储安全、隐私安全、数据访问安全和数据共享安全四个方面，分析区块链技术在数据管理中的应用。

第一，数据存储安全。典型的区块链系统与传统中心化系统和传统分布式系统不同，区块链系统中的节点须利用数据冗余来保证数据的不可篡改性，所以区块链网络中的各个节点均须备份所有存储数据。节点除了存储所有历史数据，还需要存储新增数据。此外节点可能存储同一数据的不同版本。随着时间的不断推移，区块链系统上数据的高度冗余给各个节点带来严重的内存负担。当区块链网络中需要存储的数据超过大部分节点的存储容量时，会降低恶意节点作恶的难度，无法保证区块链的不可篡改性和可靠性。这可能会给区块链系统带来安全问题，因为区块链系统链上存储的成本远高于一般数据库，为了减少存储数据的冗余，区块链系统开始将部分数据存储在链下。随着区块链系统的发展，数据存储方式可以分为链上存储和链上链下协同存储两种。

第二，隐私安全。安全、可靠的区块链数据管理系统需要为数据的安全性和隐私性提供保障。在传统的区块链系统中，数据会被打包存储到区块内，区块会按照时间戳顺序，加密形成链式结构，按照既定的共识机制确定的打包节点打包，以确认该区块的合法性。网络内的其他节点负责新区块数据的验证、存储和维护，一旦大部分节点接受并确认新区块数据，在网络上形成共识后，该区块的数据就无法被修改。在公开验证与达成共识的过程中，数据会公开给所有参与验证的节点。这可能会导致安全问题和隐私数据泄露。在典型的区块链系统中，隐私数据可以划分为两类：身份隐私和数据隐私。身份隐私指的是用户身份信息和区块链匿名地址间的关联数据；数据隐私不仅指传统区块链系统中的交易信息，还包括拓展业务内涉及的业务数据。

第三，在区块链上的数据管理中，需要根据用户身份进行资源访问授权，达到数据安全访问的要求。主要有以下两个方面：身份认证，用来鉴定用户的真实身份；权限访问控制，保证用户仅能合法查看享有权限内的数据。

第四，数据管理的一个重要需求是对数据进行共享利用。在信息时代，各机构拥有的数据量呈井喷式增长；数据共享的需求愈加强烈，如何在数据共享过程中保持数据完整性、防止数据泄露成为研究热点问题。一些工作利用区块链的安全特性，建立基于区块链的数据共享系统，实现了区块链上的数据安全查询、多方数据可信交换及可靠数据传输。目前，区块链上的数据安全共享主要包含以下三点：单方数据可信查询、多方数据安全共享和数据隐蔽传输。

基于区块链进行数据管理具有数据可回溯、防篡改、数据可用不可见等优势，但是在保证数据真实性、匿名性等方面存在值得深入探索的问题。为了实现基于区块链技术达到数据安全管理的目标，须在数据源头监管、跨链数据隐私保护和区块链系统同构化问题上深入研究。

（2）知识图谱　知识图谱也称为科学知识图谱，是通过将应用数学、图形学、信息可视化技术、信息科学等学科的理论和方法与计量学引文分析、共现分析等方法结合，并利用可视化的图谱形象地展示学科的核心结构、发展历史、前沿领域以及整体知识架构，达到多学科融合目的的现代理论，为学科研究提供切实的、有价值的参考。知识图谱描述的对象主要包括科学技术活动中从事知识生产的人，作为知识载体的论文、期刊，显性或者可编码化的知识以及科学研究过程。其基本原理是基于文献单元（科学家、引文、机构、关键词、期刊等）的相似度分析，根据各种数学和统计学的原理来绘制科学知识图谱。知识图谱经历了二维图表、三维构型（3DCN）、多维尺度图谱（MDSM）、社会网络分析图谱（SNAM）、自组织映射图谱（SOM）、寻径网络图谱（PFNET）等发展阶段。

知识图谱作为符号主义发展的最新成果，是人工智能的重要基石。随着知识图谱规模的日益扩大，其数据管理问题愈加重要。一方面，以文件形式保存知识图谱无法满足用户的查询、检索、推理、分析及各种应用需求；另一方面，传统数据库的关系模型与知识图谱的图模型之间存在显著差异，关系型数据库无法有效管理大规模知识图谱数据。为了更好地管理知识图谱，语义 Web 领域发展出专门存储 RDF 数据的三元组库；数据库领域发展出用于管理属性图的图数据库，但目前还没有一种数据库系统被公认为是具有主导地位的知识图谱数据库。

（3）机器学习　机器学习是一门多领域交叉学科，涉及概率论、统计学、逼近论、凸分析、算法复杂度理论等多门学科，专门研究计算机怎样模拟或实现人类的学习行为，以获取新的知识或技能，重新组织已有的知识结构使之不断改善自身的性能。传统机器学习的研究方向主要包括决策树、随机森林、人工神经网络、贝叶斯学习等方面的研究。随机森林（RF）作为机器学习重要算法之一，是一种利用多个树分类器进行分类和预测的方法。近年来，随机森林算法研究的发展十分迅速，已经在生物信息学、生态学、医学、遗传学、遥感地理学等多领域开展应用性研究。人工神经网络（Artificial Neural Network，ANN）是一种具有非线性的适应性信息处理能力的算法，可克服传统人工智能方法对于直觉，如模式、语音识别、非结构化信息处理等方面的缺陷。

大数据的价值体现主要集中在数据的转向以及数据的信息处理能力等方面。在大数据时代，数据的转换、处理和存储得到了更好的技术支持，产业升级和新产业诞生形成了一种推动力量，让大数据能够针对可发现事物的程序进行自动规划，实现人类用户与计算机信息之间的协调。采用分布式和并行计算的方式进行分治策略的实施，可以规避噪声数据和冗余带来的干扰，降低存储耗费，同时提高学习算法的运行效率。此外，现有的许多机器学习方法是建立在内存理论基础上的，一旦大数据无法装载进计算机内存，就无法进行诸多算法的处理。因此应提出新的机器学习算法，以适应大数据处理的需要。

2.3 数据资源管理

随着信息技术和移动互联网的发展，企业的一切经营活动都可以用数据记录下来。企业积累了大量的数据，比如：银行积累了大量的客户存储和信用数据、企业的贷款数据，超市积累了消费者的消费数据、上游供应商的订单和库存数据。企业需要对数据资源进行管理，提高企业的运营效率和增加效益。随着数据量的快速增长，企业对不同的业务数据没有统一的管理办法，数据的有效管理成了一个需要解决的问题。

2.3.1 数据资源管理定义

企业的资源包括有形资源和无形资源。有形资源主要包括财务资源和实物资源，是企业经营管理活动的基础，一般都可以通过会计方式来计算其价值。财务资源是企业物质要素和非物质要素的货币体现，具体表现为已经发生的、能用会计方式记录在账的、能以货币计量的各种经济资源，包括资金、债权和其他权利。实物资源主要是指在使用过程中具有物质形态的固定资产，包括工厂车间、机器设备、工具器具、生产资料、土地房屋等各种企业财产。无形资源主要包括时空资源、数据资源、技术资源、品牌资源、文化资源和管理资源，相对于有形资源来说，无形资源没有明显的物质载体而看似无形，但它们却成为企业发展的基础，能够为企业带来无可比拟的优势。数据资源就是具有巨大价值的无形资源。

数据资源记录企业有形资源的变化。数据资源的价值不在于物理存在，而在于所表现的内容，因此企业需要对数据资源进行管理，数据才能产生价值。广义的数据资源包括数据本身、数据的管理工具和数据管理人员等。狭义的数据资源是指企业运作中积累下来的各种各样的数据记录，比如订单收据、采购记录、用户信息、财务数据和库存数据。本书讨论的数据资源管理采用其狭义定义。

数据管理是对企业获取的数据进行规划、组织和存储，在数据管理的基础之上，从数据存储系统的数据库、数据湖、数据池当中选取对企业发展有潜在价值的数据进行分析处理，使数据能够支持企业的运营决策，比如提高企业生产效率、优化企业流程等。这一部分被利用的数据为企业的发展带来价值，因此就成了企业可以利用的数据资源。数据资源管理是在数据管理的基础之上开展的，数据管理完成了数据获取、组织、存储等工作。数据资源管理需要在数据管理的基础之上挑选对企业运营有价值的数据进行加工和处理，如图2.2 所示。

图2.2　数据管理

数据资源管理（Data Resource Management）是应用数据库管理、数据仓库等信息系统技术和其他数据管理工具，对数据资源进行组织、规划、协调、配置和控制等管理的活动，完成组织数据资源管理任务，满足企业信息需求。应用信息技术和软件工具完成组织数据资源管理，可以采用文件处理方法。在这种方法中，数据根据特定的组织应用程序的处理要求被组织成特定的数据记录文件，而且只能以特定的方式进行访问。

这种方法在为现代企业提供流程管理、组织管理信息时显得过于麻烦，成本过高并且不够灵活。因此出现了数据库管理办法，它可以解决文件处理系统中存在的问题。全业务域数据资源中心为企业提供完整的数据中心解决方案，提升企业管理和运营效率，实现数据采集管理、标准规范管理、元数据管理、主数据管理、数据协同与追溯管理、调度管理，数据反哺、BI决策分析等，通过体系化的数据资源管理中心的建设，可有效打通企业内部之间的数据流通渠道，解决企业管理信息化在数据层面的核心问题，形成横向集成、纵向贯通的高效且有序的信息流，发挥数据信息的基础支撑作用，满足企业对信息和数据的需求，帮助企业解决数据集成和共享、盘活数据资产和有效规避信息孤岛等问题。

数据资源管理的对象是数据管理系统中各种类型的数据。这类数据对数据资源管理的主体来说具有潜在的利用价值，包括政府数据资源、企业数据资源、公共数据资源等。对象数据可以按照不同的标准进行分类。以政府数据资源为例，以数据来源为划分标准，可以将政府数据资源划分为：来自政府层面的数据资源、来自市场层面的数据资源和来自个人层面的数据资源。根据不同的标准，又可以将这三个层面的数据资源划分为不同的类型。例如：根据数据机密程度的不同，可以将来自政府层面、市场层面和个人层面的数据资源，划分为各自领域的可公开数据资源、可半公开数据资源和不可公开数据资源；根据数据资源的技术参与程度不同，又可以将其划分为各自领域的"原生数据"资源和"衍生数据"资源；根据数据资源的表现形式不同，还可以将其划分为各自领域的图像数据资源、文本数据资源等。

上述每一层面不同类型的数据资源还可以继续细分。例如：根据技术参与程度的不同，可以把来自政府层面的可公开数据资源，分为来自政府的可公开的原始数据和衍生数据资源、来自政府的可半公开的原始数据和衍生数据资源、来自政府的不可公开的原始数据和衍生数据资源；而根据不同层面数据的表现形式不同，可以把来自政府的可公开的原始数据资源，细分为来自政府的可公开的原始图像资源、来自政府的可公开的原始文本资源等。来自市场层面的数据资源和来自个人层面的数据资源的分类，可以以此类推。

2.3.2 数据资源管理目标

数据资源管理的总目标可以确定为：在有领导、有组织的统一规划和管理下，确保数据资源的开发利用协调一致、有条不紊地进行，使各类数据资源以更高的效率、效能和更低的成本在国家与社会进步、经济发展、人民物质文化生活水平的提高中充分发挥应有的作用。为了保证总目标的实现，可以将总目标进一步分解为一系列相互联系的分目标。

①数据资源开发目标：主要是根据社会发展的需要来合理组织、规划数据资源的开发，确保相关的潜在数据资源能及时地、经济地转化为现实的数据资源。②数据资源利用目标：主要是按照社会化、专业化和产业化的原则合理组织数据资源的分配，确保数据资源能得到充分有效的利用。③数据资源管理机制目标：主要是遵循客观经济规律，建立健全科学、合理的数据资源管理机制，完善数据资源开发利用的保障体系。

数据资源管理的任务主要包括以下几个方面：①制定数据资源的开发战略、规划、方针和政策，使数据资源的开发活动在国家统一的指导和管理下有条不紊地进行，使数据资源的开发成果不仅成本低、价格廉，而且能很好地做到三个"贴近"（即贴近实际、贴近需求、贴近用户），满足国民经济和社会发展的总体需要；②制定数据资源管理的法律、规章和条例，建立数据资源管理的监督和保障体系，使信息资源管理真正有法可依、有章可循，使开发出来的数据资源能得到充分、及时、有效的利用；③综合运用经济、法律和必要的行政手段协调各部门、各地区和各企业之间的关系信息，明确各级数据资源开发利用机构的责、权、利界限，使数据资源的开发利用机构在平等互利的基础上最大限度地实现资源共享；④加强国家数据基础设施和数据资源管理网络的建设，使数据资源的开发利用活动建立在较高的起点和良好的社会基础上，更好地保障数据资源的安全高效利用。

2.3.3 数据资源管理原则

数据资源管理的原则是为了确保数据资源在规划、组织和使用的过程中更好地为企业服务，保证数据资源的规范性、一致性。

1）认识到数据是一种组织资源：确保一个组织机构在数据资源方面的管理能够以最佳的方式运作，这就要求有关人员必须将数据视为一种宝贵的资源，并视数据资源共享为一种规则而不是例外。数据是一种具有独特属性的资源，具有无形性、无消耗性、增值性、依附性、价值易变性、战略性等特性，它在影响其管理方式的重要性方面不同于其他资产。因此管理者必须要转变观念，把数据当成企业的资源来加以利用。

2）利用数据资源和技术时保证职责分明：明确规定谁管理这些资源、谁利用这些资源、彼此的权利和义务是什么、如何确保合作与资源共享等内容。数据资源管理是跨团队职能的，需要专业技能和协作能力。

3）业务规划与数据资源规划紧密联系：数据资源管理的许多活动领域从前都主要依赖于用户要求的被动的辅助部门，随着数据资源管理的进化，它与最高层的战略规划的关系越来越密切，这种趋势最终形成了一种规则。数据资源管理必须考虑一系列观点：数据是流动的，数据管理必须不断发展，以跟上数据的创建和使用方式以及它的使用者。

4）对数据管理技术实施集成管理：数据技术的集成管理是实现数据资源管理内部融合的前提，是在新技术环境下提高潜在生产率的必要条件，是最大限度地利用数据技术集成优势的管理保证。管理数据需要规划，即使是小型组织也可以拥有复杂的技术和业务流程环境。数据在许多地方创建，并在使用地点之间移动。要协调工作并保持最终结果一致，需要从体系结构和流程的角度进行规划。

5）最大限度地提高数据质量：管理数据意味着管理数据质量，确保数据符合目的是数据资源管理的主要目标。为了管理质量，组织必须确保了解利益相关者对质量的要求，并根据这些要求测量数据。改进数据利用和促进数据增值是一个组织机构的战略目标。

2.3.4　数据资源管理流程

数据资源管理流程可以划分为 5 个步骤，分别是数据识别与采集、数据描述、数据组织、数据控制、数据分析。

1. 数据识别与采集

在数据识别这一环节中，为了确保数据最终识别结果的精确性和真实性，相关人员首先要制定和完善数据识别原则，在此基础上明确数据基本类别和含义，同时，还要确定合理的管控对象以及管控目标。只有这样，才能实现对数据类别的标准化、统一化管理，为确保数据管理对象与数据管理目标的一致性打下坚实的基础。

数据收集的过程是通过系统化的方式对目标信息进行收集并测量目标变量，从而回答相关问题并对结果进行评估。数据收集是进行数据资源管理的重要步骤，要求能够反映研究项目的工作进程，也是后续数据管理工作的基础。高质量的数据收集能够保证数据的真实性、完整性和准确性，数据收集的目的是捕获有质量的数据证据，进而转化为丰富的数据分析结果，并对已提出的问题给出可信答案。

2. 数据描述

数据描述简单来说就是运用一定的数据描述语言对数据进行描述，以便数据存放和查取，以及后期的引用与定位。数据描述语言（Data Description Language，DDL）是一种允许产生新的描述方案（DS）和描述符（D）的语言，允许现存描述方案的扩充和修正。在此基础上，用户就可以根据需要来定义新的描述方案和描述符。XML 就是一种常用的数据描述语言。为了对数据库中的数据进行存取，应用程序员和 DBA 都必须正确地描述数据以及数据之间的联系。DBMS 根据这些数据定义从物理记录中导出全局逻辑记录，进而导出应用程序所需的记录。

3. 数据组织

数据组织（Data Organization）是把由计算机程序处理的大量数据，按一定的要求组织起来，以一定的形式存储于各种硬件介质中。它既指数据在内存中的组织，又指数据在外存中的组织。文件组织是数据组织的一部分，主要指数据记录在外存设备上的组织。通常数据组织分为数据的物理组织和数据的逻辑组织。数据的物理组织方法是由计算机操作系统提供的数据组织方法，有两种基本的数据物理组织形式，即顺序的数据组织和直接的数据组织。数据的逻辑组织经常使用表、树、网络等。数据的逻辑组织的基本工具是指针和链 $^{\ominus}$ 。

数据组织是按一定的方式和规则对数据进行归并、存储与处理的过程，最终形成一个综合的数据集合。常用的数据组织技术有文件和数据库。数据组织仅解决了异构信息实体的合并问题，但无法反映信息实体间客观存在着的多种联系。

4. 数据控制

在数据控制阶段，需要采取一定的措施，使得数据在采集、存储、传输中满足相关的质量要求，依次达到更高的数据资源管理效率和质量，其中包括了数据标准管理、数据质量管理、数据安全管理、数据运维管理等部分。

数据标准管理在实现数据共享共通方面发挥着重要作用，同时，还能在某一特定的领域实现各种数据管理的统一化和标准化，有利于最大限度地提高数据质量规范。在这一环节中，相关人员要根据数据标准制定相应编码的原则，从而形成系统、全面的规范和要求，以实现对数据管理标准的优化和完善，为提高数据资源的共享率和利用率创造良好的条件。

数据质量是数据管理的主要内容，只有提高数据质量，才能实现对数据的科学化、有效化应用，为保证业务活动的开展效果以及系统功能的实现效果提供有力的保障。

数据安全作为数据管理的主要内容，在提高数据规范使用方面具有重要作用。因此，在对数据安全进行管理期间，相关人员要制定和明确数据安全管理原则以及相关标准与要求，同时，还要在发电项目建设相关单位的积极配合和协作下，对数据进行认证、存储、审计等处理，以达到进一步提高数据真实性、完整性和保密性的目的。

数据运维管理在实时维护和更新数据方面具有重要作用，通过加强对数据的运维管理，可以起到关联整合数据的作用，同时，还能保证所有数据联动效果，为充分发挥和利用数

$\ominus$　吉林工业大学管理学院. 现代管理辞典［M］. 沈阳：辽宁人民出版社，1987.

据的应用优势，提高数据质量产生积极的影响。由此可见，为了保证数据质量管控效果，相关人员要重视对数据运维管理工作的落实，只有这样，才能全面提高数据利用率。

关于数据管理系统要求，要想实现对数据的自动化、信息管理，相关人员要重视对系统平台的搭建和应用，通过利用系统平台，可以实现数据标准化管理、数据质量管理、数据安全管理以及数据运维管理，同时，在推广、普及和应用数据方面提供重要的平台支持。

5. 数据分析

数据分析是对原始数据进行选择、评价和表达的过程。使用研究过程中所有被收集的数据将花费大量时间和精力，但是如果将这些数据译为具有意义的信息，那么这些数据必定能够以恰当的方式被管理和分析。

2.3.5　数据资源管理方法与技术

1. 数据资源管理系统

数据资源管理系统主要由三部分构成（见图 2.3）。①面向业务操作的数据资源管理：数据库、事务处理系统和管理信息系统；②面向决策分析的数据资源管理：数据仓库以及与之紧密相关的决策支持系统；③知识资源的管理和利用：知识库以及基于知识的系统。

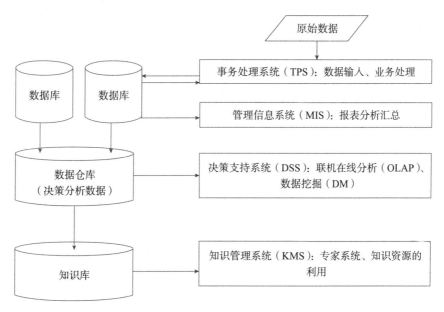

图2.3　数据资源管理系统

（1）**事务处理系统（TPS）** 事务处理系统是组织内最基本和最常用的一种信息系统。事务是指组织的基本业务活动，每个企业的日常运营都有大量的重复性的工作完成，比如财务部门每个月要进行工资结算，采购部门每隔一段时间去采购都要进行采购订单记录，库存管理人员在每一次商品出库入库都要进行出入库管理。诸如此类的活动每天都在企业内部发生，称为事务活动。事务处理系统是指负责记录、处理并报告组织中重复性的日常活动，记录和更新企业业务数据的信息系统，是为组织作业层服务的基本信息系统，也是信息系统早期在组织中的应用形式。

事务处理系统的主要目的是支持企业内各种基础业务活动，不需要综合或者复杂的处理，但需要大量的数据输入和输出。从数据资源的角度看，事务处理系统起着获取详细业务数据，确保业务数据的完整性、准确性和及时性的作用。事务处理系统包括输入数据、处理数据、生成报告的过程，从数据的输入到报告的输出，经历了数据收集、数据编辑、数据修改、数据操作、数据更新以及生成文档和报告等阶段。

事务处理的方式有三种。①批处理方式：将在某一个特定的时间点进行数据的更新，具有降低成本的优点，但是数据更新不及时。②联机处理方式：又称为实时处理，数据每发生一次变化就更新一次数据库，这样能及时发现数据的变化。③延迟联机录入处理方式：是一种折中的方法。

（2）**管理信息系统（MIS）** 管理信息系统是指能够从组织内部及外部收集数据，并对其进行加工处理，以预定形式将有用的信息提供给管理者使用的信息系统。管理信息系统帮助中层决策者进行资源的分配、计划的制订和调整，使其能够深入观察组织的运行状况，将现有运行结果与预设的目标进行对比，确定问题所在，寻找改善的途径和机会，从而有效地控制组织的运行。管理信息系统的基本活动包括输入、处理和输出三个环节，输入包括内部数据和外部数据，处理和输出是指运用从事务处理系统和外部数据源获取的数据，按照预先设定的报表要求，通过分类、汇总、排序、计算及数据的分析等工作，输出规定格式的报表，比如周期报表、定制报表、异常报表和详细报表。这些报表向管理者提供有意义的信息。从数据资源管理角度来看，MIS起着将事务处理数据库中的详细数据转换成管理者所需的管理信息的作用。

（3）**决策支持系统（DSS）** 在管理活动中，管理者经常要对经营活动过程做出决策，比如如何选择门店最佳位置，什么时候该订购原材料，怎样选择最佳的运输路径等问题，管理信息系统可以对信息进行分类、比较、汇总和简单的计算，但是这些信息对于制定决策的支持力度是不够的。为了满足复杂问题的决策需求，决策支持系统应运而生。决策支持系统是融合了计算机技术、信息技术、人工智能、管理科学、决策科学、心理学、组织行为学等学科与技术于一体的技术集成系统，目的在于提高决策的效能。当今的数据仓库、联机数据分析和数据挖掘等技术使数据资源得以更深层次利用，帮助企业高级管理人员解决经营决策中面临的特殊问题。

决策支持系统由数据管理部件、模型管理部件和对话管理部件三个部分组成。数据管理部件是保存决策所需数据的专用数据库，包括组织内部及外部数据。模型管理部件中存放着用户解决问题所需要的各种模型，具有建立模型，分析组合模型，修改、插入或删除模型，存储或调用模型，维护和恢复模型等功能，系统的使用者获取参数并传递给模型，使模型运行，最后将输出参数返回给调用者。对话管理部件由用户界面和用户界面管理系统组成，具有用户与决策支持系统的交互功能，用户通过用户界面将命令、数据和模型输入计算机。

（4）知识管理系统（KMS）　不同于数据和信息，知识是以各种方式把一种或多种信息关联在一起的信息结构，是人们对客观世界规律的认识和经验总结。组织的知识可以分为结构化知识、半结构化知识和非结构化知识。结构化知识是显性知识，是以正式规则的形态存在于正式文件中的一种知识，文件可以是文本文件、正式报告等，比如企业的产品设计文件。半结构化知识是指未被收集到组织的正式文件或者报告中的知识，比如存在于电子邮件中的员工合理的建议。非结构化知识是指存在于专家头脑中的隐性知识，是专家根据知识和经验形成的，比如专家对于市场行情和市场趋势的预测。

知识管理系统是寻找、创新、存储、分发以及应用知识的信息系统。面对知识的多样性，企业的知识管理系统也有多种类型，比如面向经营和管理的知识管理系统。知识工作系统是提供给企业的知识工人来进行知识创新工作的系统，专门针对组织中的知识工人，如工程师、科技人员以及财务主管、企业管理专家等对信息系统的特殊需求，而建立的进行知识创新的系统，以提高知识创新的效率。知识发现与应用系统主要运用人工智能等技术获取个人或团队的知识，扩展知识库，在知识发现系统中主要使用了人工神经网络技术、专家系统、模糊逻辑、案例推理、遗传算法和智能代理等技术。运用这些技术从数据仓库的大量数据中发现知识和规律将成为企业获取知识的主要途径。

2. 关联数据

利用语义网（Semantic Web）和关联数据技术，能够很好地处理数据。可以以机器可读、有标准语义的方式将内容的语义描述清楚，以完善的机制描述互联网各种资源。通过本体构建对关联数据进行数据挖掘，对大量数据进行机器深度学习，利用云平台进行数据存储和传递，并以可视化的方式展现数据之间的关系，能够促进数据的跨部门的充分运用[⊖]。

关联数据具有语义刻画和相互关联的特征，随着语义网近几年的发展，在以上教育资源相关方面已经有大量成熟的关联数据，而且具有很强的代表性和通用性，有利于不同高等教育机构之间的数据共享。

3. 数据中台

数据中台是一种数据管理体系，在企业中是独立的部门，为数据挖掘而建，主要目的是支持各部门业务数据和提供计算服务数据。中台的本质就是"数据仓库＋数据服务中间件"。

数据中台是一套可持续"让企业的数据用起来"的机制，一种战略选择和组织形式，

⊖ 轩旭.关联数据在高校数据资源管理中的应用［J］.信息通信，2020（8）：191-192.

是依据企业特有的业务模式和组织架构，通过有形的产品和实施方法论支撑，构建一套持续不断把数据变成资产并服务于业务的机制。数据中台要做以下四个方面的工作。①采集：采集各条业务线的业务数据、日志数据、用户行为数据等有用的数据。②存储：用更加科学的方式存储数据，一般采用三层建模的方式，让收集上来的数据形成公司的数据资产。③打通：打通用户的行为数据和用户的业务数据，如电商用户的浏览、点击行为和用户的支付业务数据。④使用：就打通的数据赋能业务人员、领导层进行决策，做到数据反哺业务。

4. 数据挖掘

数据挖掘（Data Mining）起源于20世纪80年代初，又称为数据库中的知识发现（Knowledge Discovery in Database，KDD），是对数据库（数据仓库）中蕴含的、未知的、非平凡的、有潜在应用价值的知识的提取。广义的说法是：数据挖掘意味着在一些事实或观察数据的集合中寻找模式的决策支持过程。机器学习和数据分析的理论及实践是数据挖掘研究的基础，极大的商业应用前景是数据挖掘研究工作的巨大推动力。数据挖掘的对象可以是结构化的，如关系型数据库中的数据；也可以是半结构化的，如文本、图形和图像数据；甚至是分布在网络上的异构型数据。数据挖掘发现的知识可以用在信息管理、过程控制、科学研究、决策支持等许多方面。提取的知识可以表示为概念、规则、规律、模式、约束、可视化等形式。

数据挖掘的任务是从大量数据中发现尚未被发现的知识，是从系统内部自动获取知识的过程。一些隐藏在大量数据中的关系、趋势，即使专家也可能没有能力去发现，而这些信息对于决策可能是至关重要的。数据挖掘正是要解决此类问题。数据挖掘必须包括三个要素：①数据挖掘的本源，即大量完整的数据；②数据挖掘的结果，即知识规则；③结果的隐含性，因而需要一个挖掘过程。

5. 商务智能

商务智能（Business Intelligence，BI），又称商业智慧或商业智能，由加特纳集团（Gartner Group）在1996年最早提出，是指用现代数据仓库技术、线上分析处理技术、数据挖掘和数据展现技术进行数据分析以实现商业价值。商业智能技术提供使企业迅速分析数据的技术和方法，包括收集、管理和分析数据，将这些数据转化为有用的信息，然后分发到企业各处。IBM公司认为商务智能是基于数据仓库、数据挖掘和决策支持的先进技术，其收集相关的信息并加以分析，以发现商业机会和针对客户需求制定相应的战略。不同的主体对商务智能的定义不尽相同，但这些定义都体现了商务智能的某些共性，即通过对大量的数据进行分析和处理，将数据转化为新颖的、潜在的、有用的知识，帮助企业的管理者和决策者得到有价值的信息，从而做出更优的决策。商务智能技术更强调数据驱动，面对纷繁复杂的海量数据，利用强大的数据分析工具和特定的知识提取方法，从数据出发，对各种模式进行匹配，经过筛选获得潜在的、新颖的和有用的知识。这种源于大量数据的领域知识和模式的发现与获取，需要利用强大的计算能力，对数据进行多层次和多角度的处理。这一基于数据的企业智能决策能够有效地辅助企业实现数据盈利、知识盈利和决策盈利。

商务智能系统的架构主要包括了数据仓库、联机分析处理、数据挖掘和可视化界面等，数据仓库是面向主题的、集成的、随时间变化的、相对稳定的数据集合，用于支持管理决策。数据仓库中的数据有多种来源，这些数据需要经过提取、转换来保证数据的一致性，数据仓库是商务智能系统的基础。联机分析处理运用数据运算和数据处理技术，为决策人员提供统计分析、趋势分析和预测报告等功能，通过多维分析和图表报告等形式展示数据的变化。可视化界面呈现了商务智能发现的知识，帮助用户和决策者对商务智能系统进行监督、反馈、管理和应用，具有良好的可视化交互功能。数据可视化在商务智能系统中的主要形式是表格和图形，如常用的折线图、条形图、饼图、散点图和直方图等。

数据挖掘技术是商务智能技术的核心。数据挖掘能从海量数据中发现潜在的、有用的知识，这些潜在的知识被发现能使企业在竞争市场中获得战略性的优势。最著名的数据挖掘例子是"啤酒与尿布"：美国的沃尔玛超市管理人员在对销售数据进行分析的时候，发现啤酒和尿布两种看起来毫无关系的商品会经常被同时购买，后来通过对消费者画像分析发现，同时购买这两种商品的人通常是年轻的父亲。年轻父亲出门为婴儿购买尿布的同时也会为自己购买一些啤酒，这样这两种商品在购买上就会出现关联关系。发现这一规律之后，管理人员把啤酒和尿布这两种商品摆在相邻的区域，方便消费者同时找到这两种商品，大大提高了这两种商品的销售数量。

6. 企业资源计划

企业资源计划是当今国际上先进的企业管理模式，主要是对企业所拥有的人、财、物、信息、时间和空间等资源进行综合平衡与优化管理。企业资源计划将企业的所有资源进行整合和集成管理，就是将企业的三大流，即物流、资金流、信息流进行一体化的管理。在ERP系统中对数据资源进行利用，可以实现企业的财务管理、总账户管理、应付账款管理、应收账款管理和财务分析，能够及时有效地分析企业的经营业绩、衡量企业现在的财务状况、预测企业未来的发展趋势，通过财务分析，了解企业的偿债能力、营运能力、盈利能力和现金流状况，合理评价经营者的经营业绩，促进管理水平的提高。生产管理是ERP系统的核心所在，在生产管理系统，根据物料清单、需求信息等数据安排企业的生产计划，保证企业生产的连贯性和及时性。在物流管理中可以进行分销管理、库存管理和采购管理，对销售产品、销售地区、销售客户等信息进行分析统计，其中，库存管理模块控制存储物料的数量、占用最少的流动资金，保证正常的生产。采购管理主要确定合理的订货量、合适的供应商以及最佳的安全储备。通过数据多维分析和数据可视化管理，能使企业更加合理地安排生产，优化生产流程，降低生产成本。

2.3.6　数据资源管理的发展历程

随着信息技术的发展，企业的数据资源管理经历了五个阶段。

1. 人工管理阶段

在 20 世纪 50 年代中期之前，数据资源的管理处在人工管理阶段。计算机主要用于数据量比较小、数据结构简单的数值计算，没有操作系统和数据管理软件，用户用机器指令编码，通过纸带机输入程序和数据。程序运行完毕后，用户取走指代和运算结果，数据并不长期保存在计算机内。这一时期的数据不能共享，不同的程序均有各自的数据。

在人工管理阶段，用户完全负责数据资源管理的工作，包括数据的存储结构、存取方法、输入输出等，数据完全面向特定的应用程序，每个用户使用自己的数据，数据不保存，数据与程序之间没有独立性，程序中存取数据的子程序随着存储结构的改变而改变。

2. 文件管理阶段

在 20 世纪 50 年代后期至 60 年代中期，计算机不仅用于科学计算，还用于信息管理方面。操作系统中的文件系统是专门管理外部存储器的数据管理软件，文件成为操作系统管理的重要资源。数据以文件的形式长期保存在外部存储器的磁盘上，可以进行大量的查询、修改、插入等操作。程序和数据之间具有独立性，程序只需要用文件名就可以与数据进行连接，不必关心数据的物理位置。文件组织中有索引文件、链接文件和直接存取文件等，但文件之间相互独立、缺乏联系。数据之间的联系需要通过程序去构造，数据不再属于某个特定的程序，可以重复使用。

在文件管理阶段，数据可以长期保存，重复使用。文件结构的设计依然基于特定的用途，程序基于特定的物理结构和存取方法。程序与数据结构之间的依赖关系并没有根本改变，程序与数据之间具有设备独立性。程序只需要用文件名就可与数据打交道，由操作系统的文件系统提供存取方法。文件组织多样化，有索引文件、链接文件和直接存取文件等。

文件管理系统的缺点在于数据冗余。文件之间互相独立、缺乏联系，数据之间的联系要通过程序去构造。由于同一个数据项可能重复出现在多个文件中，没有形成数据共享，容易造成数据的不一致。这样导致文件之间缺乏联系，存在大量冗余。

3. 数据库管理阶段

在 20 世纪 60 年代后期，数据管理技术进入了数据库系统阶段。数据库系统克服了文件系统的缺陷，提供了对数据更高级且更有效的管理。数据库系统采用数据模型表示复杂的数据结构，数据模型不仅描述数据本身的特征，还要描述数据之间的联系，这种联系通过存取路径实现，此时数据面向整个应用系统，数据冗余明显减少，实现了数据共享。同时数据库系统为用户提供了方便的用户结构。用户可以使用查询语言或终端命令操作数据库，也可以用多种程序语言访问与操作数据库。

数据库系统保证了数据的安全性。数据库提供了数据的四种控制功能，包括并发控制、数据库恢复、数据完整性和数据安全控制。其中，并发控制能避免并发程序之间互相干扰，防止数据库被破坏，避免提供给用户不正确的数据；数据库恢复是指在数据库被破坏或数据不可靠时，系统有能力把数据库恢复到最近某时刻的正确状态；数据完整性进一步保证了数据的正确性；数据安全控制则防止数据丢失或被窃取、破坏。数据库管理增加了系统的灵活性，对数据的操作不必以记录为单位，也可以以数据项为单位。

数据库管理阶段减少了数据冗余，为数据与应用程序间的独立提供了条件。

数据库管理系统采用负载的数据模型表示数据结构，易于扩充，具有较高的数据独立性，能实现数据共享，提供方便的用户接口。

4. 分布式数据库系统与面向对象的数据库系统阶段

20世纪70年代后期至今，广泛使用分布式数据库系统，其显著特征是与网络技术紧密结合，用户可以访问多个数据库。分布式存储使数据合理分布在系统的相关节点上，实现节点共享，逻辑上属于同一系统，但在物理结构上是分布式的，因此用户不需要关心数据的分布，由若干个节点集合而成，在通信网络中连接在一起，每一个节点都是一个独立的数据库系统，都拥有各自的数据库、中央处理机、终端以及各自的局部数据库管理系统。客户机通过浏览器即可访问远程数据库，不需要录入和安装专门的数据库软件，这样大大降低了应用程序发布和维护的开销。分布式数据库系统能方便使用网页技术，开发远程登录的数据库管理系统并且支持跨平台操作。

面向对象的数据库系统是数据库技术与面向对象程序设计的结合，克服了传统数据库的局限性，能够自然地存储复杂的数据对象以及它们之间的复杂关系，大幅提高了数据库管理的效率，降低了用户使用的复杂性。

5. 数据湖阶段

数据湖的概念最早在2010年由Dixon提出，表示一个原始的大型数据集，处理同一个来源的原始数据并支持不同的用户需求 [⊖]。数据湖存储大规模的原始数据，并借助元数据目录和数据治理规则及方法为用户提供丰富的功能列表，作为一种新的数据管理方法开始取代数据仓库，使组织能够定义、组织和管理各种大数据技术的使用。

面对海量多源异构数据和不同对象、形态的数据资产，数据湖与数据仓库相辅相成，同时主要存在五个方面的差异。

1）数据结构：数据仓库主要包含来自事务或操作系统的结构化数据，而数据湖允许所有数据被插入，无论其性质和来源如何，因此数据湖包含结构化数据、半结构化数据以及非结构化数据。

2）采集模式：数据湖与数据仓库最大的区别在于数据采集阶段的两种模式，即读取模

⊖ DIXON J. pentaho,hadoop,and data lakes［EB/OL］.（2010-10-14）［2022-12-02］.jamesdixon.wordpress.com/2010/10/14/pentaho-hadoop-and-data-lakes/.

式和写入模式。写入模式背后蕴含的逻辑是数据在写入之前，根据业务的访问方式确定一个预定的提取、转换和加载方案，从预期的信息开始，按照既定的模式，在操作系统中找到适当的数据，完成数据的导入。数据湖强调的读取模式是在数据存储之后定义架构，以适应业务高速发展的状况。

3）数据过程：数据仓库中的异构源数据集需要经过提取、加载和转换（ELT）过程。加载数据时的转换期间，数据需要结构化以及聚合处理，因此会对细节产生破坏性。在数据湖中，以几乎原始的状态加载数据，并迅速迭代使用，只有在使用时才将结构化应用于数据，保持原始数据的全部潜力。数据湖中的数据具有真实性并且可溯源。

4）实时性：在数据湖中可以实时摄取数据流并对数据做出反应，数据湖中的数据是在没有任何转换的情况下被摄取的，这就避免了从数据源中提取数据的时间滞后，使得数据湖更加灵活，并能够提供实时的数据。而数据仓库则需要同步更新处于 ELT 过程中的可能相互依赖的数据源。

5）用户：数据仓库的用户往往是理想的操作用户，如业务分析师，因为数据是结构化和易于使用的。数据湖的用户往往是理想的高级用户，如分析家、数据科学家或开发人员，是非常了解计算机技术的使用者，通过元数据目录就知道想要搜索的数据，并且能够使用丰富的集成工具利用数据并结合预测分析过程来建立预测模型。[⊖]

2.3.7 数据资源管理的研究视角

数据资源管理应用于社会各个方面，技术的发展和数据的使用也滋生了很多法律与伦理问题，因此除了数据本身，还有很多衍生的研究问题值得关注。目前数据资源管理的研究视角主要有技术、社会、经济、行政和法律、伦理等角度。

从技术视角，数据资源管理主要使用人工智能、大数据、云计算方式对信息进行收集、加工、处理，使之有序化存储，便于快速检索并传递给特定的利用者。人们创造了许多卓有成效的方法，如分类、主题、代码、数据库、元数据、搜索引擎和各类信息系统、网络等，为数据资源管理提供了强有力的支持工具。直到今天，这一领域仍然是数据资源管理的重点。但仅仅从技术角度展开研究，不能有效地应对人类面临的信息危机，实现数据资源管理的预定目标。于是人们采用社会的、经济的、行政的、法律的、人文的手段和方法研究社会信息流的控制问题。

从社会视角，运用数据提升社会治理的智能化水平已经成为大势所趋。然而，仅仅停留于"大数据"的概念并不能解决中国社会治理的诸多难题，大数据驱动是技术、产业、战略和思维四大要素的系统驱动，任何一个要素的缺失都可能影响到大数据驱动社会治理

———————

⊖ 陈氢，张治. 融合多源异构数据治理的数据湖架构研究［J］. 情报杂志，2022，41（5）：139-145.

的实效[一]。与此同时，大数据驱动在本质上是信息驱动，信息技术手段的使用虽然可以解决中国社会治理的很多问题，但并非全部问题，因此需要澄清大数据驱动社会治理的社会机制和问题领域。此外，大数据驱动社会治理作为一项社会创新，除技术条件外，不可避免地还要受到文化、制度、结构等社会因素的制约，只有正视并消除这些因素的制约，才能使大数据驱动的社会治理真正"落地生根"。同时，大数据资源和技术提供了洞察此前难以精准把握的民情民意动态，从数据挖掘与智能分析中发现和评估社会治理风险、基于知识库智能化探究政府回应措施，从而把握大数据时代社会治理的特点和规律[二]。基于大数据的智能化社会治理是科技进步对社会和政府发挥技术赋权与技术赋能共同影响的结果，借助对民情民意的系统把握、社会风险的动态评估和政府对公众诉求的精准回应，有效推动我国社会治理的决策科学性和治理民主性。还应当加强数据资源共享，以人口、法人、空间地理三大数据库为基础，加快汇聚共享各类数据资源，深化数据资源目录体系建设。加快公共数据资源开放，制定公共数据资源向社会开放的法规规章和标准，推进经济、环境、教育、就业、交通、安全、文化、卫生、气象、市场监管等重点领域的数据资源开放，提升数据资源开放的深度和广度，推动社会数据资源流通[三]。

从经济视角，数据要素成为数字经济时代重要的战略资源，主导性生产要素在生产与再生产的循环中随着经济发展阶段逐次递进。土地、资本、劳动力以及技术等传统要素都可以转化为数据要素，市场要素流动可集中表现为数据要素的流动，进而提升全要素生产率[四]。数字经济朝着以新基建为战略基石、以数据为关键要素、以产业互联网为高级阶段的方向发展。数据驱动产品和服务创新，平台能向消费者提供更多元的选择，创造经济利益与生活便利性。需要注意的是，对数据的控制可强化竞争优势和限制竞争效应，易引起垄断现象。

从行政和法律视角，我国已经将"大数据"作为国家重要战略，借助大数据建设法治社会、提升国家治理能力和治理水平势在必行。考虑到数据应用具有二重性，唯有加快数据立法方能使其扬长避短、趋利避害，主要从两方面入手[五]。一是立法推动数据的开放、利用，加强信息的互联互通，消除信息壁垒，打破信息孤岛，实现数据的融合共享，促进数字经济的发展。二是立法规范使用数据的相关行为，保障个人信息安全。随着大数据和人工智能的迅速发展，必然会带来一系列负面影响，例如数据安全、个人信息泄露风险和法律伦理风险增加。针对以上情形，需要利用法律手段对过度开发数据、不当使用数据及非正义的算法的行为进行规制，对个人信息和隐私权及公共利益、国家利益加以保护。

─ 张海波.大数据如何驱动社会治理［N］.新华日报，2017-09-13（18）.
□ 孟天广，赵娟.大数据驱动的智能化社会治理：理论建构与治理体系［J］.电子政务，2018（8）：2-11.
□ 上海市人民政府.上海市国民经济和社会发展第十三个五年规划纲要［N］.解放日报，2016-02-01（1）.
四 杨东，臧俊恒.数据生产要素的竞争规制困境与突破［J］.国家检察官学院学报，2020，28（6）：143-159.
五 江必新.行政法律规范现代化若干问题研究［J］.法律适用，2022（1）：3-11.

从伦理角度，AI 隐私问题主要是指 AI 技术在应用过程中，随着大数据技术、人脸识别技术、指纹识别技术、声控识别技术及云计算技术等技术的兴起，出现了诸如公众个人信息能否在应用中得到保障、私人信息或大数据是否会泄露等问题。发展 AI 需要大量数据的积累，利用大量数据训练算法可提高 AI 解决问题的能力，但这也威胁到个人隐私，成为开发数据资源价值过程中最突出的伦理挑战 [⊖]。技术研发是人工智能应用的基础，需要各主体间共享数据资源并寻求社会资本合作来推进，同时对潜在的道德伦理问题加以防范。通过法规标准建设加强知识产权保护、个人隐私保护和数据安全治理，不仅要注重专业人才的培养，还要弥合数字鸿沟，让更多人共享发展成果。[⊖]

◎ **本章思考题：**

1. 举例说明一个由数据到信息、再到知识、最后转化为智慧的具体过程。
2. 举例说明生活中应用到数据管理的具体领域或者企业，或者某个企业的业务。

⊖ 李娜，陈君 . 负责任创新框架下的人工智能伦理问题研究［J］. 科技管理研究，2020，40（6）：258-264.

⊖ 刘红波，林彬 . 中国人工智能发展的价值取向、议题建构与路径选择：基于政策文本的量化研究［J］. 电子政务，2018（11）：47-58.

数据架构与设计

■ **章前案例**[一]:

德国工业 4.0、美国工业互联网、中国制造 2025 等发展制造业的战略规划提出后，工业技术与信息技术的跨界融合推动了现代制造业向智能化生产和个性化定制等方向转型，企业的合作越来越紧密，发展出了以产业链为载体的企业联盟。但不同企业之间的业务表单所对应的数据之间既有共享又有隔离，不同企业的业务表单对应的数据格式、数据存储模式以及外观和布局都存在差异。为解决这一问题，衍生出了产业链协同云服务平台，这是由"盟主"企业与上下游不同类型的协作企业进行业务协同而形成的复杂网络组织。

产业链协同云服务平台需要支持不同租户的不同数据按照结构化的方式进行存储，对业务表单的数据及其关系进行存储。在云服务模式下，数据架构分为独立数据架构和共享数据架构。在独立数据架构下（见图 3.1），以"盟主"企业为核心的企业联盟通过平台选定业务服务中的业务服务定制项和数据存储模式后，平台应能够根据选定的业务服务定制项和数据存储模式，建立业务服务定制与标准化数据结构的关联关系，从而为企业联盟自动创建数据存储架构对应的数据库实例。

在共享数据架构下（见图 3.2），综合考虑多联盟企业扩展数据的存储、查询以及更新需求，采用基于名称键值对的扩展定制算法与 XML 技术相结合的形式，将企业联盟的基础数据和业务数据存储到标准化的通用表与扩展表中，通过"Alliance ID + Tenant ID + 业务表单 ID"进行划分，数据的扩展定制结果则存储到 XML 数据配置文档中。

[一] 余洋，孙林夫，马亚花. 面向产业链协同云服务平台的多租户表单定制技术 [J]. 计算机集成制造系统，2016，22（9）：2235-2244.

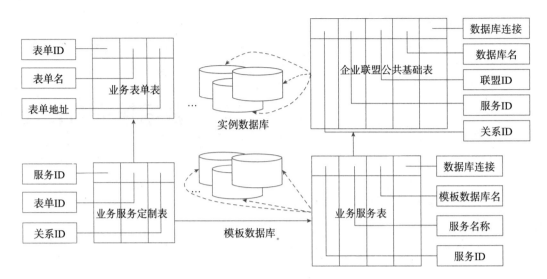

图3.1　独立数据架构下的企业联盟数据库生成

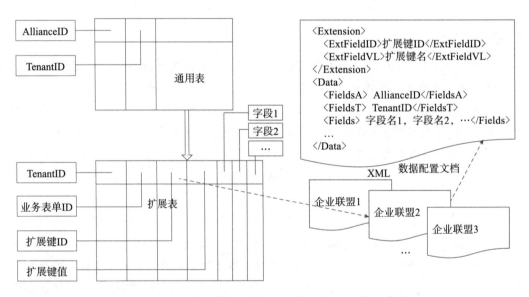

图3.2　共享数据架构下的企业联盟数据扩展与存储

汽车行业是先进制造领域最典型的代表之一。汽车产业链是由汽车零部件供应商、整车制造企业、物流商、销售商、售后服务商等众多大规模多类型的企业构成的联盟。汽车及零部件产业链协同云服务平台支撑13家核心整车制造企业，8000多家上下游协作企业在该平台上开展业务协作，有效地解决了产业链协同云服务模式下表单的差异化定制问题，切实降低了企业信息化门槛、提高了业务协同的效率。

首先根据企业联盟的规模和业务需求，通过表单数据定制选择和配置所需的数据存储模式；然后在已选择和配置数据存储模式的基础上，利用表单界面定制配置业务属性元素模块、页面的样式模块及应用操作模块，使其在页面上呈现出相应的外观和布局，从而完成相应的表单定制；最后通过表单执行引擎加载企业联盟选择的业务服务所关联的业务表单，如图 3.3 所示。

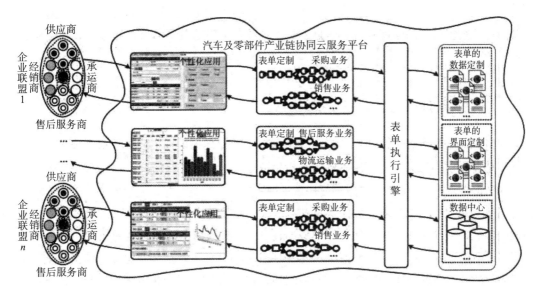

图3.3 汽车及零部件产业链协同云服务平台

案例思考题：

1. 对于不同的数据类型和数据量级，有不同的数据存储工具，目前你了解哪些数据存储方式呢？

2. 汽车行业进行上述数据架构设计可以解决哪些问题？

3. 通过阅读案例，你理解的数据架构是什么？

3.1 数据架构概述

企业管理中往往会面临这样的问题：业务部门和技术部门在自说自话，对于同样的业务对象，我有我的话术，你有你的流程，大家隔着一层窗户纸，拖累了企业的运作效率，也削减了企业的数据竞争力。在业务战略和技术实现之间建立起一座畅通的桥梁，捅破这层窗户纸，是数据架构的本质目标，也是它的核心价值。成熟的数据架构可以迅速地将企业的业务需求转换为数据和应用需求，能够管理复杂的数据和信息并传递至整个企业，在数据层面保证业务和技术的一致性，最终为企业改革、转型和提高适应性提供支撑。

企业架构由四个基本的相互关联的专业领域构成。业务架构定义了组织的业务战略、企业治理、组织机构和关键业务流程。应用架构为应用系统之间的交互及其与组织核心业务流程的关系提供蓝图，并为集成业务提供公开的服务接口。数据架构描述组织的逻辑和物理数据资产以及相关数据管理资源的结构。技术架构描述支持部署核心任务关键型应用程序所需的硬件、软件和网络基础设施。

数据架构是企业架构的一部分。从企业运作的角度来说，数据架构定义了企业运作过程中所涉及的各类对象和其治理模式；从数据资产的角度来说，数据架构是管理数据资产的蓝图；从数据管理的角度来说，数据架构是企业各部门的共同语言，是数据管理的高层视角。

3.1.1　数据架构的定义

许多组织对数据架构提出了定义。① DAMA：数据架构识别企业的数据需求，并设计和维护总蓝图以满足需求，使用总蓝图来指导数据集成、控制数据资产，并使数据投资与业务战略保持一致。[一] ②工业大数据应用技术国家工程实验室：数据架构将企业业务实体抽象为信息对象，将企业的业务运作模式抽象为信息对象的属性和方法，建立面向对象的企业数据模型，实现从业务模式向数据模型的转变，业务需求向信息功能的映射，企业基础数据向企业信息的抽象。[二] ③华为：数据架构是以结构化的方式描述在业务运作和管理决策中所需要的各类信息及其关系的一套整体组件规范。[三] ④国家标准化管理委员会：数据架构通过组织级数据模型定义数据需求，指导对数据资产的分布控制和整合，部署数据的共享和应用环境，以及元数据管理的规范。[四]

虽然各个数据管理体系对数据架构的定义不完全一致，但底层逻辑都是一样的：数据架构是为了更好的数据组织。综上，本书认为数据架构是数据资源规划的基础，内容包括元数据管理、数据模型和数据分布，旨在对企业数据进行结构化、有序化治理，让企业从数据孤岛走向数据共享，让企业数据能够更好地被管理、流动和使用，充分释放数据价值。

3.1.2　数据架构的目标

与定义对应，不同组织的数据架构目标也不同。① DAMA：数据架构目标是识别数据存储和处理要求；设计结构和计划以满足企业当前与长期的数据需求；战略性地为组织做好准备，快速发展其产品、服务和数据，以利用新兴技术中固有的商机。②工业大数据应用技术国家工程实验室：数据架构要实现从业务模式向数据模型的转变，业务需求向信息功能的映射。③华为：数据架构的目的就是"确保各类数据在企业各业务单元间高效、准确地传递，上下游流程快速地执行和运作"。④国家标准化管理委员会：数据架构用于定义

[一] DAMA 国际 .DAMA 数据管理知识体系指南：原书第 2 版［M］.DAMA 中国分会翻译组，译 . 北京：机械工业出版社，2020.

[二] 祝守宇，蔡春久 . 数据治理：工业企业数字化转型之道［M］. 北京：电子工业出版社，2020.

[三] 华为公司数据管理部 . 华为数据之道［M］. 北京：机械工业出版社，2020.

[四] 国家标准化管理委员会 . 数据管理能力成熟度评估模型［EB/OL］.（2018-03-15）［2022-12-02］.c.gb688.cn/bzgk/gb/showGb?type=online&hcno=B282A7BD34CAA6E2D742E0CAB7587DBC.

数据需求、指导对数据资产的整合和控制。

综上，本书认为数据架构的目标就是将业务需求转化为数据和系统需求，并管理数据及其在企业中的流动，构建统一的数据标准，更好地进行企业的数据管理，使数据能够在企业各个业务部门之间高效准确地传递，提高企业的运营效率，为企业提高效益做出贡献。

3.1.3　数据架构内容与原则

关于数据架构所包含的具体内容，有以下几种不同的观点。

1. DAMA[⊖]

1）数据模型：企业数据模型是一个整体的、企业级的、独立实施的概念或逻辑数据模型，为企业提供通用的、一致的数据视图。企业数据模型包括数据实体（如业务概念）、数据实体间的关系、关键业务规则和一些关键属性，为所有数据和数据相关的项目奠定基础。

2）数据流设计：定义数据库、应用、平台和网络（组件）之间的需求与主蓝图。这些数据流展示了数据在业务流程、不同存储位置、业务角色和技术组件间的流动。

2. 工业大数据应用技术国家工程实验室[⊖]

数据架构包括数据分布、数据目录、数据资源全景图、数据地图分布应用、数据主题域、数据关联关系、数据模型几个方面。

1）数据分布：包括数据目录、数据资源全景图、数据地图分布应用。

2）数据目录：作为数据共享交换的基础数据，对促进企业内部数据共享与交换、对外上报和公示相关信息都非常重要。

3）数据资源全景图：是企业全部数据资产的总体视图，既包括分布、流向和交互关系，又包括数据治理、数据服务和数据后期应用的完整视图。

4）数据地图分布应用：站在数据资源全景图的视角查看企业各数据域，在每一个数据域下，可以识别企业各项业务的核心数据主题，明确各个主题间的交互关系，将数据实体分类、形成企业级数据地图。

5）数据主题域：最高层级的、以各个主题概念及其之间的关系为基本构成单元的数据主题集合。企业应划分统一的数据主题域，形成统一的企业数据视图。

6）数据关联关系：首先包括实体、属性、主键、外键、关系及基数，其次包括数据血缘关系，最后包括数据流转关系。

7）数据模型：包括概念数据模型、逻辑数据模型及物理数据模型。

⊖　DAMA 国际 .DAMA 数据管理知识体系指南：原书第 2 版［M］.DAMA 中国分会翻译组，译 . 北京：机械工业出版社，2020.

⊖　祝守宇，蔡春久 . 数据治理：工业企业数字化转型之道［M］. 北京：电子工业出版社，2020.

3. 华为[一]

数据架构分为数据资产目录、数据标准、数据模型和数据分布四个内容。

1）数据资产目录：通过分层结构的表达，实现对数据的分类和定义，建立数据模型的输入，形成完善的企业资产地图，也在一定程度上为企业数据治理、业务变革提供了指引。基于数据资产目录可以识别数据管理责任，解决数据争议问题，帮助企业更好地对业务变革进行规划设计，避免重复建设。

2）数据标准：数据标准定义公司层面需共同遵守的属性层数据含义和业务规则，是公司层面对某个数据的共同理解，这些理解一旦确定下来，就应作为企业层面的标准在企业内被共同遵守。

3）数据模型：是从数据视角对现实世界特征的模拟和抽象，根据业务需求抽取信息的主要特征，反映业务信息（对象）之间的关联关系。数据模型不仅能比较真实地模拟业务（场景），同时也是对重要业务模式和规则的固化。

4）数据分布：定义了数据产生的源头及在各流程和 IT 系统间的流动情况。

4. 国家标准化管理委员会[二]

数据架构分为数据模型、数据分布、数据集成和共享、元数据管理。

1）数据模型：使用结构化的语言将收集到的组织业务经营、管理和决策中使用的数据需求进行综合分析，按照模型设计规范将需求重新组织。从模型覆盖的内容粒度看，数据模型一般分为主题域模型、概念模型、逻辑模型和物理模型。主题域模型是最高层级的、以主题概念及其之间的关系为基本构成单元的模型，主题是对数据表达事物本质概念的高度抽象。概念模型是以数据实体及其之间的关系为基本构成单元的模型，实体名称一般采用标准的业务术语命名。逻辑模型是在概念模型的基础上细化，以数据属性为基本构成单元。物理模型是逻辑模型在计算机信息系统中依托于特定实现工具的数据结构。

2）数据分布：针对组织级数据模型中数据的定义，明确数据在系统、组织和流程等方面的分布关系，定义数据类型，明确权威数据源，为数据相关工作提供参考和规范。通过数据分布关系的梳理，定义数据相关工作的优先级，指定数据的责任人，并进一步优化数据的集成关系。

3）数据集成和共享：建立起组织内各应用系统、各部门之间的集成共享机制，通过组织内部数据集成共享相关制度、标准、技术等方面的管理，促进组织内部数据的互联互通。

4）元数据管理：是关于元数据的创建、存储、整合与控制等一整套流程的集合。

5. 本书观点

虽然上述经典数据管理体系对数据架构的内容提炼有差异，但其底层逻辑都是一致的。

———
[一] 华为公司数据管理部. 华为数据之道［M］. 北京：机械工业出版社，2020.

[二] 国家标准化管理委员会. 数据管理能力成熟度评估模型［EB/OL］.（2018-03-15）［2022-12-02］.c.gb688.cn/bzgk/gb/showGb?type=online&hcno=B282A7BD34CAA6E2D742E0CAB7587DBC.

DAMA 的数据管理体系中，数据架构最核心的是数据模型和数据流。DCMM 数据管理体系中，数据架构除了包含数据模型和数据分布，还包含了数据集成共享和元数据管理。数据模型和数据分布是通过元数据实现的，同时数据集成共享也是建立在数据分布的基础之上的，因此可以认为 DCMM 的数据架构内容的核心还是数据模型和数据分布。《数据治理：工业企业数字化转型之道》认为数据架构包括数据分布、数据目录、数据资源全景图、数据地图分布应用、数据主题域、数据关联关系、数据模型几个方面。其中，数据分布、数据目录、数据资源全景图、数据地图分布应用四个方面强调了数据分布和数据流设计，数据主题域、数据关联关系、数据模型三个方面则从数据模型设计的角度构成数据架构的内容。《华为数据之道》提出的定义更偏向实践，但基本的内容还是数据模型和数据分布两个方面。

本书认为数据架构的内容包含元数据管理、数据模型和数据分布三个方面，其余的衍生内容围绕这三个维度展开。

（1）**元数据管理** 元数据是企业中用来描述数据的数据。元数据是关于数据的组织、数据域及其关系的信息，可理解为比一般意义的数据范畴更加广泛的数据，表示数据的类型、名称、值等信息。它可以进一步提供数据的上下文描述信息，比如数据的所属域、取值范围、数据间的关系、业务规则甚至是数据的来源。元数据管理是为了对数据资产进行有效的组织，比如户口本中除了有姓名、身份证号、出生日期、住址、民族等信息外，还有家庭关系，如夫妻关系、父子关系等，这些信息就是描述一个人的元数据。通过户口本中的元数据，我们不仅能够了解一个人的基本信息，还能够了解其家庭关系。再比如图书馆都会用一个叫作"图书目录"的文件夹来管理藏书，图书目录包含图书名称、编号、作者、主题、简介、摆放位置等信息，用来帮助图书管理员管理和快速查找图书。元数据就如同图书馆的图书目录一样，能够帮助数据管理员管理数据。

元数据管理建立指标解释体系，满足用户对业务和数据理解的需求，能够回答企业有哪些数据，什么是企业的有效客户，什么是产品的生命周期，数据库中的数据从哪里来、用来干什么等问题，提高数据溯源能力，让用户能够清晰地了解数据仓库中数据流的来龙去脉、业务处理规则、转换情况等。通过元数据管理也建立了数据质量稽核体系，通过非冗余、非重复的元数据信息提高数据的完整性、准确性。元数据管理解决的问题是如何将业务系统中的数据分门别类地进行管理，建立报警、监控机制，出现故障时能及时发现问题，为数据仓库的数据质量监控提供基础素材。元数据的应用包括数据资产地图，按照数据域对企业数据资源进行全面盘点和分类，并根据元数据字典自动生成企业数据资产的全景地图，该地图能够告诉你有哪些数据，在哪里可以找到这些数据，并且能用这些数据干什么。元数据血缘分析会告诉用户数据来自哪里，经过了哪些加工，其价值在于当发现数据问题时可以通过数据的血缘关系追根溯源，快速定位到问题数据的来源和加工过程，减少数据问题排查分析的时间和难度。

（2）**数据模型** 数据模型是数据特征的抽象，从抽象层次上描述了系统的静态特征、动态行为和约束条件，为数据库系统的信息表示与操作提供了一个抽象的框架。数据模型所描述的内容有三部分，分别是数据结构、数据操作和数据约束。模型可以更形象、直观地揭示事物的本质特征，使人们对事物有一个更加全面、深入的认识，从而可以帮助人们更好地解决问题。利用模型对事物进行描述是人们在认识和改造世界过程中广泛采用的一种方法。计算机不能直接处理现实世界中的客观事物，而数据库系统正是使用计算机技术对客观事物进行管理的，因此就需要对客观事物进行抽象、模拟，以建立适合于数据库系统进行管理的数据模型。数据模型是对现实世界数据特征进行模拟和抽象。数据模型是数据架构中用来对现实世界进行抽象的工具，是数据架构中用于提供信息表示和操作手段的形式架构。数据模型是数据库系统的核心和基础，一般分为主题域模型、概念模型、逻辑模型和物理模型。

（3）**数据分布** 数据分布定义数据库、应用、平台和网络（组件）之间的需求与总蓝图，以及数据产生的源头和在各流程及 IT 系统间的流动情况。数据流展示了数据在业务流程、不同存储位置、业务角色和技术组件间的流动情况，从而通过数据分布关系的梳理，定义数据相关工作的优先级，指定数据的责任人，进一步优化数据的集成关系。

6. 数据架构的五大基本原则

五大基本原则是从数据中获取业务价值的基础，具体如下。

（1）**数据质量（DQ）** 数据质量是强大的数据架构的核心要素，对于构建有效的数据架构至关重要。高质量数据有助于提取有价值的见解，治理高质量数据有助于构建准确的模型和强大的架构。

（2）**数据治理（DG）** 数据治理是构建数据架构的关键因素，与数据质量原则密切相关。无论其来源、类型或数量如何，在数据生命周期的任何时候，用户都必须知道位置、格式、所有权和使用关系，以及与数据相关的所有其他信息。数据治理策略管理企业数据，在可扩展性、数据质量和合规性问题上执行"看门狗"的工作，对于数据架构的成功至关重要。

（3）**定期审核数据来源** 数据来源是一组关于数据的信息，从原始来源跟踪数据，直到数据被处理为止。如果用户不知道如何收集、清理和准备数据，就不会知道底层数据架构的可靠性。

（4）**区分数据属性** 用户需要了解数据中存在的实体，通过属性将数据实体相区分。区分数据属性有助于理解数据的含义，是数据建模的必要步骤。

（5）**了解每个属性的详细信息粒度** 数据架构师必须确定每个属性所需的详细信息级别。数据架构需要在正确的详细级别存储和检索每个属性，这是构建高性能数据架构的关键步骤。

7. 大数据架构原则

大数据表示 PB 级的多结构化、多类型数据，必须对其加以管理才能进行有意义的分析。以下是构建现代大数据架构的一些原则[⊖]。

1）集中式数据管理：在此系统中，所有数据孤岛都被替换为跨职能的业务数据的集中视图。这种类型的集中式系统还支持客户数据的 360° 视图，并能够关联来自不同业务功能的数据。

2）自定义用户界面：由于数据是集中共享的，因此系统提供了多个用户友好的界面。接口类型与用途一致，例如用于 BI 的 OLAP 接口、用于分析的 SQL 接口或用于数据科学工作的 R 编程语言。

3）定义数据使用的常用词汇：企业数据中心确保通过通用词汇表轻松理解和分析共享数据。常用词汇可能包括产品目录、日历维度或 KPI 定义，而不考虑消费类型或使用数据的类型。共同的词汇消除了不必要的争端。

4）受限制的数据移动：频繁的数据移动对成本、准确性和时间均有很大的影响。云或 Hadoop 平台为此提供了解决方案；它们都支持用于并行处理数据集的多工作负载环境。这种类型的体系结构消除了对数据移动的需求，从而优化了成本和时间投资。

5）数据管理：是减少用户对存储在集群中的数据访问的挫败感的绝对必要条件。数据管理步骤（如清理原始数据、关系建模、设置维度和度量）可以增强整体用户体验，并帮助从共享数据中实现最大价值。

6）系统安全功能：像 Google BigQuery 或 Amazon Redshift 这样的集中式数据管理平台需要对原始数据实施严格的安全和访问控制策略。如今，许多技术解决方案都有助于数据架构具有内置的安全性和自助服务功能，而不会影响访问控制。

8. 华为数据架构的原则

华为数据架构原则是建立在企业层面上的共同行为准则，确定"数据同源一致"的治理目标，围绕目标的实现，制定五条内容。

（1）**数据按对象管理** 明确数据所有者。从数据本身出发，按对象进行数据全生命周期管理。数据所有者要负责所辖领域的信息架构建设和维护，负责保障所辖领域的数据质量，针对公司各个部门对本领域数据问题及争议进行裁决。

（2）**从企业视角定义数据架构** 明确要求各业务领域都需站在企业的视角定义信息架构，充分考虑数据的应用场景、范围和用户群体，参考业界实践和主流软件包，平衡与兼顾 AS-IS（现状）和 TO-BE（未来）诉求，在流程设计和 IT 实现中得到落实。

（3）**遵从公司数据分类管理框架** 华为在实践中总结了各类数据的内在特征，制定了统一的数据分类管理框架，公司所有业务领域按照统一的分类框架进行数据治理。

（4）**实现业务对象结构化、数字化** 业务对象内容包括业务结果、业务规则、业务过程，且应打造相应的数字化能力。

⊖ PARAMITA G. Five essential data architecture principles［EB/OL］.（2022-07-22）［2022-11-23］. www.dataversity.net/five-essential-data-architecture-principles/.

（5）**实现数据服务化，同源共享** 每一个数据有且只有单一数据源，数据使用方应从数据源获取数据，数据更改应在数据源进行。

3.2 数据分层结构

数据分层是数据仓库设计中十分重要的一个环节，优秀的分层设计能够让整个数据体系更易理解和使用。因此，我们需要一套行之有效的数据组织和管理方法来让数据体系更有序。数据分层并不能解决所有的数据问题，但是它可以给我们带来如下的好处。①明晰数据结构：每一个数据分层都有它的作用域和职责，在使用表的时候能更方便地定位和理解。②减少重复开发：规范数据分层，开发一些通用的中间层数据，能够减少很多重复计算。③统一数据口径：通过数据分层，提供统一的数据出口，统一对外输出的数据口径。④将复杂问题简单化：将一个复杂的任务分解成多个步骤来完成，每一层解决特定的问题。

3.2.1 主题域

1. 主题的概念

主题（Subject）是在较高层次上将企业信息系统中的数据进行综合、归类、分析和利用的一个抽象概念，每一个主题基本对应一个宏观的分析领域。在逻辑意义上，它是对应企业中某一宏观分析领域所涉及的分析对象。例如"销售分析"就是一个分析领域，因此这个数据仓库应用的主题就是"销售分析"。

面向主题的数据组织方式，就是在较高层次上对分析对象数据的一个完整并且一致的描述，能刻画各个分析对象所涉及的企业各项数据，以及数据之间的联系。较高层次是相对面向应用的数据组织方式而言的，是指按照主题进行数据组织的方式具有更高的数据抽象级别。与传统数据库面向应用进行数据组织的特点相对应，数据仓库中的数据是面向主题进行组织的。例如，一个生产企业的数据仓库所组织的主题可能有订货分析、发货分析等。而按应用来组织则可能分为财务子系统、销售子系统、供应子系统、人力资源子系统和生产调度子系统。

主题是根据分析的要求来确定的，与按照数据处理或应用的要求来组织数据是不同的。如在生产企业中，同样是材料供应，在操作型数据库系统中，人们所关心的是怎样更方便和更快捷地进行材料供应的业务处理；而在进行分析处理时，人们就应该关心材料的不同采购渠道和材料供应是否及时，以及材料质量状况等。

数据仓库面向在数据模型中已经定义好的公司的主要主题领域。典型的主题领域包括顾客、产品、订单和财务或是其他某项事务或活动。

2. 主题域和主题域分组

（1）**主题域** 主题域是对某个主题进行分析后确定的主题的边界，是互不重叠的数据分类，管辖一组密切相关的业务对象。通常同一个主题域有相同的数据所有者。分析主题域首先要确定装载到数据仓库的主题，一般先建立一个主题或企业全部主题中的一部分，因此在大多数数据仓库的设计过程中都有一个主题域的选择过程。主题域的确定必须由最终用户和数据仓库的设计人员共同完成，比如，对于 Adventure Works Cycle 这种类型的公司管理层，需要分析的主题一般包括供应商主题、商品主题、客户主题和仓库主题。其中商品主题的内容包括记录超市商品的采购情况、商品的销售情况和商品的存储情况，客户主题包括的内容可能有客户购买商品的情况，仓库主题包括仓库中商品的存储情况和仓库的管理情况等。

（2）**主题域分组** 主题域分组是大的信息分类，是依据业务管理边界对于主题域的分组，是描述公司数据管理的顶级分类。每个主题域分组对应一个公司关注的业务领域的数据，例如，智慧园区整体包含多个智慧园区涉及的多个数据库和多个系统。再举个例子，一名顾客通过手机在 APP 上购买了一件衣服，在这个过程中涉及了顾客主题、库存主题、产品主题、订单主题等，这些主题虽然不同，但因为关系紧密、可以划分到一个更大的主题域，我们可以将这些不同的主题域分组为销售管理。

3. 主题域划分

主题域的确定必须由最终用户和数据仓库的设计人员共同完成，而在划分主题域时，大家的切入点不同可能会造成一些争论、重构等现象，因此考虑的内容可能有以下几个。

（1）**按照业务或业务过程划分** 大部分企业在信息化的过程中会根据自身的业务系统进行数据部署，比如财务部门有财务系统、销售部门有销售系统、生产部门有生产系统、供应链部门有供应链系统。这些不同的业务系统会存储对应业务流程中产生的数据，下级数据主题都相互紧贴，是天然的主题域（见图 3.4），因此可以根据业务系统类别，划分几种主题域。再比如，一个靠销售广告位置的门户网站主题域可能会有广告域、客户域等，而广告域可能就会有广告的库存、销售分析、内部投放分析等主题。

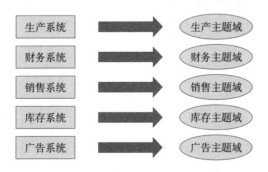

图3.4 按业务划分主题域示例

（2）**按照需求方划分** 企业需要长期对某个方向进行分析，因为这个长期分析的过程涉及各种主题，会对数据进行细分、归纳，在这个过程中，就由需求诞生了主题域。如图3.5所示，需求方为财务部，就可以设定对应的财务主题域，而财务主题域里面可能就会有员工工资分析、投资回报比分析等主题。

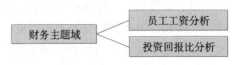

图3.5 按需求方划分主题域示例

（3）**按照功能或应用划分** 企业根据软件所涉及的功能进行主题域的划分，比如微信中的聊天数据域、朋友圈数据域、发送文件数据域等，其中，聊天数据域有文字主题、图片主题、语音主题、表情主题（见图3.6）。

（4）**按照部门划分** 企业都有着不同的业务部门，这些部门也会形成各种不同的主题域。如图3.7所示，有人力主题域、生产主题域、销售主题域等，其中，人力主题域中可能会有工资支出分析、活动宣传效果分析等主题。

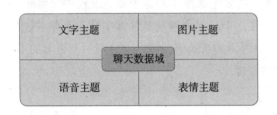

图3.6 按功能划分主题域示例

图3.7 按部门划分主题域示例

3.2.2 业务对象

1. 业务对象的定义

业务对象是数据架构的基石、信息架构的核心层，是业务领域中重要的人、事、物在数据架构中的代理。数据架构建设和治理是围绕着业务对象与对象间的关系展开的，一般具有身份、状态、管理、内部结构等属性。例如，客户合同下有好几张 Order 表、合同双方的 Person 表等，购物车模块里有多个仓库，仓库下有多个产品，都是一个业务模块，多张表的整合。

2. 业务对象的分类

1）实体业务对象：表达一个人、地点、事物或概念，是根据业务中的名词从业务域中提取的，比如客户、订单、物品。

2）过程业务对象：表达应用程序中业务处理过程或者工作流程任务，通常依赖于实体业务对象，是业务的动词，比如订单，是实体客户购买这一过程形成的一个业务对象。

3）事件业务对象：表达应用程序中由于系统的一些操作而造成或产生的一些事件。

3. 业务对象的必要条件

①由状态和行为组成；②表达了来自业务域的一个人、地点、事物或概念；③可以重用。

3.2.3　逻辑数据实体

逻辑数据实体将业务对象的属性进行分组，是描述业务对象在某方面特征的一类属性集合。如图 3.8 所示，商品这一实体是由商品编号、商品名称、数量、供应商、订购价格、销售价格等一组属性构成的。

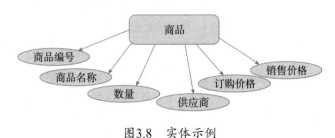

图3.8　实体示例

3.2.4　属性

属性是信息架构的最小粒度，用于客观描述业务对象在某方面的性质和特征。如图 3.9 所示，雇员编号、姓名、部门、性别、工资、出生年月是业务对象"雇员"的属性，描述了雇员这一实体的基本信息。

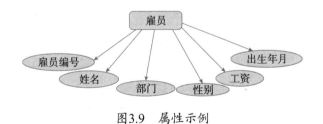

图3.9　属性示例

3.3　数据建模

《DAMA 数据管理知识体系指南（原书第 2 版）》将数据建模定义为"以称为数据模型的精确形式发现、分析、表示和传达数据需求的过程"。虽然数据架构和数据建模都试图弥合业务目标与技术之间的差距，但数据架构是关于寻求理解与支持组织功能、技术和数据类型之间关系的宏观视图，而数据建模更专注于特定系统或业务案例。

3.3.1 数据模型组件与级别

不同类型的数据模型采用不同的约定符号来表示数据。大多数数据模型都包含基本相同的组件：实体、关系、属性和域。

3.3.1.1 数据模型组件

1. 实体

（1）**实体的定义** 实体指客观存在且可以相互区分的事物。在数据建模中，实体是一个组织收集信息的载体。实体有时被称为组织的一组名词，也可以理解为一些基本问题的答案——谁、什么、何时、何地、为什么、怎么办、度量等，见表3.1。

表3.1 实体的基本描述

分类	定义	示例
谁（Who）	相关的人或者组织，也就是谁对业务很重要。通常泛指一个参与方或者角色。例如，客户或者供应商。人员或组织可以有多个角色，也可以包含在多个参与方中	学生、员工、客户、供应商、乘客
什么（What）	为相关企业提供的产品或服务。它通常指的是组织的产出或提供的服务。也就是说，对企业来说什么是重要的。类别、类型等属性在这里非常重要	产品、服务、成品、课程、书
何时（When）	和企业相关的日历或时间间隔，即业务什么时候经营	日期、月、季度、年、学期、出发时间
何地（Where）	企业相关的地点。地点可以指实际的地方，也可以是电子场所，即业务在哪里进行	邮寄地址、分发点、网址
为什么（Why）	企业相关的事件或者交易。这些事件使业务得以维持，即业务为什么要运行	下订单、退货、投诉、取款、存款
怎么办（How）	和企业相关的事件记录。这些记录提供事件发生的证据，如记录订单事件的购买订单，即如何知道事件发生了	发货单、合同、协议、账户、购买订单
度量（Measurement）	关于时间、地点和对象的计数与总和等	销售数量、项目数、付款金额、余额

实体的定义对于任何数据模型所描述的业务组织都有巨大贡献，属于核心元数据。高质量的定义澄清了业务词汇表达的含义，并有助于精确管理实体之间关系所描述的业务规则，帮助业务和 IT 专业人员针对业务与应用程序设计做出明确的决策。高质量的数据具备以下三个基本特征。

①清晰：定义应该易于阅读和理解，采用简单清晰的语言表述，没有晦涩难懂的缩写词和难以解释的模棱两可的表达。②准确：定义是对实体的精确和正确的描述，应由相关业务领域的专家进行审查以保证其准确性。③完整：定义要尽量全面，所包括的内容都要体现，例如在定义代码时，要包括代码值的示例；在定义标识符时，标识符的唯一性范围

应说明。

（2）**实体的别名**　通用术语"实体"可以使用其他名称表示，最常见的是使用"实体类型"代表一类事物。比如学生是实体类型，"张三"是实体实例。实体实例是特定实体的具体化或者取值，实体学生可能有"张三""李四"等多个实体实例，实体课程可能有《数据库》《数据结构》《信息资源管理》等多个课程实例。

实体别名也会根据模型类型而变化。在关系型数据库模型中经常用到"实体"这个术语，在维度模型中则使用"维度"和"事实表"等术语，在面向对象模型中经常使用"类"或者"对象"等术语，在基于时间模型中经常使用"中心""卫星"等术语。在非关系型数据库模型中使用"文件"或者"节点"等术语。

实体别名也会根据模型抽象程度的不同而不同。概念模型中的实体被称为概念或者术语，逻辑模型中的实体被称为实体，在物理模型中，实体一般被称为表。

（3）**实体的图形表示**　在数据模型中，通常采用矩形代表实体，矩形内是实体的名称，如图 3.10 所示。

图3.10　实体的图形表示示例

2. 关系

关系是实体之间的关联，捕获概念实体之间的高级别交互、逻辑实体之间的详细交互以及物理实体之间的约束。

（1）**关系的别名**　关系的别名根据模型不同而变化：在关系型数据库模型中经常使用术语"关系"，在维度模型中经常使用术语"导航路径"，在 NoSQL 非关系型数据库模型中经常使用"边界"或"链接"等术语。关系的别名也可以根据模型抽象程度不同而有所不同：在概念和逻辑级别上的关系就称为"关系"，在物理级别上的关系可能会采用"约束"或者"引用"等名称表示，主要取决于具体的数据库技术。

（2）**关系的图形表示**　关系在数据建模图上通常显示为线条。图 3.11 显示了学生和课程之间、课程和老师之间的关系。

图3.11　关系的图形表示示例

（3）**关系的基数**　在两个实体之间的关系中，基数说明了一个实体和其他实体参与建立关系的数量。基数由出现在关系线两端的符号表示。数据规则是通过基数制定来强制执行的，对于关系，如果没有基数，那么人们最多只能说两个实体以某种方式相连。

对于基数而言，只能选择 0、1 或多（m），关系的每一方都可以有 0、1 或多（m）的任意组合。指定 0 或 1 表示关系中是否需要实体实例，1 个或多个表示给定关系中参与的实例数量。比如一个学生可以选择多门课程，一门课程也可以被多个学生选择，因此学生和课程的关系就可以是多对多的关系。

（4）**关系的元数** 关系中涉及实体的数目被称为关系的元数，最常见的有一元关系、二元关系和三元关系。

一元关系也被称为递归关系或者自我引用关系。它只包含一个实体，一对多的递归关系描述了一种层级关系，而多对多的关系描述的是一种网络或表图。在层级关系中，一个实体最多拥有一个父实体，在关系模型中，子实体处于关系中"多"的一边，而父实体处于关系中"一"的一边，在关系网络中，一个实体可以拥有多个父实体。

二元关系涉及两个实体，如图 3.12 所示，学生和课程是构成二元关系的两个实体。

图3.12 二元关系示例

三元关系涉及三个实体，如图 3.13 所示，学生、课程和某一特定的学期就构成三元关系。

图3.13 三元关系示例

（5）**外键** 如果公共关键字在一个关系中是主关键字，那么这个公共关键字被称为另一个关系的外键。由此可见，外键表示两个关系之间的相关联系。以另一个关系的外键作主关键字的表被称为主表，具有此外键的表被称为主表的从表。外键又称作外关键字。

如图 3.14 所示，选课表中包含两个外键：来自学生实体的学号和来自课程实体的课程编号。

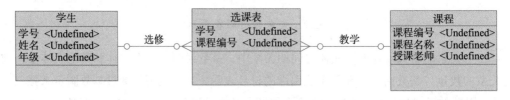

图3.14 外键示例

3. 属性

一个具体事物总是有许许多多的性质与关系，我们把一个事物的性质与关系叫作事物的属性。在数据模型中，属性可以定义、描述或者度量实体某方面的性质，实体中属性的物理展现为表、视图、文档或者文件中的字段、列、标记等。

（1）属性的图形表示　在数据模型中，属性通常在实体矩形内的列表中描述。如图3.15所示，学生实体的属性包含学号、姓名、年级、年龄。

学生
学号 \<Undefined\>
姓名 \<Undefined\>
年级 \<Undefined\>
年龄 \<Undefined\>

图3.15　属性的图形表示示例

（2）标识符　标识符也称为键，是唯一标识实体实例的一个或多个属性的集合。可根据键的结构和功能对键进行分类。

1）**键的结构类型**：单一键是唯一标识实体实例的一个属性，例如，学生学号和员工编号。代理键是表的唯一标识符，也是一种单一键，通常是一个计数符，由系统自动生成。代理键是一个整数，其含义与数值无关。代理键具有技术功能，对数据库的最终用户不可见。它们保存在后台，以保持唯一性，并促进跨应用程序的集成。

组合键是一组由两个或多个属性组成的集合，这些属性一起唯一地标识一个实体实例。例如，电话号码（区号＋交换机＋本地号码）和信用卡号码（申请者ID＋账户号＋校验数）。

复合键包含一个组合键和至少一个其他单一键、组合键或非键属性。例如，对于多维事实表上的键，它可能包含几个复合键、单一键和可选的加载时间戳。

2）**键的功能类型**：超键是在关系中能唯一标识元组的属性集。比如学生信息表中，含有学号或者身份证号的任意组合都称为此表的超键，像（学号），（学号，姓名），（身份证号，性别）。不含多余属性的超键称为候选键，是标识实体实例的最小属性的集合，可能包含一个或者多个属性。最小意味着候选键的任意子集都无法唯一标识实体实例，一个实体可以有多个候选键，电子邮件地址、手机号码和客户账号数据都是客户实体候选键的例子。候选键可以是业务键，业务键是业务专业人员用于检索单个实体实例的一个或者多个属性，业务键和代理键是互斥关系。

主键是被选择为实体唯一标识符的候选键。即使一个实体可能包含多个候选键，但只有一个候选键能够作为该实体的主键。

备用键是一个候选键，虽然也是唯一的，但没有备选作为主键。备用键可用于查找特定实体的实例。通常，主键是代理键，而备用键是业务键。

3）**标识关系与非标识关系**：独立实体是指其主键仅包含只属于该实体的属性。非独立实体是指其主键至少包含一个来自其他实体的属性。在关系模式中，大多数数据建模图用矩形符号表示独立实体，非独立实体则用圆角矩形表示。如图3.16所示，学生和课程是独立实体，而选课表依赖学生和课程实体才能形成，不是独立实体。

非独立实体至少含有一个标识关系。标识关系是指父实体的主键作为外键被继承到子实体主键的一部分，比如学生和选课表之间、课程和选课表之间的关系。在非标识关系中，父实体的主键仅被继承为子实体的非主外键属性。

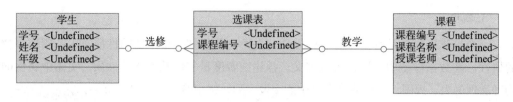

图3.16　独立实体和非独立实体示例

4. 域

域是用来描述一个字段的技术属性的集合，包括数据类型、数据长度、小数点位数以及取值范围等。具有以上技术属性相同定义的字段可以包含进一个域，而当域的属性定义发生改变时，所有引用它的字段的属性都会相应进行提示。域提供了属性标准化的方法，域中所有的值都为有效的值，不在域中的值被称为无效的值，属性中不应该含有其指定的域以外的值。例如，员工的性别编码只能限定于男性和女性之中，员工的聘用日期只能为有效日期。

域可以通过附加规则进行限制，这些限制规则被称为约束。规则可以涉及逻辑或者格式，或两者都有。例如，将聘用员工的日期域限制于早于今天的日期，或是被约束在一个特定的工作日。

域可以用多种不同的方式定义。①数据类型：域中的某一属性中的数据有特定的标准类型要求，如整数、字符和日期都属于数据类型域。②数据格式：通过模板、掩码、限制字符等格式来定义有效值，如邮政编码和电话号码。③列表：含有有限个值的域，如订单状态的值可以限制在订单开立、发货、订单结束、退货等状态。④范围：允许相同类型的所有值在一个或多个最小值与最大值之间的域，有些范围是开放式的，如订单送货日期必须在下单日期后的三个月内。⑤基于规则：域内的值必须符合一定的规则才能够成为有效值，规则包括将关系或者组合中的值与计算值或其他属性值进行对比，如物品价格必须高于物品成本。

3.3.1.2　数据模型级别

1975 年，美国国家标准协会的标准规划与需求委员会发布了数据管理的外模式、概念模式、内模式三级模式。用户级对应外模式，概念级对应概念模式，物理级对应内模式，使不同级别的用户对数据库形成不同的视图，能有效地组织、管理数据，提高了数据库的逻辑独立性和物理独立性。视图是指观察、认识和理解数据的范围、角度和方法，是数据库在用户眼中的反映。

（1）概念数据模型　概念数据模型（Conceptual Data Model），简称概念模型，是面向数据库用户的现实世界的模型，主要用来描述世界的概念化结构。它使数据库的设计人员在设计的初始阶段摆脱计算机系统及 DBMS 的具体技术问题，集中精力分析数据以及数据之间的联系等，与具体的数据库管理系统（Database Management System，DBMS）无关。

概念数据模型最常用的表示方法是 P.P.S. Chen 于 1976 年提出的实体－联系方法（Entity Relationship Approach），这是一种语义表达能力强、易于理解的概念数据模型，简称 E-R 方法或 E-R 模型。E-R 模型用 E-R 图来抽象表示现实世界中客观事物及其联系的数据特征，图 3.17 便是一个销售管理系统 E-R 图的示例。

E-R 图的常用术语如下。

1）**实体（Entity）**：现实世界中客观存在并可以相互区别的事物称为实体，可以是具体的人、事、物，也可以是抽象的概念。实体概念的关键之处在于一个实体能够与另一个实体相互区别。

2）**属性（Attribute）**：实体通常具有若干个特征，每一个特征称为实体的一个属性。例如，一个学生实体有学号、姓名、性别、年龄、班级等属性。属性不能脱离实体，属性必须相对实体而存在，它表达了实体某个特定方面的特征。属性的名称称为属性名，同一类型的实体的属性一般采用相同的属性名。属性的具体取值称为属性值，用以刻画一个具体的实体，实体的属性值是数据库中存储的主要数据。

3）**键（Key）**：能唯一标识每个实体的属性或属性组，称为实体的键，简称键，有时也称为实体标识符、关键字、关键码、码，也就是主键。

4）**域（Relation）**：属性的可能取值范围称为属性的域。

5）**实体集（Entity Set）**：同一类型实体的集合称为实体集。例如，全体学生是一个实体集。在同一个实体集中，每个实体的属性名和属性的域是相同的，但部分属性的值却不相同。不同实体集可以相交。例如，某些在职教师在本校攻读博士学位，那就既有教师身份，也是学生身份，说明学生实体集和教师实体集是相交的。

6）**实体型（Entity Type）**：在数据模型中，型是指对某一类数据的结构和属性的说明，值是型的一个具体赋值。实体型也称实体类型，是指用实体名和属性名对某一类实体的抽象与刻画。如果属性是实体型的键，在属性名下用下画线标明。例如，学生（学号、姓名、性别、出生年月、班级、入学年月）就是一个实体型。实体型是实体集抽象化和结构化的结果，一个具体的实体是其实体型的实例，是其实体型的赋值。为了叙述的方便，在不引起混淆的情况下，有时把实体型简称为实体。

7）**联系（Relation）**：在现实世界中，事物内部以及事物之间通常存在一定的联系，这些联系在信息世界中反映为实体（型）内部各实体之间的联系和不同实体（型）之间的联系。联系也可能具有属性，用来描述其特征，例如顾客实体和商品实体之间存在"购买"联系，"购买"联系具有购买数量、购买日期等属性。

（2）**逻辑数据模型**　逻辑数据模型（Logic Data Model，LDM）是一种图形化的展现方式，一般采用面向对象的设计方法，有效组织来源多样的各种业务数据，使用统一的逻辑语言描述业务。借助相对抽象、逻辑统一且稳健的结构，实现数据仓库系统所要求的数据存储目标，支持大量的分析应用，是实现业务智能的重要基础，同时也是数据管理分析的工具和交流的有效手段。

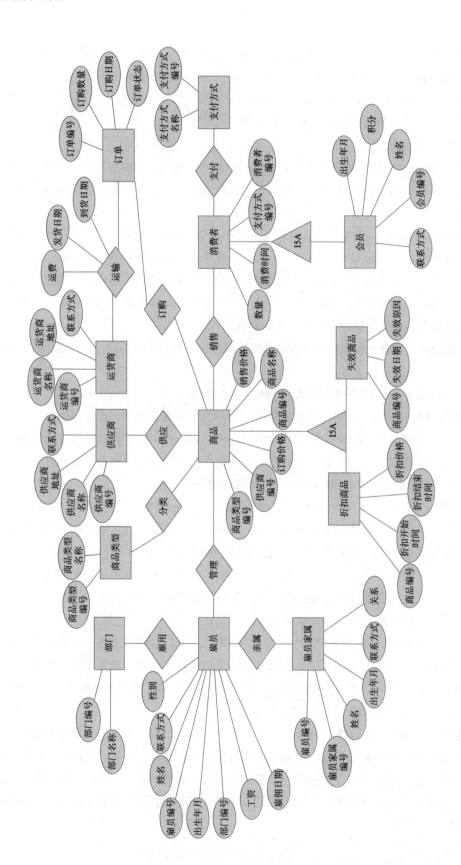

图3.17 E-R图示例

对于企业，逻辑数据模型就是企业基础数据的一部分，它是企业数据资产的全面的、准确的描述，是数据整合的核心或目的。数据整合就是将不同来源的数据整合到一个统一定义、统一形式的逻辑数据模型中。

1）**层次模型**：层次模型（Hierarchical Model）是最早出现的数据模型，它是采用层次数据结构来组织数据的数据模型。层次模型可以简单、直观地表示信息世界中实体、实体的属性以及实体之间的一对多联系。它使用记录类型来描述实体；使用字段来描述属性；使用节点之间的连线表示实体之间的联系。

满足以下两个条件的数据模型称为层次模型：①只有一个节点且没有双亲节点（双亲节点也称父节点），该节点称为根节点；②根节点以外的其他节点有且只有一个双亲节点。层次模型可以很自然地表示家族结构、行政组织结构等。

层次模型的三要素如下。①数据结构：使用记录类型表示实体，使用节点之间的连线表示一对多的联系。②数据操作：包括节点的查询和节点的更新（如插入、删除和修改）操作。③完整性约束：一个模型只有一个根节点；其他节点只能有一个双亲节点；节点之间是一对多的联系。

层次模型的优缺点如下。优点是结构简单、清晰，容易理解，节点之间联系简单，查询效率高。缺点主要有：①不能表示一个节点有多个双亲的情况；②不能直接表示多对多的联系，需要将多对多的联系分解成多个一对多的联系，常用的分解方法是冗余节点法和虚拟节点法；③插入、删除限制多；④必须要经过父节点，才能查询子节点，因为在层次模型中，没有一个子节点的记录值能够脱离父节点的记录值而独立存在。

2）**网状模型**：网状模型是满足以下两个条件的基本层次联系的集合。①允许有一个以上的节点无双亲节点。②一个节点可以有多于一个的双亲节点。实际上，层次模型是网状模型的一个特例。网状模型去掉了层次模型中的限制，允许多个节点没有双亲节点，允许节点有多个双亲节点，还允许节点之间存在多对多的联系。使用网状模型可以表示多对多的联系。例如，通过引入一个成绩的连接记录来表示学生和课程之间多对多的联系。网状模型中子节点与双亲节点的联系可以不唯一，但需要为每个联系进行命名，成绩节点有两个双亲节点：课程和学生。将课程与成绩的联系命名为"课程 – 成绩"，将学生与成绩的联系命名为"学生 – 成绩"。

网状模型的三要素如下。①数据结构：使用记录类型表示实体，使用字段来描述实体的属性，每个记录类型可包含若干个字段，使用节点之间的连线表示一对多的关系。②数据操作：包括节点的查询和节点的更新操作。③完整性约束：支持码的概念，用于唯一标识记录的数据项的集合；保证一个联系中双亲节点与子节点之间是一对多的联系；支持双亲记录和子女记录之间的某些约束条件，如只删除双亲节点等。

网状模型的优缺点如下。网状模型具有良好的性能，存取效率较高。相比层次模型，网状模型中节点之间的联系具有灵活性，能表示事物之间的复杂关系，更适合描述客观世界。网状模型虽然有效克服了层次模型不方便表达多对多联系的缺点，但因为结构复杂，实现网状数据库管理系统比较困难，并且其所提供的 DDL 语言复杂，不容易学习和掌握。此外，由于实体间的联系本质上是通过存取路径来表现的，因而，应用程序在访问数据时还需要指定存取路径。

3）**关系模型**：关系模型（Relational Model）在 1970 年由 IBM 公司的 E.F.Codd 首次提出。它可以描述一对一、一对多和多对多的联系，并向用户隐藏存取路径，大大提高了数据的独立性以及程序员的工作效率。此外，关系模型建立在严格的数学概念和数学理论基础之上，支持集合运算。关系模型由关系数据结构、关系操作和完整性约束三部分组成。在关系模型中，实体和实体之间的联系均由关系来表示。

关系模型是一种简单的二维表格结构，每个二维表称作一个关系，一个二维表的表头，即所有列的标题称为一个元组，每一列数据称为一个属性，列标题称为属性名。同一个关系中不允许出现重复元组和相同属性名的属性。

4）**面向对象模型**：面向对象模型是一种新兴的数据模型，也是最重要的模型。它采用面向对象的方法来设计数据库。面向对象的数据库存储对象是以对象为单位的，每个对象包含对象的属性和方法，具有类和继承等特点。在面向对象数据库的设计中，我们将客观世界中的实体抽象成对象。面向对象的方法中一个基本的信条是"任何东西都是对象"。对象可以定义为对一组信息及其操作的描述。对象之间的相互操作都得通过发送消息和执行消息完成，消息是对象之间的接口。严格地讲，在面向对象模型中，实体的任何属性都必须表示为相应对象中的一个变量和一对消息。变量用来保存属性值，一个消息用来读取属性值，另一个消息则用来更新这个值。

（3）**物理数据模型**　物理数据模型（Physical Data Model，PDM）提供系统初始设计所需要的基础元素及相关元素之间的关系，用于存储结构和访问机制的更高层描述，即描述了数据如何在计算机中存储，如何表达记录结构、记录顺序和访问路径等信息。使用物理数据模型，可以在系统层实现数据库。数据库的物理设计阶段必须在此基础上进行详细的后台设计，包括数据库的存储过程、操作、触发、视图和索引表等。

物理数据模型是概念数据模型和逻辑数据模型在计算机中的具体表示，描述了数据在物理存储介质上的具体组织结构，不但与具体的数据库管理系统相关，同时还与具体的操作系统以及硬件有关。但是很多工作都是由 DBMS 自动完成的，用户所要做的工作其实就是添加自己的索引等结构。

物理数据模型是在逻辑数据模型的基础上，综合考虑各种存储条件的限制，进行数据库的设计，从而真正实现数据在数据库中的存放。主要工作是根据逻辑数据模型中的实体、属性、联系转换成对应的物理数据模型中的元素，定义所有的表、列和外键，基于用户的需求可能进行范式化等以维持表之间的联系，在物理实现上的考虑，可能会导致物理数据模型和逻辑数据模型有较大的不同。

3.3.2 数据建模方法

常见的六种数据建模方法是关系建模、维度建模、面向对象建模、基于事实建模、基于时间建模和非关系型建模。每种建模方法都采用一些特定的表示法进行表达。

1. 关系建模

网状数据库和层次数据库已经很好地解决了数据的集中与共享问题，但是在数据独立性和抽象级别上仍有很大欠缺。用户在对这两种数据库进行存取时，仍然需要明确数据的存储结构，指出存取路径。而后来出现的关系型数据库较好地解决了这些问题。关系型数据库理论出现于 20 世纪 60 年代末到 70 年代初。关系数据模型提供了关系操作的特点和功能要求，但不对 DBMS 的语言给出具体的语法要求。对关系型数据库的操作是高度非过程化的，用户不需要指出特殊的存取路径，路径的选择由 DBMS 的优化机制来完成。

关系建模是数据仓库之父 Inmon 推崇的、从全企业的高度设计一个 3NF 模型的方法，以实体加关系的方式描述企业业务架构。在范式理论上符合 3NF，是站在企业角度面向主题的抽象，而不是针对某个具体业务流程的实体对象关系的抽象。它更多是面向数据的整合和一致性治理，正如 Inmon 所希望达到的 "single version of the truth"。

关系模型设计的目的是精确地表达业务数据，消除冗余。关系模型适合设计操作性的系统，因为这类系统需要快速输入信息并精确地存储信息。在关系建模中有几类不同的表示法可以用来表达实体间的关系，包括信息工程法、信息建模的集成定义 IDEF1X、巴克表示法和陈氏表示法。最常见的是信息工程法，使用三叉线来表示基数。

2. 维度建模

维度建模从分析决策的需求出发构建模型，所构建的数据模型为分析需求服务，因此它重点解决用户如何更快速完成分析需求，同时还有较好的大规模复杂查询的响应性能，更直接面向业务。虽然企业存储的数据量越来越大，但是数据展现要获得成功，就必须建立在简单性的基础之上，而维度建模就是考虑如何能够提供简单性，以业务为驱动，以用户理解性和查询性能为目标。

关系和维度数据模型都基于同样的业务过程，不同点在于关系代表的含义不同。在关系模型中，关系连线代表业务规则，在维度模型中，实体之间的连线表示用于说明业务问题的导航路径。维度模型分为事实表和维度表。

（1）**事实表** 事实表（Fact Table）用来记录具体事件，包含了每个事件的具体要素，以及具体发生的事情。事实表是主干，简明扼要地介绍一个事实。如图 3.18 所示，订单表是一个事实表，记录了顾客购买这一事件。销售人员、顾客、地址、商品、日期都是对订单表的描述，因此都是维度表。

1）**事实表的特征**：事实表的行填入具有可加性的数值，通常具有两个及其以上的外键，列数较少。

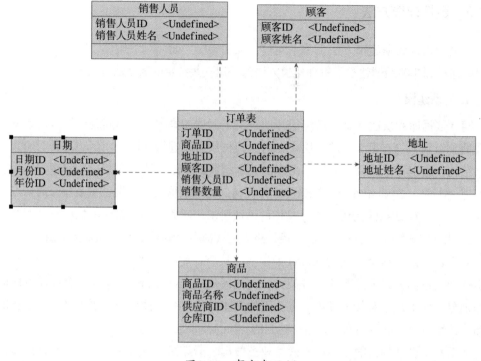

图3.18　事实表示例

2）事实表的分类如下。

事务型事实表：以每个事务或事件为单位，例如一个销售订单记录、一笔支付记录等，可以作为事实表里的一行数据。一旦事务被提交，事实表数据被插入，数据就不再进行更改，其更新方式为增量更新。

周期型事实表：表中不会保留所有数据，只保留固定时间间隔的数据，例如每天或者每月的销售额或每月的账户余额等；又如购物车，有加减商品，随时都有可能变化，但是我们更关心每天结束时这里面有多少商品，以便后期统计分析。

累计型事实表：用于跟踪业务事实的变化，例如，数据仓库中可能需要累积或存储从下单、打包、运输到签收的各阶段数据，来跟踪订单生命周期的进展情况。当这个业务过程进行时，事实表的记录也要不断更新。

无事实的事实表：以上讨论的事实表度量都是数字化的，但实际应用中可能会有少量的非数字化的值也很有价值。无事实的事实表就是为这种数据准备的，可以分析发生了什么。

聚集类事实表：聚集是对原子粒度的数据进行简单的聚合操作，目的就是提高查询性能。比如：需求是查询全国所有支行的理财总销售额，原子粒度的事实表中每行是每个支行每个商品的销售额，聚集类事实表中就可以先聚合每个支行的总销售额，这样汇总所有支行的销售额时计算的数据量就会小很多。

合并事实表：遵循相同粒度的原则，数据可以来自多个过程，但只要属于相同粒度，就可以合并为一个事实表。这类事实表特别适合经常需要共同分析的多过程度量。

（2）维度表　维度表（Dimension Table）一般是对事实的描述信息。每一张维度表对应现实世界中的一个对象或者概念，比如用户、商品、日期、地区等，是依赖事实表而存在的。没有事实表数据，维度表也就没有存在的意义。每个维度表都是对事实表中的每个列或字段进行展开描述，比如：事实表中的用户 ID，就可以进一步展开成一张维度表，记录该用户 ID 实体的用户名、联系信息、地址信息、年龄、性别和注册方式等。一般来说，对于数据仓库，事实表的增删改操作相比维度表更为频繁，模型建立后，维度表中的数据保持相对稳定。

维度表具有多个属性，列比较多。跟事实表相比，维度表的行数较少，内容相对固定，如城市行政编码表等。通过维度表组织的数据模型具有更高的查询效率。比如可以汇总地域维度上某个省的商品销售情况，也可以通过时间维度分析每个季度的某类商品销售趋势。将多个维度表跟事实表进行不同程度的连接，可以展开得到各种各样的分析结果，以满足商品运营等数据使用者的不同需求。

（3）模型分类　在建模的基础之上又分为常见的三种模型：星形模型、雪花模型、星座模型。

1）**星形模型**：星形模型是最常用的维度建模方式，通常由一个事实表和一组维度表组成，如图 3.19 所示。星形模型具有以下特点：①维度表只和事实表关联，维度表之间没有关联；②每个维度表的主键为单列，且该主键放置在事实表中，作为两边连接的逻辑外键；③以事实为核心，维度表围绕核心呈星形分布；④所有维度表的主键组成事实表的主键，使事实表形成一个宽表。宽表一般都是事实表，包含了维度关联的主键和一些度量信息，维度表则是事实表里面维度的具体信息。

2）**雪花模型**：当有一个或多个维度表没有直接连接到事实表上，而是通过其他维度表连接到事实表上时，其图解就像多个雪花连接在一起，故称为雪花模型。每个维度表可继续向外连接多个子维度表，如图 3.20 所示，订单是事实表，地址作为一维维度表，城市是二维维度表。

雪花模型是对星形模型的扩展。它对星形模型的维度表进一步层次化，原有的各维度表可能被扩展为小的事实表，形成一些局部的"层次"区域，这些被分解的表都连接到主维度表而不是事实表。星形模型中的维度表相对雪花模型来说要大，而且不满足规范化设计。雪花模型相当于将星形模型的大维度表拆分成小维度表，满足了规范化设计。

雪花模型和星形模型的区别在于维度的层级，标准的星形模型维度只有一层，而雪花模型涉及多层维度，然而这种模型在实际应用中很少见。雪花模型更加符合数据库范式，能减少数据冗余，但是在分析数据的时候，操作比较复杂，需要参与的表比较多，所以其性能并不一定比星形模型高。

3）**星座模型**：星座模型基于多个事实表，也是星形模型的扩展。星形模型和雪花模型都是多维度表，对应一个单事实表，但在很多时候维度空间内的事实表不止一个，而一个维度表也可能被多个事实表用到。

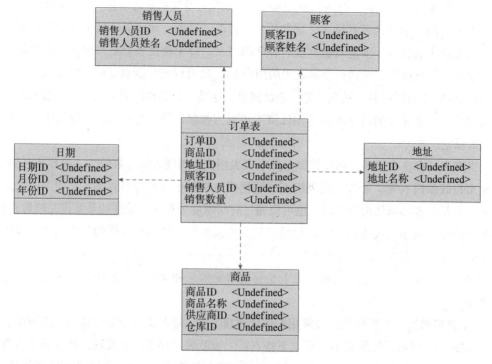

图3.19 星形模型示例

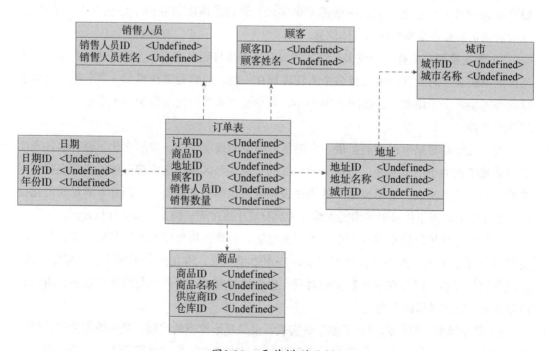

图3.20 雪花模型示例

（4）**维度建模的四个步骤** 维度建模一般可以分为以下四步。⊖

1）**选择业务过程**：选择业务过程是指根据需求和易扩展性等因素，在整个业务流程中选取需要建模的业务。

2）**声明粒度**：粒度是指事实表中的单行数据的含义或者描述，是每行都有的最详细信息，是数据仓库建模极其重要的概念。例如：对于用户（这个主题）来说，一个用户有一个身份证号、一个户籍地址、多个手机号、多张银行卡，那么与用户粒度相同的粒度属性有身份证粒度、户籍地址粒度，比用户粒度更细的粒度有手机号粒度、银行卡粒度，存在一对一的关系就是相同粒度。

因为维度建模要求在同一事实表中具有相同的粒度，同一事实表中不要混用多种不同的粒度，不同的粒度数据建立不同的事实表。从给定的业务过程获取数据时，强烈建议从关注原子粒度开始设计，也就是从最细粒度开始，因为原子粒度能够承受无法预期的用户查询。但是上卷汇总粒度对查询性能的提升很重要，因此对于有明确需求的数据，建立针对需求的上卷汇总粒度；对于需求不明朗的数据则建立原子粒度。

实际应用中，声明粒度意味着精确定义事实表的一行数据表示什么，比如，订单事实表中的一行数据表示一个订单中的一个商品项，支付事实表中的一行数据表示一条支付记录。粒度选择应尽可能小，从而满足各种各样的需求。

3）**确认维度**：维度表是业务分析的入口和描述性标识，维度表示了"谁，何处，何时"等信息。在一堆的数据中怎么确认哪些是维度属性呢？如果该列是对具体值的描述，是一个文本或常量，某一约束和行标识的参与者，此时该属性往往是维度属性。掌握事实表的粒度，就能将所有可能存在的维度区分开，并且要确保维度表中不能出现重复数据，应使维度主键唯一。

确定维度的原则是：后续需求中是否要分析相关维度的指标。例如，统计什么时间下的订单多、哪个地区下的订单多、哪个用户下的订单多，就需要确定时间维度、地区维度和用户维度。

4）**确认事实**：此处的"事实"指的是业务中的度量值，比如次数、个数、件数、金额，可以进行累加，如订单金额、下单次数等。事实表中的每行对应一个度量，每行中的数据是一个特定级别的细节数据，即粒度。维度建模的核心原则之一是同一事实表中的所有度量必须具有相同的粒度。这样能确保不会出现重复计算度量的问题。

至此，维度建模四个步骤已经完成，是必须按照顺序执行的。

3. 面向对象建模

20 世纪 90 年代以来，在关系型数据库基础上引入面向对象技术，从而使关系型数据库发展成为一种新型的面向对象的关系型数据库。面向对象的程序设计方法是目前程序设

⊖ KIMBALL R, ROSS M. 数据仓库工具箱：维度建模的完全指南：第 2 版［M］. 谭明金，译. 北京：电子工业出版社，2003.

计中主要的方法之一，简单、直观、自然，十分接近人类分析和处理问题的自然思维方式，又能有效地用来组织和管理不同类型的数据。

把面向对象的程序设计方法和数据库技术相结合，能够有效地支持新一代数据库应用。于是，面向对象的数据库系统研究领域应运而生，吸引了相当多的数据库工作者，取得了大量的研究成果，开发了很多面向对象的数据库管理系统，包括实验系统和产品。

面向对象方法把对象作为系统建模的基本单元。面向对象方法认为对象既可以是具体的物理实体，也可以是抽象的逻辑实体。每种对象都有各自的属性和行为或操作，不同的对象之间的相互作用和联系构成了各种不同的系统。面向对象方法的本质是从客观世界固有的事物出发来构造系统，通过识别对象，分析对象间的关系，反映问题域中固有的事物及其相互联系。

UML 是一种标准的图形化建模语言，它是面向对象分析与设计的一种标准表示，分为四个方面。①用例建模：通过用例图来描述用户需求。②静态建模：通过类图 / 对象图描述系统中的对象如何组成系统。③动态建模：描述系统的动态行为和控制结构，主要有顺序图、协作图、状态图、活动图。④实现模型：描述系统实现时的特性，即物理架构，包括组件图和部署图。

（1）UML 模型图的构成

1）**事物：UML 模型图中最基本的构成元素，是具有代表性的成分的抽象。**

①**构成事物：UML 模型图的静态部分，描述概念或物理元素。**

类：具有相同属性、相同操作、相同关系及相同语义的对象的描述。

接口：描述元素的外部可见行为，即服务集合的定义说明。

协作：描述一组事物间的相互作用的集合。

用例：代表一个系统或系统的一部分行为，是一组动作序列的集合。

构件：系统中物理存在，可替换的部件。

节点：运行时存在的物理元素。

②**行为事物：UML 模型图的动态部分，描述跨越空间和时间的行为。**

交互：实现某功能的一组构件事物之间的消息的集合，涉及消息、动作序列、链接。

状态机：描述事物或交互在生命周期内响应事件所经历的状态序列。

③**分组事物：UML 模型图的组织部分，描述事物的组织结构。**

包：把元素组织成组的机制。

④**注释事物：UML 模型图的解释部分，用来对模型中的元素进行说明、解释。**

注解：对元素进行约束或解释的简单符号。

2）关系：把事物紧密联系在一起。

依赖：是两个事物之间的语义关系，其中一个事物（独立事物）发生变化，会影响到另一个事物（依赖事物）的语义。

关联：是一种结构关系，指明一个事物的对象与另一个事物的对象间的联系。

泛化：是一种特殊/一般的关系，也可以看作常说的继承关系。

实现：是类元之间的语义关系，其中的一个类元指定了由另一个类元保证执行的契约。

3）图：事物和关系的可视化表示。

①用例图：用例图是从用户角度描述系统功能的模型图，用例是系统中的一个功能单元。如图3.21所示，在一个公司的销售系统中，客户能执行的操作是申请订单，销售员能执行的操作是记录订单请求、录入销售报价单、修改销售报价单、保存销售报价单、生成销售订单，销售主管能进行的操作是审核销售报价单和审核销售订单。

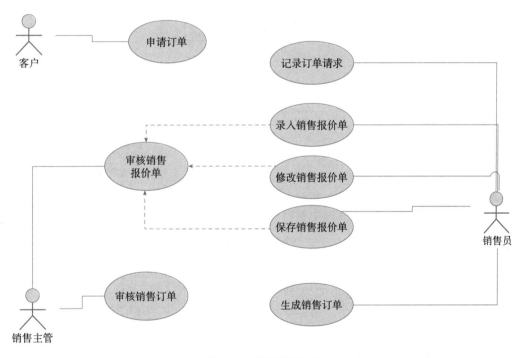

图3.21　用例图示例

②类图：类图描述系统中类的静态结构，不仅定义系统中的类，表示类之间的联系如关联、依赖、聚合等，还包括类的内部结构（类的属性和操作）。类图以类为中心，其他元素属于某个类或与类相关联。图3.22所示是一个销售系统的类图，显示了各个类及与其他类之间的关系。

③对象图：对象图是类图的实例，几乎使用与类图完全相同的标识。不同点在于对象图显示类的多个对象实例，而不是实际的类。

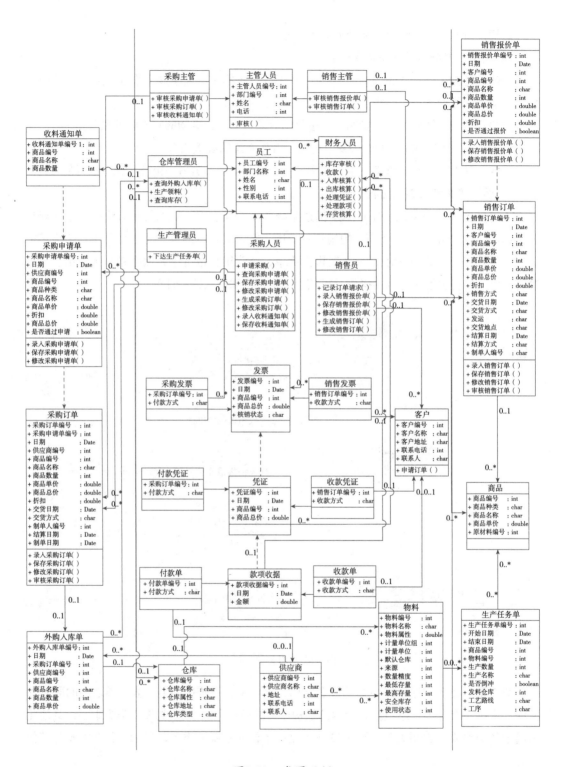

图3.22　类图示例

④**顺序图**：顺序图显示对象之间的动态合作关系，强调对象之间消息发送的顺序，同时显示对象之间的交互。顺序图的用途之一是表示用例中的行为顺序：当执行一个用例行为时，顺序图中的每条消息对应了一个类操作或引起状态转换的触发事件。图 3.23 所示是一个销售系统的类图，显示了客户下达订单后各个对象之间的交互顺序。

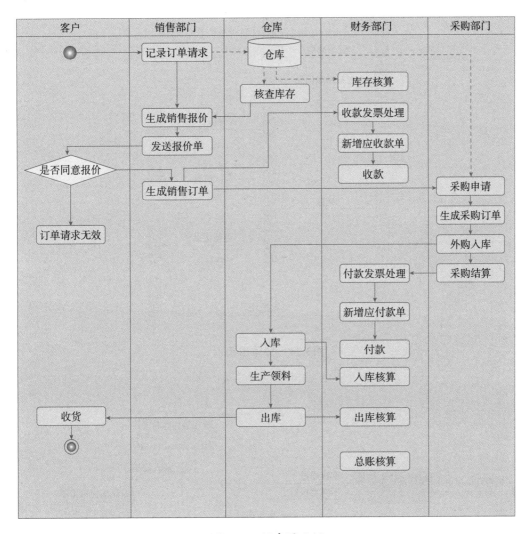

图3.23 顺序图示例

⑤**协作图**：协作图描述对象间的协作关系，跟顺序图相似，显示对象间的动态合作关系，用以表示一个类操作的实现。以管理员登录进行结账为例，协作图如图 3.24 所示。

⑥**状态图**：状态图是一个类对象可能经历的所有历程的模型图，由对象的各个状态和连接这些状态的转换组成。以销售系统为例，状态图如图 3.25 所示。

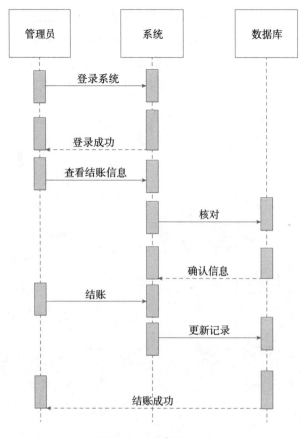

图3.24 协作图示例

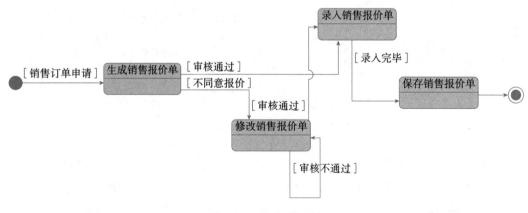

图3.25 状态图示例

⑦**活动图**：活动图是状态图的一个变体，描述执行算法的工作流程中涉及的活动，用于一组顺序的或并发的活动。以客户结账为例，活动图如图 3.26 所示。

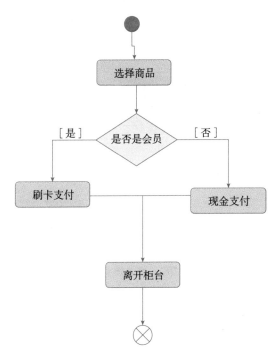

图3.26 活动图示例

⑧**构件图**：构件图描述系统的构件模型以及各构件之间的依赖关系，以便估计系统构件修改可能给系统带来的影响。图 3.27 所示是一个新闻管理系统的构件图示例。

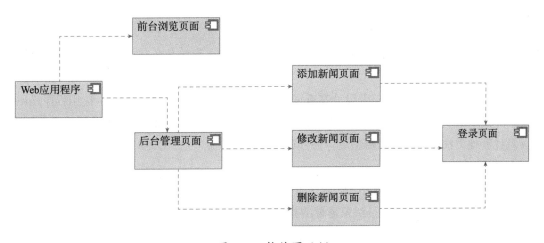

图3.27 构件图示例

⑨**部署图**：部署图描述位于节点实例上的运行构件实例的安排。节点是一组运行资源，如计算机、设备或存储器。图 3.28 所示是一个网络部署图示例。

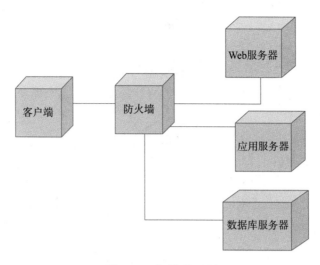

图3.28 部署图示例

（2）UML 模型图的分类

1）用例图：对系统提供功能的描述。

2）静态图：描述系统的静态结构，包括类图和对象图。

3）行为图：描述系统的动态行为和组成系统的对象间的交互关系，包括状态图和活动图。

4）交互图：描述对象间的交互关系，包括顺序图和协作图。

5）实现图：提供关于系统实现方面的信息，包括构件图和部署图。

4. 基于事实建模

Microsoft（微软）的 Terry Halpin 博士提出了 ORM（对象角色建模）来解决数据建模的问题。

在概念层上，ORM 是一种设计和查询数据库模型的方法。在这一层中，应用程序是用一些非技术用户也能理解的术语描述的。实际上，ORM 数据模型常常获取较多的商务规则，并且比其他方法创建的数据模型更容易验证和升级。简而言之，ORM 使得数据建模更加面向商务规则。

从传统意义上讲，ORM 不能代理 E-R 模型，也不能用于设计数据库。它是数据存储建模的推理模型，就像 UML 是对象建模的推理模型一样。ORM 可以用来把用户的具体思想概念化以形成一般的数据模型。例如，用户可以勾画一篇报表，而我们能根据报表的信息建立一般的数据模型。

（1）**对象角色建模的概念** ORM 提供了数据关系以及与此数据有关的商务规则的可视化表示方法。然而，它不仅包括图表模式，还包括结构化的事实语言，以及建立图表的过程。它用来满足符合目标应用程序的最终用户，通过指出要采用什么数据结构，提高了非结构化处理的效率。

（2）**对象角色建模的组成部分** ORM 有两种格式以及一个使它们起作用的处理过程。第一种格式以语言为基础。它允许我们用一种易懂的方法描述数据关系和商务规则。第二种格式是图表，用于形象地表示系统。

1）**一些基本事实**：举一个例子，假设我们正在看一个电话簿，能用完全的二元关系描述此数据。例如：此人名叫"Bil"，住在"123 大街"，电话号码是"555-1212"，"555-1212"的电话区号是"614"。这些数据的描述可以概括为事实，对于普通劳动者的电话簿来说，它实际上是 ORM 的基础：市民的姓名、市民的居住地址、市民的电话号码、电话号码的电话区号。

2）**事实的类型**：事实中的名词的数量称为事实的元数（Arity），与数据库中设计的约束有关。

3）**约束**：约束大部分用图表定义，也是语言的重要组成部分。

4）**图表**：用椭圆代表名词（对象），长方形代表动词（关系），那么就可以构建一个我们已确定事实的直观的表示图。

5. 基于时间建模

当数据必须按照时间顺序与特定时间值相关联时，需要用到基于时间的建模。

（1）**数据拱顶** 数据拱顶支持一个或多个业务功能领域，是面向细节、基于时间且唯一链接的规范化表。数据拱顶模型是一种混合方式，综合了第三范式和星形模型的优点，数据拱顶模型是专门为满足企业数据仓库的需求而设计的。数据拱顶模型有三种类型的实体：中心表、链接表和卫星表。数据拱顶模型设计的重点是业务的功能领域，中心表代表业务主键，链接表定义了中心表之间的事务集成，卫星表定义了中心表主键的语境信息。

（2）**锚建模** 锚建模适合信息的结构和内容都随时间发生变化的情况，提供用于概念建模的图形语言，能够拓展处理临时数据。锚建模有 4 个基本的建模概念：锚、属性、连接、节点。锚模拟的是实体和事件，属性模拟了锚的特征，连接表示了锚之间的关系，节点用来模拟共享的属性。

6. 非关系型建模

NoSQL 泛指非关系型的数据库，具有如下优点。

1）易扩展：NoSQL 数据库种类繁多，共同点在于数据之间无关系，架构上容易扩展。

2）大数据量、高性能：NoSQL 数据库都具有非常高的读写性能，尤其在大数据量下，同样表现优秀。这得益于它的无关系性，数据库的结构简单。

通常有 4 类 NoSQL 数据库：键值存储数据库、列存储数据库、文档型数据库、图形数据库。

（1）**键值存储数据库** 它使用简单的键值方法来存储数据。键值存储数据库将数据存储为键值对集合，其中键作为唯一标识符。键和值都可以是从简单对象到复杂复合对象的任何内容。键值存储数据库是高度可分区的，并且允许以其他类型的数据库无法实现的规模进行水平扩展。例如，在假日购物季，电子商务网站可能会在几秒钟内收到数十亿的订单。键值存储数据库可以处理大量数据扩展和极高的状态变化，同时通过分布式处理和存储为数百万并发用户提供服务。此外，键值存储数据库还具有内置冗余，可以处理丢失的存储节点。

（2）列存储数据库　列存储数据库是以列相关存储架构进行数据存储的数据库，主要适合于批量数据处理和即时查询。相对应的是行存储数据库，数据以行相关的存储体系架构进行空间分配，主要适合于小批量的数据处理，常用于联机事务型数据处理。列数据存储区也称为面向列的 DBMS 或列式数据库管理系统。列存储 DBMS 将数据存储在列而不是行中。关系型数据库管理系统（RDBMS）将行中的数据和数据属性存储为列标题。基于行的 DBMS 和基于列的 DBMS 都使用 SQL 作为查询语言，但是面向列的 DBMS 可能会提供更好的查询性能。

列存储数据库的主要优点包括更快的加载、搜索和聚合。列存储数据库具有可伸缩性，可以在几秒钟内读取数十亿条记录。列存储数据库在数据压缩和分区方面也比传统的行存储数据库更有效。一些流行的面向列的 DBMS 包括 Bigtable，Cassandra，HBase，Druid，Hypertable，MariaDB，Azure SQL Data warehouse，Google BigQuery，IBM Db2，MemSQL，SQL Server 和 SAP HANA。

（3）文档型数据库　文档型数据库区别于传统的其他数据库，用于管理文档。在传统的数据库中，信息被分割成离散的数据段，而在文档型数据库中，文档是处理信息的基本单位。文档可以很长、很复杂，可以无结构，与字处理文档类似。一个文档相当于关系型数据库中的一条记录。

文档导向的数据库是键值存储数据库的子类，这是继承于 NoSQL 数据库的另一概念。它们的差别在于处理数据的方式：在键值存储数据库中，数据对数据库不透明；而面向文档的数据库系统依赖于文件的内部结构，它获取元数据以用于数据库引擎进行更深层次的优化。虽然这一差别由于系统工具而不甚明显，但在设计概念上，这种文档存储方式利用了现代程序技术来提供更丰富的体验。

文档型数据库与传统的关系型数据库差异显著。关系型数据库通常将数据存储在相互独立的表格中，这些表格由程序开发者定义，单独一个对象可以散布在若干表格中。对于数据库中某单一实例的一个给定对象，文档型数据库存储其所有信息，并且每一个被存储的对象可与任一其他对象不同。这使得将对象映射入数据库简单化，通常会消除任何类似于对象关系映射的事物。这也使得文档型数据库对网络应用有较大价值，因为后者的数据处在不断变化中，而且对于后者来说，部署速度是一个重要的问题。

文档型数据库也不同于关系型数据库，关系型数据库是高度结构化的，而 Notes 的文档型数据库允许创建许多不同类型的非结构化的或任意格式的字段，与关系型数据库的不同主要在于，它不提供对参数完整性和分布事务的支持，但和关系型数据库也不是相互排斥的，它们之间可以相互交换数据，从而相互补充、扩展。

（4）图形数据库 图形数据库是以点、边为基础存储单元，以高效存储、查询图数据为设计原理的数据管理系统。图概念对于图形数据库的理解至关重要。图是一组点和边的集合，"点"表示实体，"边"表示实体间的关系。在图形数据库中，数据间的关系和数据本身同样重要，它们被作为数据的一部分存储起来。这样的架构使图形数据库能够快速响应复杂关联查询，因为实体间的关系已经提前存储到了数据库中。图形数据库可以直观地可视化关系，是存储、查询、分析高度互联数据的最优办法。

在设计关系型数据库时需要进行严格的数据规范化，将数据分成不同的表并删除其中的重复数据。这种规范化保证了数据的强一致性并支持 ACID 事务，但可能会影响跨表关联查询的效率，虽然可以通过将存在不同表中的不同属性进行关联从而实行复杂查询，但是开销是非常大的。

与关系型数据库相比，图形数据库把关系也映射到数据结构中，对于关联度高的数据集查询更快，尤其适合那些面向对象的应用程序。同时图形数据库可以更自然地扩展到大数据应用场景，因为图形数据库 Schema 更加灵活，所以更加适合管理临时或不断变化的数据。

关系型数据库对大量的数据元素进行相同的操作时通常更快，因为这是在其自然的数据结构中操作数据。图形数据库在很多方面比关系型数据库更具有优势，而且变得越来越流行。

3.3.3 数据建模活动

1. 规划数据建模

在数据模型设计工作开始之前，首先要制订一个合理的工作计划。规划数据建模工作主要包括评估组织需求、确定建模标准、明确数据模型存储管理等任务。规划数据建模工作交付成果包括以下四个方面的内容。

（1）图表 一个数据模型包含若干图表，图表是一种以精确的方式表示需求的形式。需求可以描述不同详细程度的层级（如概念、逻辑或物理模型）、采用的数据模型（关系、维度、对象、基于事实的、基于时间的或 NoSQL），以及实例中采用的表示方法（如信息工程、统一建模语言、对象角色建模等）。

（2）定义 实体、属性和关系的定义对于维护数据模型的精度至关重要。

（3）争议和悬而未决的问题 数据建模过程中经常出现可能无法解决的一些争议和问题，负责解决这些争议或回答这些问题的人员或团队也通常位于数据建模团队之外。因此，通常数据建模工作交付的文档应包含当前的议题和未解决的问题。例如对于一个学生模型而言，比较突出的问题可能是：如果一个学生离开学校后又返回，那么这种情况是为他分配新的学号，还是保留原来的学号？

（4）血缘关系 对于物理模型来说，了解数据血缘关系是非常重要的。血缘关系是指数据从哪里来，经过什么样的加工，变成什么样的结构的脉络关系。一般而言，血缘关系会以来源目标映射的形式呈现，这样就可以了解到源系统的属性以及它们如何被迁移至目标系统。血缘关系还可以在同一建模过程中追踪数据模型层级。例如，从概念模型到逻辑模型。血缘关系之所以在数据建模过程中很重要，有以下两个原因：一是有助于数据建模从人员深入理解数据需求，准确定位属性来源；二是确定属性在源系统中的情况，这是验证模型和映射关系准确性的有效工具。

2. 建立数据模型

（1）**概念数据模型建模**　创建概念数据模型涉及以下步骤。

1）选择模型类型：从关系、维度、基于事实或 NoSQL 的建模方法中选择一种来进行建模。

2）选择表示方法：一旦选定了建模的模式类型，接下来就应该考虑采用何种建模表示方法。例如，信息工程开发或对象角色建模，选择语言通常取决于组织内的标准情况和人员的习惯等。

3）完成初始概念模型：主要目的是获取用户的观点。

4）收集组织中最高级的概念：主要包括时间、地点、用户 / 会员、商品 / 服务和交易。

5）收集这些概念的相关活动：关系可以是双向的，也可以设计多个概念。

6）合并企业术语：一旦数据建模人员获取了某些用户的观点，接下来就需要确保这些观点与企业的术语和定义相一致。例如，如果概念数据模型有一个名为"客户"的实体，并且企业术语中也存在相同概念的名词如"顾客"，就需要合并企业术语。

7）获取签署：初始模型完成后，确保对模型进行最佳实践以及需求满足程度的评审。通常采用电子邮件方式发送给大家，只要看起来是准确的就足够了。

（2）**逻辑数据模型建模**　逻辑数据模型补充了概念数据模型的需求细节。

1）**分析信息需求**。为确认信息需求，需要在若干业务流程中确认业务信息需求。业务流程所要消费的信息可定义为输入，而其他业务流程的输出可定义为信息产品。这些信息产品的名称往往可以确定一个必需的业务词汇，而数据建模以此为依据。不管是流程还是数据都是以顺序或并行的方式进行的，有效的分析和设计能够在流程与数据建模中确保数据和流程的相对平衡。

需求分析包括业务需求的引导、组织、记录、评审、完善、批准和变更控制。某些需求可以用于确定数据和信息的业务需求，可同时使用文字和图形来表述需求说明。逻辑数据建模是表达业务数据需求的重要手段。对于很多人来说，喜欢图形表达方式，正如老话所说的："图片胜于千言万语"。但是也有一些人不喜欢图形表达，而更喜欢数据建模工具所创建的表格和报表。

很多组织都有规范的管理要求，用于指代需求说明书的起草和完善，如"系统应该……"。书面的数据需求说明书使用需求管理工具来维护。任何此类文档的内容收集规范都应该与数据模型捕获的需求同步，以便于进行影响分析，这样就能回答"我的数据模型的哪些部分代表或实现了哪个需求"或者"为什么这个实体在这里"。

2）**分析现有文档**。分析现有与建模有关的档案（包括已设计的数据模型和数据库）对建模工作而言是一个很好的开始。即使现有的数据模型文件已过时，或与实际生产系统存在较大差异，有价值的部分也会对新模型的设计提供很大帮助。但需要注意的是，在参考已有模型文件中的内容进行新模型设计时，务必向相关专家确认每个细节的准确性和时效性，以确保新模型设计的准确性。在设计逻辑数据模型时，应考虑企业已有的数据模型，并在合适的情况下使用或将其映射到新的模型中。此外，还有一些有用的数据建模模式，如一种标准的角色概念建模方法。

3）**添加关联实体**。关联实体从关系中设计的实体获取标识属性，并将它们放入一个新的实体中，用于描述多对多关系。该实体只描述实体之间的关系，并允许添加属性来描述这种关系，如有效日期和到期日期。关联实体可以有两个以上的父实体，也可能成为图形数据库中的节点。在维度建模中，关联实体通常被称为事实表。

4）**添加属性**。将属性添加到概念实体中，逻辑数据模型中的属性具有原子性，它应该包含一个且只有一个数据（事实），不能被再次拆分。例如，一个名为"电话号码"的概念分为几个逻辑属性，分别是电话类型代码（家庭、办公室、传真、手机等）、国家代码、区号、前缀、基本电话号码和分机等。

5）**指定域**。域的作用是保证模型属性中格式和数值集的一致性。例如，学生学费金额和教师薪水金额都可以为其分配金额域，这是一个标准的货币域。

6）**指定键**。分配给实体的属性可以是键属性，也可以是非键属性。键属性有助于从所有实体实例中识别出唯一的实体实例，可以是单独一个属性构成的键，也可以是与其他元素组合的部分键。非键属性能描述实体实例，但无法唯一标识该实例。另外，还需要识别主键和备用键。

（3）**物理数据模型建模**　逻辑数据模型需要经过修改形成物理数据模型，目的是保证最终设计在存储应用程序中运行良好。

1）**解决抽象逻辑**。逻辑抽象实体（超类型和子类型）通过子类型吸收或超类型分区，在物理数据库设计中成为独立对象。①子类型吸收是指子类型实体属性作为可空列，包含在标识超类型实体的表中；②超类型分区是指超类型实体的属性包含在为每个子类型创建的单独表中。

2）**添加属性细节**。向物理模型添加详细信息，如每个表和列、文档和字段、模式和元素的技术名称。定义每个列或字段的物理域、物理数据类型和长度。为列或字段添加适当的约束，尤其是对于"NOT NULL"的约束。

3）**添加参考数据对象**。逻辑数据模型中参考数据的集合可以通过以下三种常见方式在物理模型中实现：①创建匹配的单独代码表，根据模型的不同，这些代码表数量也不一样；②创建主共享代码表，对于拥有大量代码表的模型，可以将所有的代码表合并到一张表中，但这意味着更改一个引用列表将对整个表产生影响，同时应避免代码值的冲突；③将规则或有效代码嵌入相应对象的定义中，为对象嵌入的规则或列表代码创建约束，对于仅用作其他对象引用的代码列表，这可能是一个很好的解决方案。

4）**指定代理键**。给业务分配不可见的唯一键值，与它们匹配的数据没有任何意义或者关系。这是一个可选步骤，主要取决于自然键是否足够大或是符合值，以及其属性是否分配了可能随时间变化的值。

如果将代理键指定为表的主键，要确保原始主键上有备用键。例如，如果在逻辑数据模型上，学生表的主键是由学生姓名、学生姓氏和学生出生日期组成的复合键，则在物理数据模型上，学生的主键可以是代理键学生编号。在这种情况下，应该在学生姓名、学生姓氏和学生出生日期的原始主键上定义备用键。

5）**逆规范化**。在某些情况下，逆规范化或添加冗余可以极大地提高性能，远超过了重复存储和复制处理的成本。维度模型主要采用逆规范化的手段。

6）**建立索引**。索引用于提高数据库查询（数据检索）的性能。数据库管理员或数据库开发人员必须为数据表选择和定义适当的索引。主要的 DBMS 产品支持多类型的索引。索引可以是唯一或非唯一的、集群或非集群的、分区的或非分区的、单列或多列、B 树、位图、散列等多种类型。如果没有适当的索引，DBMS 将读取表中的每一行以检索数据。对于大表来说，这将会耗费很多成本。要尝试在大表上构建索引，使用最频繁的引用列（特别是键，包括主键、备用键和外键）来实现最经常运行的查询。

7）**分区**。必须充分考虑整个数据模型的分区策略，尤其是当事实包含许多可选维度键时。在理想情况下，建议在日期键上进行分区；如果无法做到这一点，则需要根据分析结果和工作负载进行研究，以提出并改进后续分区模型。

8）**创建视图**。视图可用于控制对某些数据元素的访问，也可用于嵌入公共连接条件或过滤器，以实现常见对象或查询的标准化。视图本身应该是需求驱动的。在许多情况下，需要对照逻辑数据模型和物理数据模型的开发流程来创建视图。

3. 审核数据模型

和 IT 的其他领域一样，需要通过持续改进实践来控制模型质量，例如价值实现实践、支持成本和数据模型质量验证器等技术都可用于评估模型的正确性、完整性和一致性。一旦完成概念数据建模、逻辑数据建模和物理数据建模，这些模型就成为任何需要理解模型的角色的非常有用的工具。

4. 维护数据模型

数据模型需要保持最新的状态。需求或业务流程发生变化时，都需要对数据模型进行更新。通常来说，在一个特定项目中，模型级别需要更改时，也意味着相应的更高级别的模型需要更改。例如，物理数据模型需要添加新的一列，往往需要将该列作为属性添加到对应的逻辑数据模型中。在结束开发迭代时，一个好的习惯是对最新的物理数据模型进行逆向工程，并确保它与相应的逻辑数据模型保持一致。许多数据建模工具可以自动比较物理模型与逻辑模型的差异。

3.4 数据感知

对于感知的定义是客观事件通过感觉器官在人脑中的直接反映。而所谓数据感知，就是通过数据的一些特征信息来对数据进行描述。通过数据感知技术，我们可以自动地感知规则，并为每组数据推荐最适合的规则，从而简化人员的工作量，提高效率。另外，通过数据感知技术，还可以找到数据库中其他类似的类型的数据，进行数据关联，弥补一些认知上的缺陷。数据感知只是数据质量管理中的一个很小的环节，这种自动化技术的效率更高，也节省了人工成本。

企业的数据来源多种多样，我们把企业的数据根据来源的不同分为三类，分别是在企业业务中产生的应用程序数据、基于物理实体的模拟信号数据和来源于企业外部的外部数据。企业的数据采集方式主要经历了人工采集和自动采集两个阶段，随着数据量的增加，企业采用多种数据感知技术采集数据。

3.4.1 应用程序数据感知

业务数据是指企业在日常业务运营的过程当中产生与积累的数据。在日常生活中，我们使用各类 APP、Web 端、应用小程序等都会留下浏览信息，用户在网页上进行操作就留下了用户行为数据。这类数据对企业了解业务运营状况、了解用户行为、指导企业发展来说有非常大的价值。应用程序中的数据一般是结构化的数据，获取应用程序数据的方法有以下几种。

1. 埋点

埋点是一种常用的数据采集方法，是收集并记录用户行为数据的过程。通过埋点收集用户行为的有效信息，用作统计页面加载和事件行为的数据支撑，比如访问量、点击率、跳出率等，同时埋点为数据运营提供基础，为未来的业务发展提供有力支持。埋点的技术实质是监听软件应用运行过程中的事件，对需要关注的事件进行判断和捕获。企业各个部门根据自己的业务数据需求选择埋点的方式，主要有以下几类。

（1）代码埋点 代码埋点需要在开发代码中增加埋点代码。业务人员根据自己的统计需求选择需要埋点的区域和埋点的方式，形成详细的埋点方案，由技术人员手动将这些代码添加在想要获取的数据统计点上。代码埋点可以采集详细的数据，也可以按照需求准确埋点，不受前端界面样式的影响，但需要开发人员添加代码，受开发进度影响较大。

（2）可视化埋点 可视化埋点是指在可视化界面，点击具体位置做埋点配置。其优点是开发人员可以按照需求直接配置埋点，无须每次添加代码。缺点是受界面影响比较大，如果界面变化则需要重新设置，并且不能设置属性，无法采集业务相关数据。

（3）全埋点　全埋点自动监测用户所有行为，将 APP 或应用程序的操作尽可能多地采集下来。全埋点的优点是开发人员只需集成 SDK，支持先上报数据，后进行埋点；缺点是上报数据量大，并且不能设置属性，无法采集业务相关数据。

2. 日志数据采集

日志数据是对 IT 系统的过程性事件的记录。每一条日志数据都包含 4W（Who、When、Where、What）内容。通过查看日志数据，你可以了解到具体哪个用户、在具体什么时间、在哪台设备上或者什么应用系统中、做了什么具体的操作。日志数据的来源主要有服务器、存储设备、网络设备、操作系统、数据库、中间件、业务系统等。日志数据可以分为硬件设备状态日志和应用系统日志两大类。硬件设备状态日志包括服务器的 CPU 或内存、存储设备、磁盘等的状态数据。应用系统日志包括 Windows、Linux、UNIX 操作系统的日志数据，Oracle、DB2、SQL Server、MySQL 等数据库的日志数据，Apache、Weblogic、Tomcat 等中间件的日志数据，还有比如银行网银、财务等业务系统的日志数据。

如果按照日志格式分类的话，可以分为下面 4 种类型。①文本类日志数据：比如把日志数据记录到 TXT 文本中，这类日志数据可以直接打开浏览。②系统类日志数据：所有操作的日志数据是记录在系统中的，一般也可以用 TXT 文本方式导出来保存。③ SNMP 类日志数据：SNMP 是简单网络管理协议，主要是解决网络设备与网管软件之间通信的协议。因为网络设备即 SNMP 代理会将设备状态发送给网管软件即 SNMP 管理，所以日志分析厂商可以通过网管软件直接获取 SNMP 类日志数据。④数据库类日志数据：以 Oracle 数据库为例，Oracle 数据库由数据库文件、控制文件和日志文件构成，日志文件在 Oracle 数据库中分为重做日志文件和归档日志文件两种。其中，重做日志文件是 Oracle 数据库正常运行不可缺少的文件，记录了数据库的操作过程，用于备份和还原。这类关系型数据库的日志数据，可以通过 ODBC 开放数据库互联 API 来读取。

3. 网络爬虫

网络爬虫是按照一定规则，自抓取万维网信息的程序或脚本。网络爬虫是一个自动提取网页的程序，为搜索引擎从万维网上下载网页，是搜索引擎的重要组成部分。传统爬虫从一个或若干个初始网页的 URL 开始，获得初始网页上的 URL，在抓取网页的过程中，不断从当前页面上抽取新的 URL 放入队列，直到满足系统的一定停止条件。聚焦爬虫的工作流程较为复杂，需要根据一定的网页分析算法过滤与主题无关的链接，保留有用的链接并将其放入等待抓取的 URL 队列。然后，它将根据一定的搜索策略从队列中选择下一步要抓取的网页 URL，并重复上述过程，直到达到系统的某一条件时停止。另外，所有被爬虫抓取的网页将会被系统存储，进行一定的分析、过滤，并建立索引，以便之后的查询和检索。对于聚焦爬虫来说，这一过程所得到的分析结果还可能对以后的抓取过程给出反馈和指导。

3.4.2 模拟信号数据感知

模拟信号数据以监测值的方式被机械化地生产出来，数据采集将物理世界的对象映射到数字世界中，就需要采用自动采集技术，基于当前的技术水平和数据采集方式，有以下的模拟数据采集应用场景。

1. 条形码和二维码

条形码（Barcode）是将宽度不等的多个黑条和空白，按照一定的编码规则排列，用以表达一组信息的图形标识符。常见的条形码是由反射率相差很大的黑条（简称条）和白条（简称空）排成的平行线图案。条形码是由一组规则的条空及对应字符组成的符号，可以标出物品的生产国、制造厂家、商品名称、生产日期、图书分类号、邮件起止地点、类别、日期等许多信息，在商品流通、图书管理、邮政管理、银行系统等许多领域都得到了广泛的应用。条形码自动识别系统由条形码标签、条形码生成设备、条形码识读器和计算机组成。

条形码技术（Bar Code Technology，BCT）是在计算机的应用实践中产生和发展起来的一种自动识别技术，为实现信息自动扫描而设计，是实现快速、准确而可靠地采集数据的有效手段。条形码技术的核心内容是通过利用光电扫描设备识读这些条形码符号来实现机器的自动识别，并快速、准确地把数据录入计算机进行数据处理，从而达到自动管理的目的。条形码技术的应用解决了数据录入和数据采集的瓶颈问题，为物流管理提供了有利的技术支持。

二维码又称二维条码，是用某种特定的几何图形按一定规律在平面（二维方向上）分布的、黑白相间的、记录数据符号信息的图形，比传统的条形码能存储更多的信息，也能表示更多的数据类型。代码编制上巧妙地利用构成计算机内部逻辑基础的"0""1"比特流的概念，使用若干个与二进制相对应的几何形体来表示文字数值信息，通过图像输入设备或光电扫描设备自动识读以实现信息自动处理。常见的二维码为 QR Code（Quick Response Code），是一个近几年来用于移动设备上的一种编码方式。二维码具有条形码技术的一些共性：每种码制有其特定的字符集，每个字符占有一定的宽度，具有一定的校验功能等。同时还具有对不同行的信息自动识别功能及处理图形旋转变化等特点。

2. 磁卡

磁卡是一种卡片状的磁性记录介质，利用磁性载体记录字符与数字信息，用来标识身份或其他用途。磁卡从本质上讲和计算机用的磁带或磁盘是一样的，可以用来记载字母、字符及数字信息。磁卡以一定的速度通过装有线圈的工作磁头，利用外部磁力线切割线圈，在线圈中产生感应电动势，从而传输了被记录的信号。磁卡上面的剩余磁感应强度在磁卡工作过程中起着决定性的作用，此外也要求在磁卡工作中被记录信号有较宽的频率响应、较小的失真和较高的输出电平。

磁卡的优点是成本低，这是它容易推广的原因，但缺点也比较明显，例如磁卡的保密性和安全性较差，使用磁卡的应用系统需要有可靠的计算机系统和中央数据库的支持。

3. 射频识别技术（RFID）

无线射频识别即射频识别技术（Radio Frequency Identification，RFID）是自动识别技术的一种，通过无线射频方式进行非接触双向数据通信，利用无线射频方式对记录媒体（电子标签或射频卡）进行读写，从而达到识别目标和交换数据的目的。RFID 技术的基本工作原理并不复杂：标签进入阅读器后，接收阅读器发出的射频信号，凭借感应电流所获得的能量发送出存储在芯片中的产品信息，或者由标签主动发送某一频率的信号，阅读器读取信息并解码后，送至中央信息系统进行有关数据处理。

基于特别业务场景的需求，在 RFID 的基础上发展出了近场通信（Near Field Communication，NFC）。NFC 和 RFID 的本质没有区别，在应用上的区别如下：① NFC 的距离小于 10cm，所以具有很高的安全性，而 RFID 的距离从几米到几十米都有；② NFC 仅限于 13.56MHz 的频段，与现有非接触智能卡技术兼容，所以很多的厂商和相关团体都支持 NFC，而 RFID 标准较多，难以统一，只能在特殊行业有特殊需求的情况下，采用相应的技术标准；③ RFID 更多地被应用在生产、物流、跟踪、资产管理上，而 NFC 则在门禁、公交、手机支付等领域发挥着巨大的作用。

4. 光学字符识别（OCR）和智能字符识别（ICR）

光学字符识别（Optical Character Recognition，OCR）是指电子设备（例如扫描仪或数码相机）检查纸上打印的字符，通过检测暗、亮的模式来确定其形状，然后用字符识别方法将形状翻译成计算机文字的过程。一个 OCR 识别系统从影像到结果输出，须经过影像输入、影像预处理、文字特征抽取、比对识别，最后经人工校正将认错的文字加以修改，将结果输出。

智能字符识别（ICR）是一种先进的光学字符识别（OCR）或更确切地说是手写识别系统，该系统允许计算机在处理过程中学习字体和不同样式的笔迹，以提高准确性和识别水平。大多数智能字符识别软件都有一个称为神经网络的自学习系统，会自动为新的手写模式更新识别数据库。从打印字符识别（OCR 的功能）到手写体识别，它扩展了扫描设备在文档处理方面的实用性。它还植入了计算机深度学习的人工智能技术，采用语义推理和语义分析，根据字符上下文语句信息并结合语义知识库，对未识别部分的字符进行信息补全，解决了 OCR 的技术缺陷。

5. 图像数据采集

图像数据采集是指利用计算机对图像进行采集、处理、分析和理解，以识别不同模式的目标和对象的技术，是深度学习算法的一种实践应用。

6. 音频数据采集

语音识别技术也被称为自动语音识别（Automatic Speech Recognition，ASR），其目标是将人类的语音中的词汇内容转换为计算机可读的输入，例如按键、二进制编码或者字符序列。与说话人识别及说话人确认不同，后者尝试识别或确认发出语音的说话人而非其中所包含的词汇内容。语音识别技术属于人工智能方向的一个重要分支，涉及许多学科，如信号处理、计算机科学、语言学、声学、生理学、心理学等，是人机自然交互技术中的关键环节。语音识别较语音合成而言，技术上要复杂，但应用却更加广泛。语音识别 ASR 的最大优势在于使得人机用户界面更加自然和容易使用。

采集的声音作为音频文件存储。音频文件是指通过声音录入设备录制的声音，直接记录了真实声音的二进制采样数据，是互联网多媒体中一种重要的文件。音频获取途径包括下载音频、麦克风录制、MP3 录音、录制计算机的声音、从 CD 中获取的音频等。

7. 视频数据采集

视频是动态的数据，内容随时间而变化，声音与运动图像同步，通常视频信息体积较大，集成了影像、声音、文本等多种信息。视频获取的方式包括网络下载、从 VCD 或 DVD 中捕获、从录像带中采集、利用摄像机拍摄、购买视频素材、屏幕录制。

8. 传感器数据采集

传感器是一种检测装置，能感受到被测量的信息，并能将感受到的信息按一定规律变换成为电信号或其他所需形式的信息输出，以满足信息的传输、处理、存储、显示、记录和控制等要求，是实现自动检测和自动控制的首要环节。传感器的特点有微型化、数字化、智能化、多功能化、系统化、网络化。传感器让物体有了触觉、味觉和嗅觉等感官，让物体慢慢活了起来。

传感器数据的主要特点是多元、实时、时序化、海量、高噪声、异构、价值密度低等，数据通信和处理难度较大。

9. 工业设备数据采集

工业设备数据是对工业机器设备产生的数据的统称，工业设备和系统能够采集、存储、加工、传输数据。工业企业采集完工业设备数据并存储于各企业的服务器中，各企业利用各自的服务器实现工业设备的设备数据的管理。在机器中有很多特定功能的元器件，这些元器件接收工业设备和系统的命令或上报数据。工业设备目前应用在很多行业，有联网设备，也有未联网设备。

工业设备数据采集应用广泛，例如可编程逻辑控制器、现场监控、数控设备故障诊断与监测、专用设备等大型工控设备的远程监控等。

3.4.3　外部数据感知

外部数据主要是指在企业以外产生的、与企业密切相关的各种信息。企业可以通过以下渠道获取这些数据。

1）数据公司：专门收集、整合和分析各类客户数据。它们往往与政府以及拥有大量数据的行业机构有良好的合作关系，能够为企业营销提供大量的客户数据列表。

2）直复营销组织：美国直复营销协会（ADMA）的营销专家将直复营销定义为"一种为了在任何地点产生可量度的反应或达成交易而使用一种或多种广告媒体的互相作用的市场营销体系"。它是个性化需求的产物，是传播个性化产品/服务的最佳渠道。常见的直复营销形式主要有直接邮寄营销、目标营销、电话营销、直接反应电视营销、直接反应印刷媒介、直接反应广播、网络营销。这些直复营销方式可以单一运用，也可以结合运用。只要有合适的价格和目的，许多直复营销组织愿意分享他们的客户数据列表。

3）零售商：一些大型的零售公司会有大量的客户会员数据。

4）信用卡公司：信用卡公司保存有大量高质量的客户交易历史数据。

5）信用调查公司：专门从事客户信用调查的公司往往愿意出售客户数据。

6）专业调查公司：许多专注于调查特定行业产品/服务的公司积累了大量的客户数据。

7）消费者研究公司：这类组织往往有大量客户行为方面的分析数据。

8）相关服务行业：通过与拥有大量客户数据的相关服务行业的企业合作，相互共享客户数据。这类机构包括通信公司、航空公司、金融机构、旅行社等。

9）杂志和报纸：杂志和报纸也会有大量的客户订阅信息与调查数据。

10）政府机构：政府行政机关和研究机构也会有大量的客户数据，例如，人口普查数据、户政数据、纳税信息、社会保障信息等。

◎ 本章思考题：

某医院是一家以中医为主、中西医结合、中等规模的三级甲等医院。该医院有开放床位450张，年门诊量25万左右人次。由于该医院是一所建于20世纪50年代的老医院，几十年延续下来的陈旧管理思想和僵化的管理模式已经远远不能满足病人的需求及适应时代的发展。在管理中主要存在以下一些难题。

①手工模式下的门诊管理收费，病人需要先拿着医生的处方单排队划价，然后到收费处排队交钱，再凭发票到门诊药房排队取药，这中间病人排队时间长，收费人员容易出错的环节多。②医院在对药品的管理中存在一定的问题：其一，药品的盘点工作时间过长；其二，药品库存难以及时掌握；其三，由于药品调价频繁，新的价格不能及时执行。③手工模式下的住院管理中，病人病历号会产生一人多号或者跳号的现象，造成病案统计的混乱；记账时，要由护士到住院药房取药后，再到住院处记账，不能做到及时、准确；病人住院期间的各项检查及治疗费用由医务人员传送到住院处，中间环节多，费时费力；病人账户余额不足不能及时掌握，易出现欠费等现象。

长久以来，落后的管理手段已经成为困扰该医院的一个迫切需要解决的问题。为了满足该医院的管理要求，提高该医院的工作效率，改进医疗质量，该医院建立起了自己的医院信息管理系统。系统包括门诊、住院、药库、财务、总务、器械六大模块。医院的组织结构如图3.29所示。

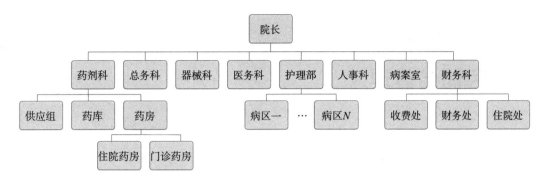

图3.29 章后思考题图例

根据该医院的实际情况，我们的主要任务是实现以经济信息管理为中心，对医院的收入、支出准确管理，包括药库管理系统、门诊管理系统、住院管理系统、财务管理系统、总务管理系统、器械管理系统。下面涉及门诊管理系统的内容。

药剂科包括供应组、药库（库房和会计组）和各药房（门诊药房和住院药房）。各门诊药房（草药房、成药房、西药房）的工作人员根据药品的销售情况，填写用药计划单，根据计划单到会计组查看现在账面上是否有药。如果有，再填写出库单，然后凭借出库单到库房领药。门诊药房的工作人员为病人的处方划价。然后病人持该处方到收费窗口交钱，再到门诊药房核实后取药。门诊药房的工作人员每天工作结束后，要同收费人员对账；每月月底要将本月的销售额统计出来，报到会计组，再由她们整理后交财务科；每个季度对药房库存进行一次盘点。

下面请作答问题：

1. 请根据病人挂号到门诊会计结算的整个业务流程，画出门诊管理系统的业务流程图。

2. 请画出整个业务流程中有关药品数据在药库、门诊两部分之间的流动变化的数据流程图。

3. 整个挂号看诊的过程中有哪些业务对象？

4. 根据要解决的业务问题选择合适的数据建模方法，建立门诊管理系统的概念数据模型，画出实体关系图。

5. 门诊管理系统数据架构的建立为医院解决了哪些问题？

第4章

数据存储与管理

■ **章前案例**[⊖]:

　　环境管理信息系统已经积累了一定数量的环境数据，但数据往往分散地存储在多个信息系统中，存在数据孤岛现象；在物联网技术的发展下，资源环境大数据的类型不再仅仅局限于传统的结构化形式，更多的是以文本、项目报告等半结构化与非结构化的形式来呈现；多种数据来源的存储没有统一的技术规范，存储同一种数据的格式不尽相同，存在大量的异构化数据。数据湖是一种能够保存数据原始格式的新型存储架构，它将所有结构化和非结构化数据存储在一个集中式存储库中，支持分布式地存储海量的结构化数据、半结构化数据和非结构化数据。开展环境大数据挖掘分析研究需要数据驱动，一方面数据所占用的存储空间与日俱增，另一方面对查询速度和响应时间有更高要求，因此提出了一种基于数据湖分析的数据存储模型，将数据湖应用于环境大数据。

　　环境数据来源多样、类型复杂、结构多种，包括空气质量数据、水质数据、人口位置数据等，归纳总结见表4.1。

　　针对环境大数据多源异构的特点和数据孤岛问题，在对环境数据组成进行数据源分析的基础上，提出环境数据存储的数据管理架构，如图4.1所示。

　　具体分为以下三层。①资源管理层：数据湖分析原生支持csv、json等文件格式，也支持关联MySQL、PostgreSQL等关系型数据库，针对多源异构的环境数据，在资源管理层采用Python脚本等方式完成数据处理，使环境数据流入数据湖。②存储层：使用对象存储技术支持多种数据格式的存储，采用Avro、Parquet等为大数据优化的数据格式缩短数据查询时间和节约存储空间，应用分区存储策略将开放存储服务（Open Storage Service，OSS）存储层数据与数据湖建立映射。③分析层：数据湖采用读时模式，已建立好挖掘关联关系的数据回流到数据库等结构化或关系型存储，同时支持Flink等计算模型

　　⊖ 李硕，卢华明.基于数据湖的环境大数据存储模型［J］.北京信息科技大学学报：自然科学版，2021，36（6）：81-86.

直接访问存储层。

表4.1 环境数据分析总结

数据类型	数据格式	原始存储格式	数据操作特点
空气质量数据	半结构化	文件	实时增量
水质数据	半结构化	文件	实时增量
人口位置数据	半结构化	文件	实时增量
污染源普查	半结构化	文件	定时批量
联合国贸易统计数据库	半结构化	API	定时批量
Open Street Map	结构化	数据库	定时批量
POI 数据	结构化	数据库	定时批量

数据流入数据湖的过程如图 4.2 所示，在资源管理层实现环境数据从其他数据源到数据湖的迁移。根据环境数据源分析，数据按照其操作特点可划分为实时增量和定时批量。对于实时增量数据，利用函数计算的触发器，基于事件驱动进行触发。以人口位置数据为例，触发器监测到更新的数据，每 15min 自动触发执行 1 次，完成数据获取。对于定时批量更新的数据，数据更新上传的频率一般较低，往往数月完成 1 次更新上传，采用的数据迁移工具有 DataX 和 OSSutil。DataX 是阿里开源的一款数据同步工具，支持 OSS 等多种数据源，作为中间传输载体负责连接各种数据源。OSSutil 是 OSS 迁移工具，用于关联和建立 OSS 的连接，将存放原始数据的服务器连接公网，配置服务器本地数据源为源数据，将数据文件定时批量迁移至 OSS 存储。结构化数据包括数据库数据源和 csv 文件两类。利用数据湖分析可以加载 SQL Server、MySQL、Postgre SQL 等关系型数据库写入 OSS，可以将查询结果或更改通过数据回流的方式写回数据库。对于非结构化数据，所研究的主要有两大类，分别是 Excel

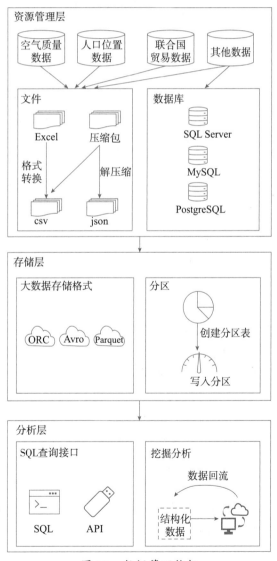

图4.1 数据管理构架

电子表格数据和 zip 压缩包，电子表格需转换成 csv 格式，二进制格式的压缩包需完成解压，上述操作使用 Python 程序完成自动处理。

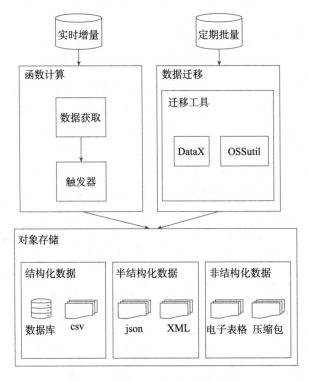

图4.2　数据流入数据湖的过程

在查询分析层通过调用灵活的数据分析接口，为环境数据挖掘提供存储和分析支撑，即数据流出数据湖。传统大数据平台采用写时模式的数据处理方式，必须经过提取、转换、加载等步骤。采用数据湖分析存储的数据时，由于可以按原样存储，可以采取更为灵活的处理方式。不同于传统数据仓库的写时模式策略，数据湖分析原生支持读时模式策略，无须将其转换为预先定义的数据结构。在 Sawadogo P. 所总结的模型基础上，为了将异构数据转换成可管理的数据，通过读时模式和写时模式策略，增加了数据流出数据湖，支持将原始数据通过数据模型，加工成特定结构化、规整化的形态进行存储处理。

基于集中式数据存储的 OSS 构建环境数据存储层，环境数据以本源格式保存，包括结构化的 csv、半结构化的 json 等格式。首先采用读时模式，在使用数据时定义环境数据的模型结构，提高数据模型定义的灵活性，满足多样性、可变性的数据分析诉求。传统的写时模式有稳定的存储和处理能力，但难以应对大量数据快速产生且数据类型不同的情况，不适合大数据存储，而数据湖分析能完整存储大量异构数据，支持灵活的读时模式策略，可以将数据转换成需要使用分析的类型。读时模式和写时模式相辅相成，利用数据湖分析结合 OSS 在环境大数据探索初期采用读时模式进行数据挖掘，在环境数据建立挖掘关联关系后形成有价值的信息，通过数据回流写入结构化数据存储。同时，Flink 等计算引擎也支持直接访问 OSS 进行运算分析。

案例思考题：

1. 相比较数据库，为什么本案例使用了数据湖？

2. 请简略描述上述案例中数据湖内的数据流转过程。

4.1 数据存储基本理论

从结绳记事、仓颉造字到磁带及硬盘等现代磁光电存储技术，人类文明的发展与存储技术密切相关。随着科学技术的进步，数据存储方式不断迭代创新。中国科学院院士、天津大学元英进教授带领团队一直致力于下一代存储技术——DNA 存储。

"据国际数据公司估计，到 2025 年全球数据总量将达到惊人的 175ZB（1ZB ≈ 10^{21} 字节）。全世界都在建数据中心，数据中心的能耗是惊人的。DNA 存储由于其高存储密度与低能耗处理等特点，被视为一种极具潜力的存储技术，成为应对数据存储增长挑战的新机遇。"元英进院士介绍说。该团队合成生物学团队创新 DNA 存储算法，将十幅精选敦煌壁画存入 DNA 中，通过加速老化实验验证壁画信息在实验室常温下可保存千年，在 9.4℃ 下可保存两万年。该算法支持 DNA 分子成为世界上最可靠的数据存储介质之一，可以让面临老化破损危机的人类文化遗产信息保存千年万年。[⊖]

随着信息化时代的到来，各种数据信息急剧增长，尤其是来自搜索、社交网络等领域的数据，在以一种前所未有的速度占据着我们的存储设备，数据的存储和管理成为把握时代发展方向的重要问题。

4.1.1 数据存储定义

数据存储就是根据不同的应用环境通过采取合理、安全、有效的方式将数据保存到某些介质上并能保证有效的访问，总的来讲可以包含两个方面的含义：一方面是数据临时或长期驻留的物理媒介；另一方面是保证数据完整安全存放的方式或行为。数据存储就是把这两个方面结合起来，向用户提供一套数据存放解决方案。[⊖]

4.1.2 数据存储方式

1. 在线存储

在线存储又称工作级的存储，存储设备和所存储的数据时刻保持"在线"状态，是可随意读取的，可满足计算平台对数据访问的速度要求。如个人计算机中常用的磁盘基本上

⊖ SONG L, GENG F, GONG Z Y, et al. Robust data storage in DNA by de Bruijn graph-based de novo strand assembly [J]. Nat Commun, 2022, 13（1）: 5361.

⊖ 王希瑶. 数据存储的浅析 [J]. 电脑学习, 2010（6）: 118-119.

都是采用这种存储形式的。

2. 离线存储

离线存储用于对在线存储的数据进行备份，以防范可能发生的数据灾难。离线海量存储的典型产品就是磁带或磁带库，价格相对低廉。离线存储介质上的数据在读写时是顺序进行的。当需要读取数据时，先把带子卷到头，再进行定位。当需要对已写入的数据进行修改时，所有的数据都需要进行改写。因此，离线海量存储的访问速度慢、效率低。

3. 近线存储

近线存储是指将并不是经常用到或访问量不大的数据存放在性能较低的存储设备上，对这些设备的要求是传输率高。近线存储对性能要求相对来说并不高，但由于不常用的数据要占总数据量的大多数，这也就意味着近线存储设备首先要保证的是容量。

4.1.3 数据存储的发展

数据存储总体上可以分为文件存储阶段、关系型数据库阶段、非关系型数据库阶段、内存数据库阶段、分布式数据库阶段。[⊖]

1. 文件存储阶段

计算机发展初期，所有的信息都存储在文件中。那时需要存储的信息相对较少，但是如果将大量数据存储在一个文件中，就会造成文件查询、插入和删除缓慢等问题，因为所有操作都是针对整个文件的。

2. 关系型数据库阶段

关系型数据库一般按行进行存储，且每行数据都是结构化的。

关系型数据库比普通文件的数据访问速度快，主要是因为数据分块、数据结构化和顺序索引。常见的关系型数据库包括：Oracle、MySQL、IBM 的 db2、SQL Server、SQLite、h2 等。为了提高关系型数据库的处理效率，常见于给其增加缓存，即将部分数据读到内存中，加快处理时效性。其根本原因就是内存读取速度比磁盘快。

3. 非关系型数据库阶段

关系型数据库为了维护一致性所付出的巨大代价就是其读写性能比较差[⊖]，而像微博、Facebook 这类 SNS 的应用，对并发读写能力要求极高，关系型数据库已经无法应付，因此，必须用一种新的数据存储结构来代替关系型数据库。关系型数据库的另一个特点就是表结构的存储结构，因此其扩展性极差，而在 SNS 中，系统的升级、功能的增加，往往意

⊖ zhongweill622. 数据存储的各个发展阶段［EB/OL］.（2020-03-02）［2022-11-23］. blog.csdn.net/zhongweill622/article/details/104603145.

⊖ Kejiayuan. 非关系型数据库［EB/OL］.（2022-11-02）［2022-11-23］. blog.csdn.net/kejiayuan0806/article/details/123689349.

味着数据结构变动巨大，这一点关系型数据库也难以应付，需要新的结构化数据存储。

于是，非关系型数据库应运而生，NoSQL 指"Not Only SQL"，也被解释为"non-relational"，泛指非关系型数据库。区别于关系型数据库，它们不保证关系型数据的 ACID 特性。非关系型数据库的特性有：使用键值对存储数据；一般不支持 ACID 特性；非关系型数据库严格来讲并不是一种数据库，应该是一种数据结构化存储方法的集合。非关系型数据库能够直接操作数据，无须经过 SQL 层的解析，读写性能很高；数据没有耦合性，容易扩展。

4. 内存数据库阶段

内存数据库即数据只存储到内存中。从存储的位置就可以看出，内存数据库肯定比数据存储到磁盘的关系型数据库快。此外，数据库存储量会受内存大小的限制，内存存储空间一般要比磁盘小很多，因此内存数据库主要存储高频使用的数据。

常见的纯内存数据库有 memcache 和 redis，都是以 key-value 形式存储。memcache 比 redis 出现得早，只支持 string 类型的 value，而 redis 能支持五种数据类型，且是单线程的，处理速度更快，所以 redis 更受广大开发者欢迎。内存数据库因为其存储空间的局限性且价格相对昂贵，无法作为主要的存储数据库。

5. 分布式数据库阶段

分布式系统的核心理念是让多台服务器协同工作，完成单台服务器无法处理的任务，尤其是高并发或者大数据量的任务。分布式数据库是数据库技术与网络技术相结合的产物，它通过网络技术将物理上分开的数据库连接在一起，进行逻辑层面上的集中管理。

国内主要的分布式数据库有：开源的 MySQL、腾讯的 TDSQL（在 MySQL 5.6 版本上做的封装）、华为的 GaussDB（高斯数据库，在 PostgreSQL 9.2 上封装）、阿里的 Oceanbase。

4.2　数据湖

各个行业产生的数据量日益增加，如何处理这些海量数据成为行业领头人必须掌握的问题。很多机构采用了数据仓库，但是随着行业的发展，更多行业机构开始使用"数据湖"来进行数据集的储备和处理。对于数据湖，需要研究的是如何进行数据处理以及怎样从中获取巨大的数据价值。那么，首先就要了解关于数据湖的基本理论知识。

4.2.1　数据湖定义

数据湖（Data Lake）的概念首次于 2010 年被 James Dixon 在其博客帖子 ⊖ 中提及。他把

⊖　陈永南，许桂明，张新建 . 一种基于数据湖的大数据处理机制研究［J］. 计算机与数字工程，2019，47（10）：2540-2545.

数据集比喻为瓶装水，经过清洗、包装和构造化处理后便于饮用，与之相反，数据湖则管理从各类数据源引接汇聚来的原生态数据。[⊖]

数据湖是一个数据存储库，将来自于多个数据源的数据以它们原生态的方式进行存储。数据湖提供从异构数据源中提取数据和元数据的功能，并能将它们吸纳汇聚到混合存储系统中去。数据湖提供数据转换引擎，支持数据集转换、清洗以及与其他数据集的集成，并提供用于检索和查询数据湖数据和元数据的接口[⊜]。

数据湖的主要思想是将不同类型、不同领域的原始数据进行统一的存储，包括结构化数据、半结构化数据和二进制数据，形成一个容纳所有形式的数据的集中式数据存储集[⊜]。这个数据存储集具备庞大的数据存储规模，能实现多元化的数据信息交叉分析。例如，太行数据湖科技文化产业园的城市数据湖集海量存储、云计算、大数据分析、人工智能应用等于一身，具备"海量、绿色、生态和安全"的特色。太行数据湖科技文化产业园的建设有利于区域传统产业转型，推动信息技术与传统产业融合，利用城市转型升级、功能提升带来的巨大市场需求，推动经济发展从要素驱动向创新驱动转变，同时改变地方政府传统的决策方式，充分运用大数据来建立有效的科学决策机制，提高政策决策的精准性、科学性和预见性，加强城市信息系统的统筹力度，通过云服务等新技术应用，整合资源，创造价值，为城市信息系统间的共享协作提供有力支撑[⊗]。

数据湖的特点是存储空间海量化、存储格式兼容化、数据类型多样化、数据处理高速化、数据价值增值化[⊕]：

1）存储空间海量化：在大数据时代，数据量呈指数级增长，传统数据库的架构难以适应数据量疯长的情况，存储空间有限。因此，需要一个新的可以满足海量存储需求的"容器"来作为大数据的支撑。数据湖就是那个可以存储海量数据的庞大"容器"。它汇聚吸收各个数据源流，容纳散落在各处的数据，存储空间巨大。

2）存储格式兼容化：从功能角度分析，数据湖技术面向多数据源和所有数据种类，可以快速地存储、录入和计算大量来源不同、格式迥异的原始数据，包括文本、图片、声音、网页等各种无序的非结构化数据，把不同种类的数据汇集到一起，对数据进行管理并在数据之间建立链接，具有很强的兼容性。

3）数据类型多样化：数据湖中存储的数据凌乱纷繁，包含多种类型，具有多样化的特点。从数据特征角度分析，如果把每一种数据看成是一种颜色，那么数据湖就相当于一个汇集多种色彩的调色盘，就像把不同的色彩融合在一起会形成新的色彩一样，不同种类的

⊖ 刘子龙. 数据湖：现代化的数据存储方式［J］. 电子测试，2019（18）：61-62.

⊜ SONG L, GENG F, GONG Z Y, et al. Robust data storage in DNA by de Bruijn graph-based de novo strand assembly［J］. Nat Commun, 2022, 13（1）：5361.

⊜ 刘子龙. 数据湖：现代化的数据存储方式［J］. 电子测试，2019（18）：61-62.

⊗ 太行数据湖. 太行数据湖党支部走进红旗渠红色教育基地参观学习［EB/OL］.（2020-08-08）［2022-11-23］. mp.weixin.qq.com/s/dA1Z68keJAtitGaW_OfGpw.

⊕ 李曼寻. 数据湖技术在档案信息资源共建中的应用［J］. 山西档案，2018（2）：18-21.

数据通过智能化集成等方式结合在一起，可能会产生新的甚至高于原始数据的价值。

4）数据处理高速化：数据湖技术能将各数据池中的原始数据快速转化为可以直接提取、分析、使用的标准格式，统一、优化数据结构并对数据进行分类存储，根据用户需要从数据池中对数据进行快速的挖掘、查询、选择和处理，并实时传递给用户，同时对数据的使用量和使用频率等因素进行实时、精准的计算，分析用户的信息需求，为数据的收集、摄取、管理和开放提供参考。

5）数据价值增值化：数据湖中的原始数据根据类别被提取到不同的数据池中，在数据池中被标准化后，再根据其在未来被提取利用可能性的大小，决定该数据存储的最终位置，并在它们之间建立起一定的联系，使用概率较小的数据被存储在文档数据池中并重新被标准化。用户可以从数据池中大量挖掘、提取数据，分析数据间的关联并用于特定需求。这种数据处理模式既可以令高使用率的数据充分发挥价值甚至实现增值，也能使那些长期不被挖掘的低价值数据焕发新的活力，重新被利用并创造出新的价值。

数据湖和数据仓库都是进行数据存储的平台，对比见表4.2。从定义上看，数据仓库是一个面向主题的、集成的、相对稳定的、反映历史变化的数据集合，用于支持管理决策。数据湖是一个数据存储的平台，不需要定义数据，能够自由存储不同类型的数据。

表4.2 数据湖与数据仓库的对比

特点	数据湖	数据仓库
数据（存储）结构	结构化、非结构化、半结构化	结构化
数据存储模式	读取模式	写入模式
成本	存储成本较低，后续数据处理维护成本昂贵	成本昂贵
灵活性	更灵活、配置可调、高拓展性	高度结构化的存储库、耗时、固定配置、难扩展
用户	高级用户，数据科学家等	操作用户，企业商用
数据加载过程	需要某种数据时，才进行 ELT 过程	同步更新 ELT 中可能相互依赖的数据源
实时性	较高	较低
安全性	较低	较高

数据（存储）结构：数据湖允许所有数据被插入，无论其性质和来源如何，存储所有数据，并且仅在分析时再进行转换。因此数据湖包含结构化数据、半结构化数据以及非结构化数据。数据仓库在加载数据之前，会对数据进行清理与转换，因此主要包含来自操作系统的结构化数据。

数据存储模式：数据湖与数据仓库最大的区别在于数据采集阶段的两种模式，即读取模式和写入模式。数据湖是在准备使用数据的时候定义数据，即读取模式。因此，数据湖提高了数据模型的定义灵活性，更能满足不同业务的需求，更适应业务高速发展的状况。数据仓库是写入模式，即在数据写入之前就要定义好模式，根据业务的访问方式确定一个预定的提取、转换和加载方案，从预期的信息开始，按照既定的模式，在操作系统中找到适当的数据，完成数据的导入。

成本：数据湖是一种利用低成本技术来捕捉、提炼、储存和探索大规模的长期的原始数据的方法与技术。数据仓库属于重量级构建，时间成本高、投资规模大。

灵活性：数据湖不存在结构问题，可在需要时进行配置和重置，更为灵活方便。数据仓库是一种高度结构化的数据库，根据不同的相关业务流程（数据模型）来改变数据结构非常耗时，灵活性差。

用户：数据湖定位是提供原料数据而不是成品数据，重点解决数据供给侧的问题。数据湖的用户往往是高级用户，他们是非常了解计算机技术的使用者，如分析家、数据科学家或开发人员，并且能够使用丰富的集成工具利用数据并结合预测分析过程来建立预测模型。数据仓库的用户往往是操作用户，如业务分析师，因为数据是结构化和易于使用的，数据仓库适合企业中大数据产品开发人员和业务用户。

数据加载过程：数据湖以几乎原始的状态加载数据，并迅速迭代使用，当需要使用这种数据时，才进行格式和结构处理，即提取、加载和转换（ELT）过程。数据仓库中的异构源数据集需要经过提取、转换、加载过程。在加载数据时的转换期间，数据需要结构化以及聚合处理。

实时性：在数据湖中可以实时摄取数据流并对数据做出反应，因此应用程序可以直接与之互动，数据湖中的数据是在没有任何转换的情况下被摄取的，这就避免了从数据源中提取数据的时间滞后，使得数据湖更加灵活，并能够提供实时的数据。而数据仓库则需要同步更新处于 ELT 过程中可能相互依赖的数据源。

安全性：数据湖接受任何没有监督和治理的数据，安全性相对较低。在数据仓库中存储数据需要定义架构，进行清理和规范化数据，安全性相对较高。

4.2.2 入湖数据类型

数据湖里能找到各种类型的数据，可以分为三类：模拟信号数据、应用程序数据、非结构化文本数据。

1. 模拟信号数据

模拟信号数据通常由机器或一些其他的自动设备产生，即使没有接入互联网，也可以产生数据。模拟信号数据通常是对一些物理指标的简单监测，是巨量并且反复的。例如工业系统中的生产活动。一个组件被生产出来，会触发创建模拟信号数据记录的活动。这样的记录一般都是机械化的，不需要人为输入或是额外处理。电子设备捕获到该活动后，会记录关于这个组件的初始数据。除此之外，元过程还提供了捕获过程中的数据，包括记录责任人、记录日期、记录地点、记录设备和其他附属信息等。

　　模拟信号数据的来源有很多，如图 4.3 所示，可以是电子眼、制造业的控制设备、日志磁带、周期性计量监测等。模拟信号数据通常是以"英寸（in）"或"毫秒（ms）"为单位测量的数据。例如，一些产品会被排成一列，每隔 n in 抓拍一张快照，或者是产品每隔 n ms 测量或生产一次。

图4.3　模拟信号数据的来源

2. 应用程序数据

　　应用程序数据由应用程序或业务处理产生，并发送到数据湖。在数据湖中，应用程序数据的典型类型包括销售数据、支付数据、银行支票数据、生产流程控制数据、出货数据、合同履行数据、库存管理数据、计费数据、账单支付数据、结账数据等。当发生任何与业务相关的事项时，这个事项会被应用程序所监测并创建数据。例如银行的经济业务使用了支票，产生的数据即为应用程序数据，包括支票使用时间、支票金额、支票户头等。

3. 非结构化文本数据

　　文本数据通常会与一个应用程序相关联，但和应用程序数据却有着极大的不同。应用程序数据是以一致的记录格式保存记录，在文本格式中的数据却并不会依赖于任何形式。文本数据被称作"非结构化数据"，因为文本可以以任何形式出现，例如企业中的公司合约、电子邮件、保险申诉、销售简报等。

　　为了使文本数据能够被用于分析，必须对文本进行处理。只要文本还维持其初始形式，那么基于文本所做的分析只能浮于表面。为了让文本能够被有效地分析，非结构化文本必须要经过一种被称为"上下文语义分析"的处理。

4.2.3　数据湖体系结构

　　数据湖体系结构所涉及的概念框架、功能需求、组成要素、信息关系等方面的深入研究仍在持续进行中，至今尚无完全成熟且得到广泛认可和应用的统一结构。

　　从功能构架角度，可以将数据湖分为四个基本区域 ⊖：原始数据区、加工区、访问区、

　　⊖　RAVAT F, ZHAO Y. Data lakes: Trendsand perspectives［C］//30th International Conference on Database and Expert Systems Applications(Linz), 2019：304-313.

管辖区，如图 4.4 所示。①原始数据区：所有类型的数据都是在不进行处理的情况下以其本机格式摄取和存储的。摄取可以是批处理、实时或混合。该区域允许用户找到用于分析的原始数据版本，以便于后续处理。②加工区：在此区域中，用户可以根据自己的需求转换数据，并存储所有中间数据。数据处理包括批处理和实时处理。该区域允许用户分析处理数据（选择、投影、连接、聚合等）。③访问区：存储用于数据分析的所有可用数据并提供数据访问。该区域允许使用自助服务数据进行不同的分析（报告、统计分析、商业智能分析、机器学习算法）。④管辖区：数据治理应用于所有其他区域。它负责确保数据安全、数据质量、数据生命周期、数据访问和元数据管理。

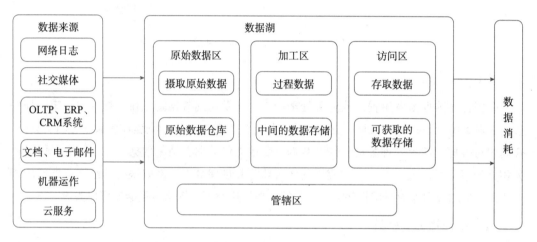

图4.4　数据湖示意图

　　从数据流转和业务处理两个维度提出由六个模块组成的数据湖架构，即：数据采集模块、数据湖存储模块、数据分析/消费模块、数据基础设施模块、数据应用软件模块以及数据治理模块，如图 4.5 所示。⊖

　　在行业大数据应用方面，将数据湖体系结构分为数据摄取层、数据存储层、数据转换层和交互应用层，如图 4.6 所示。数据摄取层提供异构数据源的数据导入功能。数据存储层的核心组件是元数据存储库和原生态数据存储库。数据转换层提供数据转换引擎，通过数据清洗、转换、整合等方式，可以将数据湖中的原生态数据转化为预定义的数据结构。交互应用层聚焦用户与数据湖的互操作，用户将通过元数据来查询他们可以访问的数据类别。⊜

⊖　陈氢，张治.融合多源异构数据治理的数据湖架构研究［J］.情报杂志；2022，41（5）：139-145.

⊜　陈永南，许桂明，张新建.一种基于数据湖的大数据处理机制研究［J］.计算机与数字工程，2019，47（10）：2540-2545.

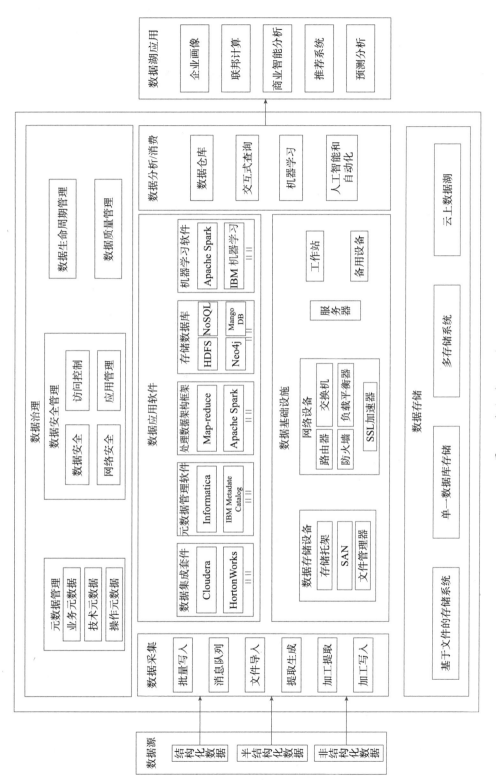

图4.5 数据湖处理机制

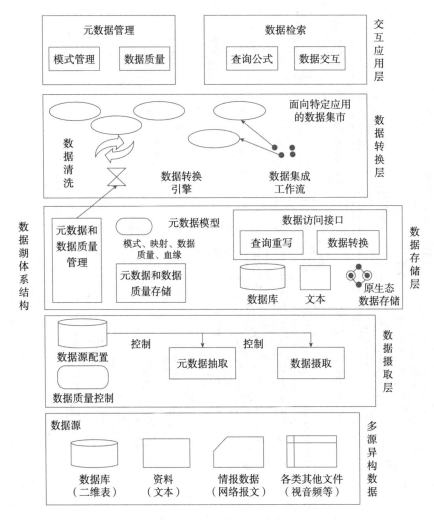

图4.6　数据湖体系结构

以上内容对于数据湖体系架构的描述存在很大的共性。总的来说，数据湖的体系架构大致包括以下几个部分：①数据获取，获取所需原始数据；②数据存储，将不同类型的原始数据存储到相应数据库；③数据处理，根据业务需求对数据进行分析，得到中间数据；④数据应用，用户得到所需数据。具体细化后，还可能包括数据治理，对数据的质量、安全等方面进行控制。

4.2.4　数据湖中的数据流转过程

数据贯穿信息流动的生命周期，以数据流转为维度可以将数据湖治理策略运用于数据存储、数据融合、数据检索与分析、数据归档等各个应用流程。

1. 数据存储

数据存储是指在数据分析之前、分析期间和分析之后存储所获取数据，涵盖了为分析工具和用户消费而存储数据的各个区域。依据数据存储的核心作用将数据存储体系作为数据湖体系架构的底座，依靠其可扩展性、高可用性、可伸缩性、数据持久性以及安全性等特征实现数据湖存储体系与其他体系结构之间的交互，以便适应数据湖按需运行的基本特征。

当数据进入数据湖时，首先是进入初始数据池进行数据存储，这时几乎没有任何分析或者其他数据活动。然后根据数据类型的不同，将数据分别存储到模拟信号数据池、应用程序数据池、文本数据池中。

2. 数据融合

不同业务程序产生的数据进入数据池后，可能会具有与业务相关的结构。面向业务整合意味着数据是根据公司的主要经营领域进行规划的，如果分析师想要发掘数据的意义，那么数据就必须与业务进行整合，而进入分析阶段的有效性所面临的最大障碍恰恰源自应用程序数据池中的数据缺乏整合。

如果数据是在非整合状态下进入数据池的，那么数据池需要对数据进行转换。不同应用对于数据的编码方式不同，为了使分析保持一致性，应用程序数据需要被调整成一致的定义。进行数据整合的手段有建立数据模型等，企业都会有数据模型，也会使用一些通用的业务模型。

3. 数据检索与分析

通过访问和分析数据湖存储区的数据，挖掘有价值的信息来满足企业业务的需求，包括描述性分析、诊断性分析、预测性分析和规定性分析领域的各种功能。

按照用户类型设计分析、消费功能与数据流程，并遵循数据治理策略一致性、数据规范标准性以及软硬件设施组合智能性原则，根据不同操作用户进行数据检索与分析，如业务用户需要高性能的数据仓库来运行数据上的复杂查询，以返回复杂的输出结果。[一] 数据分析师需要运行 SQL 进行交互式查询来分析大量的数据湖数据，使用 Apachehive、Amazon Athena 和 Impala 等工具，通过数据目录构建模型以查询在选定格式文件中的底层数据。数据科学家运行机器学习算法以进行预测，实现高效、自由、基于数据湖的数据探索，使用 SageMaker 等工具或在云平台上运行算法，同时数据湖包含丰富的人工智能服务，以语音技术、智能机器人、人脸识别等 AI 技术为依托，为图像处理、音频处理、自然语言处理、视频处理等提供强有力的数据支撑。

4. 数据归档

当数据在数据池内经历完生命周期后，就会从模拟信号数据池、应用程序数据池或者

[一] 陈氢，张治. 融合多源异构数据治理的数据湖架构研究 [J]. 情报杂志，2022，41（5）：139-145.

文本数据池内被移入归档数据池。这是为了保存那些不常用于分析，但在未来某个时间点可能会被用到的数据。当数据池中的数据的使用率很低时，归档数据池会从数据池中收取数据。当数据进入归档数据池后，就会发生重构，这是为了将数据的元数据和元过程信息直接关联到数据的实体上。

◎ **本章思考题：**

1. 数据存储方法有哪些？
2. 数据存储经历了哪些发展阶段？
3. 数据湖存储数据与数据库存储数据有何区别？
4. 数据湖中的数据如何流转？

数据组织

■ **章前案例**[⊖]:

大数据时代来临，以习近平同志为核心的党中央号召，根据党的建设面临的新情况新问题大力推进改革创新，用新的思路、举措、办法解决新的矛盾和问题[⊜]。以"智慧党建"探索全面从严治党的新路径和新范式已然开启新时代党建工作的新篇章。大数据是智慧党建的智慧库，但仅通过数据的简单汇集，难以发现和获取规律及问题。"智慧党建"将人员数据、党组织数据、政策数据、历史与发展数据以及其他各类数据等进行合理有效的组织，并建立数据之间的关联，形成了便于分析利用的形式，有利于从中发现党建工作的不足、问题和难题，并为解决问题提供思路和抓手，有利于及时调整党建工作重点并予以监控监督等。通过数据组织，数据不再是分散的"档案室的资料"，而是呈现出了爆发性的价值。

案例思考题:

1. "智慧党建"中可能包含哪些类型的数据?

2. 有哪些方法可以用于对这些数据进行组织? 具体如何实施?

5.1 数据组织基础

大数据时代，社会各个行业之中数据的生产和消费变得更加快捷、容易。数据的高度分散性和无序性与人们利用数据的高选择性和针对性构成了尖锐矛盾。数据组织通过人工

⊖ 潘军，邱观建，朱喆. 大数据视阈下智慧党建研究 [J]. 学校党建与思想教育，2019（20）：16-18.

⊜ 习近平. 切实贯彻落实新时代党的组织路线 全党努力把党建设得更加坚强有力 [J]. 紫光阁，2018（8）：
7-8.

和机器干预，使数据有序化，更大程度上发挥其效用。以某一交易应用程序为例，这里面可能会有顾客列表、产品目录、装箱单、发货日程、交货日程、通话记录等作为业务应用程序数据而被捕获的数据。这些数据在进入数据池之后，经过一系列的人工和机器干预，可以有序增值并得到有效利用。

5.1.1 数据组织

数据组织（Data Organization）是按一定的方式和规则对数据进行归并、存储与处理的过程，最终形成一个综合的数据集合，以一定的形式存储于各种硬件介质中，包括内存和外存。⊖

数据组织通常分为数据的物理组织和数据的逻辑组织。数据的物理组织指数据在物理存储设备上的组织方式，是由计算机操作系统提供的数据组织方法。数据的逻辑组织指数据的链式分布，是一种逻辑联结关系，与数据物理分布位置无关，往往使用表、树、网络等进行组织，其基本工具是指针和链。

随着数据类型的多样化，半结构化和非结构化数据大量使用，数据组织方式扩展出多种形式，包括自动分类、语义网络、本体、知识图谱等。数据组织使大数据进一步有序化、数据质量得到提升。随着大数据的快速发展，对数据组织又提出了更高的要求，除了解决数据资源的描述问题，通过元数据或其他资源属性信息向用户揭示数据内容，还需要解决能够适应处理多样数据格式、支持数据实时动态更新和挖掘分析以及实现数据高效扩展性等问题，解决满足大数据新形势下的数据资源的关联与整合问题，以便用户在海量的信息中快速发现所需的内容。无论采取怎样的方式进行数据组织，都需要遵循一定的数据组织原则。

5.1.2 数据组织的原则

1. 系统性

系统性是指对于一个层次分明的整体，不同维度的指标处于不同层级，形成一定的秩序，同层级指标之间、指标层与指标层之间具有清晰的逻辑关系。为实现数据组织的系统性，需要把握好不同类型数据之间的关系，形成一个完善的数据组织体系。数据组织工作具有多个环节，包括数据采集、数据描述、数据排列、数据存储等，把握好数据组织工作的各个环节之间的关系，其中特别要注意数据描述的基础性地位，在具体进行某一类数据的组织时必须充分满足这种数据的特殊性，同时全面把握各种数据处理方法的相似性，尽可能采用统一而规范的处理方法，用系统的观点和方法来进行数据组织工作的协调管理。

⊖ 吉林工业大学管理学院．现代管理辞典［M］．沈阳：辽宁人民出版社，1987．

2. 可扩展性

随着数据种类与数据量的不断扩充和快速增长，数据组织不仅要发挥数据资源的作用，其组织形式还要便于扩大数据规模，增强功能，以满足不同环境下对数据的需要。例如在使用分类法组织数据时，要保证新产生的数据能够归入恰当的类中。

3. 目的性

数据组织的目标是帮助人们在需要时迅速地从大规模数据中获取自己想要的数据。具体来看，人们在对某一对象进行描述时，或多或少地带有一定的目的性。对于不同对象的描述，有着不同的目的和需要；即使对于同一对象的描述，不同的人由于专业背景的差别，其出发点和侧重点可能有所不同，因此在分类时要根据不同的目的来进行。比如，对于化学药品的描述要涉及药理学、化学等多个学科，药理学家在描述化学药品时，强调它的医疗作用，而化学家可能强调它们的结构特性。试图只寻找一种数据组织的方法是不正确、不现实和不可能的，应当根据不同的目的选择不同的数据组织方法。

4. 有序性

目前数据量的增长十分迅猛且分散，这种数据存储状态的无序化导致了数据查找和获取的困难，急需采取一些措施使数据存储有序化并容易获取，由此形成了数据组织的目标。实现数据的有序化是数据组织的重要目标之一，也是数据组织应当遵循的原则。

5.1.3 数据组织的目标

在早期，有学者提出进行数据组织是为了能够检索数据库的复杂子集。[⊖]但在大数据时代，数据组织的目标不止于此。一方面，数据的获取速度往往快于人的处理速度，这些获取的数据必须进行存储，以待未来使用或者应用，而高效的数据组织方法能够帮助人们在需要时迅速地从大规模数据中获取自己想要的数据。另一方面，人类对于数据的理解往往表现为一个不断深入的过程，在此期间必须保存数据自身和对于数据的不断认知，如何存储这些新增的数据成为当前需要解决的问题。随着计算机技术不断深入社会生活的方方面面，数字化信息以指数规模增加。在巨量的数据面前，人对数据的处理速度是非常慢的，远远落后于计算机对数据的处理速度。但对于数据的深层理解和应用，现有的计算机系统却暂时无法有效地实现。因此使用高效的计算机数据处理手段加快人类数据处理和应用成为亟待解决的问题。

由此可见，数据组织的目标有：①便于在数据库中对复杂数据进行检索；②通过科学有效的数据组织，提高数据检索的效率；③使数据易于存储，节约存储空间；④使数据易于进行分析挖掘。

⊖ DURDING B M, BECKER C A, GOULD J D. Data organization [J]. Human Factors: The Journal of the Human Factors and Ergonomics Society, 1977, 19（1）, 1-14.

5.1.4 信息组织与知识组织

在数据组织这一概念使用前，信息组织与知识组织的概念已经得到了广泛使用。数据组织与信息组织、知识组织关系密切，三者都是为了将组织对象进行揭示与有序化，使其得到更好的利用。但三者在组织对象、组织方法等方面仍存在较大差异。

1. 信息组织

信息组织又称信息整序，是利用一定的规则、方法和技术对信息的外部特征与内容特征进行揭示和描述，并按给定的参数和序列公式排列，使信息从无序集合转换为有序集合的过程。信息的外部特征是指信息的物理载体直接反映的信息对象，构成信息外在的、形式的特征，如信息载体的物理形态、题名、作者、出版或发表日期、流通或传播的标记等方面的特征；信息的内容特征就是信息包含的内容，它可以由关键词、主题词或者其他知识单元表达。信息组织的基本对象就是信息的外部特征和内容特征。

信息组织是信息检索与传播的准备，是信息收集之后的首项工作。信息组织是一个信息增值的过程。在这个过程中，杂乱无章的原始信息变成一个有序、可用的信息系统，一个"粗放型"的信息集合转化为一个"集约型"的信息集合，为信息的分析研究和服务奠定基础。

信息组织的基本内容包括信息选择、信息分析、信息描述与揭示、信息存储。常用的信息组织方法有分类法、主题法和分类主题一体化法，其中主题法包括标题词法、关键词法、单元词法和叙词法。网络信息资源的组织方法分为网络一次信息资源的组织方法（如超文本方法、自由文本方法、主页方式）和网络二次信息资源的组织方法（如搜索引擎方法和主题树方法）。

2. 知识组织

知识组织的概念最初由美国图书馆学家布利斯（Bliss）于1929年提出，他最早阐述了以图书分类为基础的知识组织思想。随后，美国图书馆学家谢拉（Shera）全面论述了知识组织在图书馆工作中的重要作用和方法。以此为基础，国内外学者就知识组织的概念、原理、目标、研究范围、方法和技术等展开研究，取得了丰硕的成果。早期研究普遍认为，理想的知识组织是将文献中的知识单元抽取出来并进行分析，找到人们创造与思考的相互影响和联系的节点。

邱均平等人表示，知识组织是以知识单元、知识关联为基础对知识内容进行组织的方式，是信息组织的高级形式。[一]多位学者持有与之相似的观点，例如有学者提出知识组织是指为了满足用户的显性和隐性知识需求，对知识单元（包括显性知识因子和隐性知识因子）、知识关联进行揭示与挖掘的行为或过程。[二]也有学者认为，知识组织是指对事物的本

[一] 邱均平，文庭孝，王伟军，等.知识管理学概论［M］.北京：高等教育出版社，2011.

[二] 刘志国，陈威莉，于晓宇，等.基于概念和原理认知的图书馆知识服务研究［J］.现代情报，2018,38(3)：73-78.

质及事物间的关系进行揭示的有序结构，即知识的序化。[一]针对知识组织的原理与方法，有学者提出知识组织是指为促进或实现主观知识客观化和客观知识主观化而对知识客体所进行的整理、加工、引导、揭示、控制等一系列过程及其方法。知识组织的具体方法有知识表示、知识重组、知识聚类、知识存检、知识编辑、知识布局、知识监控等。[一]

5.2 数据组织工具

数据组织需要按一定的方式和规则对数据进行归并、存储与处理，由于数据类型各异、对数据进行揭示的语义丰富程度的需求不同，可以采取不同的方式，借助不同的工具组织数据。下面详细介绍了常用的六种数据组织工具，包括代码表法、分类法、标签法、元数据法、本体和知识图谱。

5.2.1 代码表法

代码表法是探索性数据分析中处理表格数据的一种方法。即在比较复杂的交错分类表中用代码来代替数据，通常是用字母、数字等组成短字串来代表特定数据，以便更清楚地显示数据的结构，便于数据处理和通信等。

1. 代码表

常用的代码表包括：行业代码表、民族代码表、行政区划代码表、RGB 颜色代码表等。以行业代码表（GB/T4754—2017）为例，使用字母 A 代表农、林、牧、渔业；数字 01 代表农业；数字 011 代表谷物及其他作物的种植；数字 0111 代表稻谷的种植。详细代码见表 5.1。

表5.1 农、林、牧、渔业行业代码表（部分）

行业代码	行业名称	详细说明
01	农业	
011	谷物种植	0111 稻谷种植；0112 小麦种植；0113 玉米种植；0119 其他谷物种植
012	豆类、油料和薯类种植	0121 豆类种植；0122 油料种植；0123 薯类种植
013	棉、麻、糖、烟草种植	0131 棉花种植；0132 麻类种植；0133 糖类种植；0134 烟草种植
014	蔬菜、食用菌及园艺作物种植	0141 蔬菜种植；0142 食用菌种植；0143 花卉种植；0149 其他园艺作物种植

[一] 贾同兴.知识组织的进步［J］.国外情报科学，1996（2）：36-38，42.

[一] 蒋永福.论知识组织［J］.图书情报工作，2000（6）：5-10.

2. 使用代码表组织数据

使用代码表组织数据的编码方法可按表现形式不同分为下列几种：阿拉伯数字法、英文字母法和字母数字混合法。

阿拉伯数字法以 0~9 这十个数字作为基本要素进行信息编码，较常见的有下列几种：连续数字编码法、分级式数字编码法和国际十进制分类法。英文字母法是以 A~Z 等 26 个字母作为基本组成要素进行编码的。其中，英文字母 I、O、Q、Z 等与阿拉伯数字 1、0、9、2 等容易混淆，故多废弃不用，除此之外，只有 22 个字母可利用。由于可用编码资源较少，通常又大多以被编码对象的英文首字母（一个或几个）为代码，容易出现代码重复，故使用较少。字母数字混合法是使用英文字母与阿拉伯数字来进行信息编码的，多以英文字母代表编码对象类别或名称，其后再用十进制或其他方式进行阿拉伯数字编码。

使用代码表组织数据的具体流程可以分为以下几步：①对系统内的全部数据进行分类，建立起相应的数据集合；②建立树形结构，对需要进行编码的数据集合内的数据进行描述；③根据每个数据集合内的数据量和树形结构的分支，确定所选用代码的类型和长度；④进行代码的设计；⑤进行程序设计，并输入数据；⑥由计算机自动进行数据编码，同时建立起代码间的数据结构。

3. 代码表的编制

数据代码是信息化工作的基础之一，在整个信息化工作中是数据质量与业务协同的重要影响因素。制定合理的数据代码标准，不仅对数据管理工作起着重要的基础作用，同时又对信息化工作起着指导作用。编制数据代码标准用到的方法有：引用国际标准代码，引用国家标准代码，引用某一领域或某一机构集中定义的数据代码以及自定义数据代码。

在编制代码表的过程中，需要遵循以下原则。

唯一性：代码是描述对象基本属性的唯一标识。有的编码对象可能有多个不同名称（例如校内单位，有单位名称、单位编号、单位简称、英文缩写等），可以按不同方式对其进行分类描述。但在一个分类编码中，每一个对象只有一个代码，一个代码唯一标识一个编码对象。

稳定性：代码的编制要有稳定性，能经得起各种"噪声"的干扰和时间的考验。

规范性：在同一类数据编码中，代码类型、结构以及代码编写格式必须统一。

可扩充性：编码设计要考虑到长远使用（应能满足几年乃至几十年使用）。随着时间的推移和数据的不断丰富，在各类编码中要留有适当的空间以保证可以不断增加新内容，不至于打乱原有的体系和合理的顺序。

单一性：一张代码表描述一个属性，不能把不属于同一属性的内容放到一张代码表中。

兼容性：与相关标准（原有编码、国家标准、部颁标准）协调一致。

实用性：代码要尽可能反映编码对象的特点，便于输入和记忆。

时效性：国家标准（GB）和国际标准（ISO）完整的标题号都有年份标识，这样做便

于修订者记录修订情况，也便于引用者在标准被修订后及时发现并引用最新标准。[⊖]

使用代码表可以简单且明确地将数据组织起来，但是也面临着一系列问题，比如：部分数据尚无标准代码表可用；已有标准代码表，但不同的组织、机构、企业或政府所采用的代码形式不一样；已有标准代码表，但不适用于现有数据的管理。同时代码表不能在语义层面进行数据的组织，也不能很好地反映数据之间的关联，因此存在一定的局限性。

5.2.2 分类法

分类法是指依据一定的分类体系，根据数据的多维属性或特征，将其按照一定的原则与方法进行描述、区分和归类，并建立起一定的分类目录体系的过程。分类是按照种类、等级或性质分别归类，是一种把握事物共性、辨识事物特性的逻辑手段。分类能够条理化地认识现实世界，增强人类实践的目的性与有效性。

1. 分类原则

数据分类的原则如下。①科学性：数据的分类应符合数据的多维特征和相互间客观存在的逻辑关联。②稳定性：数据的分类应以常规分类为基础，并以各要素最稳定的属性特征为依据。③实用性：数据的分类应确保每个类目有科学依据，数据类目划分要符合使用者对数据分类的普遍认识。④扩展性：数据的分类在总体上应具有概括性和包容性，能够容纳各种类型的数据，满足将来可能出现的数据需求。

2. 分类过程

数据分类是实现数据充分利用、有序流动和安全共享的基础。数据分类以数据自然属性为基础，通常情况下是按照现实世界的应用需求场景进行类别划分的。

按社会和自然属性分类，可以分为社会数据和自然数据。社会数据产生和服务于人类社会的生产活动与生活领域，主要包括商业数据、工业数据、政府数据、消费数据等；自然数据来自人们对自然资源和地理环境特征、分布、状态等方面的分析结果。

按政府视角的数据分类，依政府数据所涉及的知识范畴，可分为综合政务、经济管理、国土资源、能源、工业、交通、城乡建设、环境保护、农业、服务业、气象、科技、教育、文化、卫生、体育、军事、社区等。

按企业视角的数据分类，覆盖企业外部上下游产业链、贯通企业内部生产经营全过程，涉及人力、财务、物资、技术等全要素。具体可分为人力资源数据、财务资产数据、物资装备数据、安全生产数据、市场营销数据、供应商数据、客户服务数据等。

按个人视角的数据分类，可分为身份数据（姓名、性别、出生日期、婚姻状况、家庭

⊖ 高小平.军队医院管理信息代码表标准化情况的调查与分析［D］.西安：中国人民解放军第四军医大学，2002.

住址、文化程度等）、价值数据（收入、存款、投资理财等）、信用数据（银行贷款、信用卡还款等）、社交生活数据（社会交往数据、出行数据、消费数据）等。

按行业经济特征分类，可分为农林牧渔业、采矿业、制造业、能源业、建筑业、商业、交通运输业、金融业、房地产业、租赁和商务服务业、教育、医药卫生等。

按数据类型分类，可将数据分为结构化数据、半结构化数据、非结构化数据。结构化数据是指可以用二维表结构来逻辑表达的数据，如关系型数据库。非结构化数据指像全文文本、各类报表、图像、声音、影视、超媒体等不方便用数据库二维逻辑表来表现的数据。半结构化数据就是介于结构化数据和非结构化数据之间的数据，如 HTML 文档数据。

按等级进行数据分类，涉及数据的涉密等级、敏感性等。数据按等级分类主要考虑数据对国家安全、商业利益和个人隐私的重要程度，以及数据被泄露或破坏后的危害程度来确定级别。如：政府数据可分为非密、秘密、机密、绝密等，企业数据可分为商密、保密、内部公开、外部公开等，个人数据可分为隐私数据、无隐私数据等。

按数据产生环节分类，可以分为原生数据和衍生数据。原生数据是指基于对事物的原始描绘需要而初始产生的数据，不依赖于现有数据，例如个人的消费记录数据、企业的工商登记数据等。真实的原生数据具有使用价值，通过交易体现其价值。衍生数据是在原生数据被记录、存储后，依据一定的逻辑规则或计算法则进行加工运算而成的数据，例如个人的消费行为数据、企业的经营数据等。

按数据获取方式分类，可以分为第一方数据、第二方数据、第三方数据。以企业为例，第一方数据由企业自行收集并拥有数据所有权；第二方数据通过企业与其他组织合作收集，数据所有权不能确定；第三方数据由其他方收集，其他方拥有数据所有权。

按数据治理类型分类，参照数据仓库的分层思想，划分为贴源层数据、明细层数据、中间层数据、服务层数据以及应用层数据，其中明细层、中间层、服务层又被称为"数仓层"。

此外，遵循《DAMA 数据管理知识体系指南》，根据奇泽姆六层数据分类法，可将数据分为元数据、参考数据、企业结构数据、交易结构数据、交易活动数据和交易审计数据。其中，将参考数据、企业结构数据和交易结构数据定义为主数据。[一]具体见表 5.2。

虽然数据的分类方式很多，但最终目的都是认识数据的性质和特性，以便描述和处理数据，使数据形成便于利用的形式。华为根据数据特性及治理方法的不同，整体上将数据分为外部数据和内部数据、结构化数据和非结构化数据、元数据等，如图 5.1 所示。其中，结构化数据可进一步划分为基础数据、主数据、事务数据、报告数据、观测数据和规则数据。[二]

[一] 国际数据管理协会 . DAMA 数据管理知识体系指南［M］. 北京：清华大学出版社，2012.

[二] 华为公司数据管理部 . 华为数据之道［M］. 北京：机械工业出版社，2020.

表5.2　DAMA的数据分类

数据大类	数据类别	描述	举例
元数据	元数据	关于数据的数据	数据集、库表、字段的描述
主数据	参考数据	仅用于描述组织中的其他数据，或者仅用于将数据库中的数据与组织之外的信息联系起来	代码表和描述表
关于业务实体的数据，为业务交易和分析提供语境信息	企业结构数据	能够按业务职责描述业务活动	会计科目表
	交易结构数据	描述了交易过程中必须出现的一些要素（产品、客户、供应商）	客户标识符
交易活动数据	交易活动数据	业务实体之间发生事件或活动所形成的记录数据	客户购买产品的交易数据
交易审计数据	交易审计数据	对交易活动数据发生状态改变所形成的记录数据	修改客户信息更新记录数据

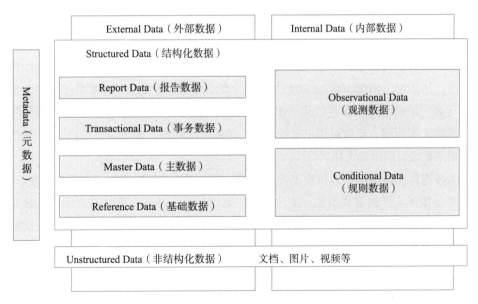

图5.1　华为数据分类管理框架

5.2.3 标签法

1. 标签的概念

标签是从原数据加工而来，能够直接为业务所用并产生业务价值的数据载体；是根据业务场景的需求，通过对目标对象（含静态、动态特性）运用抽象、归纳、推理等算法得到的高度精练的特征标识，用于差异化管理与决策。从本质上讲，标签本身也是一种数据（或映射指向数据），是对物理层数据信息项的业务化封装，是数据资产的一种良好组织形式，是一种概念、逻辑定义，因此标签必须是可阅读、易理解的。从粒度上讲，标签往往映射为某一对象的属性，包括固有属性和动态属性，一般都需要结构化到字段粒度，保障可被后续数据服务便捷使用。[一]标签由标签名和标签值组成，打在目标对象上，如图5.2所示。

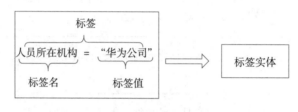

图5.2　标签

标签由互联网领域逐步推广到其他领域。在互联网领域，标签有助于实现精准营销、定向推送、提升用户差异化体验等；在行业领域，标签更多助力于战略分级、智能搜索、优化运营、精准营销、优化服务、智慧经营等。[二]

从复杂程度出发，标签可以分为：事实型标签、规则型标签、复合型标签和预测型标签。事实型标签描述基础特征，不需要加工，可直接标注，比如商品的颜色、人的性别等。这些是事实描述，可以直接拿来用。规则型标签是通过数据指标和计算规则进行计算或分类得到的，比如把"消费1000元以上"定义为高消费群体。复合型标签是基于多个指标进行综合计算，最后得出的标签结果。预测型标签则是对未来情况的估计，可以用算法进行预测，也能人工预测，比如对用户进行分类，然后打个标签"预计流失用户"，就是指该用户会在未来某段时间内流失掉。[三]

从主客观以及动态与静态角度出发，标签分为事实标签、规则标签和模型标签。其中，事实标签是描述实体的客观事实，关注实体的属性特征，如一个部件是采购件还是非采购件，一名员工是男性还是女性等，标签来源于实体的属性，是客观和静态的。规则标签是对数据加工处理后的标签，是属性与度量结合的统计结果，如货物是不是超重货物，产品

──────────

[一] 任寅姿，季乐乐．标签类目体系：面向业务的数据资产设计方法论［M］．北京：机械工业出版社，2021.

[二] 华为公司数据管理部．华为数据之道［M］．北京：机械工业出版社，2020.

[三] 祝守宇，蔡春久．数据治理：工业企业数字化转型之道［M］．北京：电子工业出版社，2020.

是不是热销产品等。标签是通过属性结合一些判断规则生成的，是相对客观和静态的。模型标签可用于洞察业务价值导向的不同特征，是对于实体的评估和预测，如消费者的换季消费潜力是旺盛、普通还是低等，标签是通过属性结合算法生成的，是主观和动态的。

2. 利用标签实现数据的组织

数据标签的发展和应用为数据组织工作提供了一种更灵活、更细颗粒度、更便捷、更具业务价值的手段。在使用标签对数据进行组织的实践过程中，主要步骤包括：建立标签类目体系、打标签、标签分类。

（1）建立标签类目体系 对标签的组织梳理形成的目录结构被称为标签类目体系。标签类目体系用于数据组织的方式：第一，标签作为面向业务的数据资产载体，以标签的形态串联业务端的理解和操作，每一个标签都会与底层数据字段相映射，以实现底层数据的切割、相连、操作等；第二，标签类目体系以对象为基础对数据资产进行梳理，构建一类对象的标签类目体系就是对某一类对象的模式设计；第三，根据第一性原理，不同标签类目体系有其具体的方法、标准、实施步骤和模板工具，而不是某一场景中数据信息的简单收集和罗列。在设计与构建标签类目体系的过程中，主要工作包括以下几项。

第一，选定目标对象，根据业务需求确定标签所打的业务对象，业务对象范围参考公司发布的信息架构中的业务对象。以电商平台为例，可以按下面的思路来梳理标签体系：有哪些产品线？产品线有哪些来源渠道？每个产品线有哪些业务对象？每个对象涉及哪些业务？每个业务下包含哪些业务数据和用户行为？

第二，根据标签的复杂程度进行标签层级设计。

第三，进行详细的标签和标签值设计，包括标签定义、适用范围、标签的生成逻辑等，需要遵循事实标签应与业务对象中的属性和属性值保持一致的原则，不允许新增和修改；规则标签按照业务部门的规则进行相关设计；模型标签根据算法模型生成。

（2）打标签 打标签即标注标签值或计算标签值，建立标签值与实例数据的关系，可以对一个业务对象、一个逻辑数据实体、一个物理表或一条记录打标签。对于事实标签，一般根据标签值和属性允许值的关系由系统自动打标签。对于规则标签，一般设计打标签逻辑由系统自动打标签。对于模型标签，一般设计打标签算法模型由系统自动打标签。

（3）标签分类 按业务需求梳理了业务数据后，可以继续按照业务产出对象的属性来进行分类，主要目的在于：方便管理标签，便于维护和扩展；结构清晰，展示标签之间的关联关系；为标签建模提供子集，方便独立计算某个标签下的属性偏好或者权重。

梳理标签分类时，尽可能按照MECE原则，各标签尽可能相互独立，完全穷尽。每一个子集的组合都能覆盖到父集所有数据。标签深度控制在四级比较合适，方便管理，到了第四级就是具体的标签实例。以电商平台为例，用户标签类目体系（部分）见表5.3。

表5.3 用户标签类目体系（部分）

一级标签	二级标签	三级标签	四级标签（标签实例）	规则定义	标签类型
人口属性	基本信息	性别	性别－男	系统标注	事实标签
			性别－女	系统标注	事实标签
			性别－未知	系统标注	事实标签
		年龄	年龄－×× 岁	系统标注	事实标签
		生日	生日－××××	实名认证获取	事实标签
行为属性	上网习惯	终端类型	终端类型－Android	系统标注	事实标签
			终端类型－iOS	系统标注	事实标签
		活跃情况	活跃情况－核心用户	满足以下条件即为核心用户：①过去 30 天内，发生 a 行为三次及以上；②过去 30 天内，发生过 b 行为三次及以上	模型标签
			活跃情况－活跃用户	满足以下条件即为活跃用户：①过去 30 天内，发生 a 行为 1 或 2 次；②过去 30 天内，发生过 b 行为 1 或 2 次	模型标签
			活跃情况－新用户	满足以下条件即为新用户：①未发生过 a 行为；②未发生过 b 行为	模型标签
			活跃情况－老用户	满足以下条件即为老用户：①发生过 a 行为至少一次；②发生过 b 行为至少一次	模型标签
			活跃情况－消失用户	满足以下条件即为消失用户：过去 30 天内，发生过 c 行为	模型标签
用户分类	人群属性	年龄阶段	年龄阶段－未成年人	年龄 0～17 周岁	事实标签
			年龄阶段－成年人	年龄 18 周岁及以上	事实标签
		地区分布	地区分布－××	选择城市	事实标签

3. 利用标签组织数据的优势

原始数据加工成标签，即可认为是简单意义上的数据资产化过程。数据不再是业务、信息系统的记录或存储，而是转化成带有商业价值的标签，标签是具有业务含义或对业务有指导意义的数据定义，可以说，完成了标签类目体系的组织和标签设计开发，才算是真正建立了数据资产的本体。

从广义上讲，企业拥有的所有数据资源，包括原始数据、中间数据、临时数据、数据类目体系、标签类目体系、标签、标签类目体系方法论等都是数据资产。对于广泛意义上的数据资产来说，标签、标签类目体系是其重要的组成部分。原始数据、中间数据、临时数据可以按需加工、挖掘成标签，标签按照类目体系的方式进行规划、串联和管理。对于一家企业来说，其长期积累和建设的数据、标签、标签类目体系都是其数据资产，可以为企业带来极大的商业价值。

从精准定义上讲，数据资产是指由企业拥有或控制的、能够直接为企业带来经济利益的数据资源。以标签形式组织的数据资源就是数据资产的最佳呈现方式。标签是业务导向的组织方式，通过元标签信息能让数据资源变得可阅读、易理解。

5.2.4 元数据法

1. 元数据的概念

元数据（Metadata）是关于数据的数据，关于信息的信息，或描述数据的数据，是组织数据、各种数据域以及它们之间的相互关系的信息，是一种用来描述数据的特征和属性的语言与工具。[○] 其使用目的在于识别数据，评价数据，追踪数据在使用过程中的变化，简单高效地管理大量网络化数据。[○]

元数据的描述对象是一个不断深化的过程。在元数据应用之初，主要用于网络信息资源与传统书目数据的组织，其后逐步扩大到各种以电子形式存在的信息资源的描述数据。目前元数据这一术语实际上适用于各种类型信息资源的描述记录。

按照不同应用领域或功能，元数据的类型、架构和标准会各有不同。元数据一般可分为业务元数据、技术元数据和操作元数据。元数据架构可分为集中式元数据架构、分布式元数据架构和混合元数据架构。元数据标准可以分为语义层次、结构层次及句法层次。具体内容详见 7.2 节"元数据类型与架构"。

2. 利用元数据组织数据

利用元数据组织数据首先要明确元数据应用目的，根据元数据使用需求，参照现有标准，构建起一系列元数据标准，并以此为依据制定元数据模型，最后进行元数据的整合与存储，如图 5.3 所示。

（1）明确元数据应用目的 元数据的应用目的主要分为以下几类。

确认和检索：主要致力于如何帮助人们检索和确认所需要的资源，数据元素往往限于作者、标题、

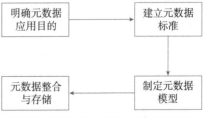

图5.3 利用元数据组织数据流程

○ 马费成，宋恩梅，赵一鸣 . 信息管理学基础［M］.3 版 . 武汉：武汉大学出版社，2018.
○ 张敏，张晓林 . 元数据的发展和相关格式［J］. 四川图书馆学报，2000（2）：63-70.

主题、位置等简单信息。都柏林核心集（Dublin Core）是其典型代表。

著录描述：用于对数据单元进行详细、全面的著录描述。数据元素囊括内容、载体、位置与获取方式、制作与利用方法等，数据数量较多。MARC 和 FGDC／CSDGM 是这类元数据的典型代表。

资源管理：支持资源的存储和使用管理，数据元素除比较全面的著录描述信息外，还往往包括权利管理、电子签名、资源评鉴、使用管理、支付审计等方面的信息。

以数字文化数据的元数据描述为例，在规划、设计过程中应明确构建数字文化元数据的目的以及预计实现的功能。主要包括以下几个。①描述功能：数字资源通过元数据描述，能快速检索到相关数字文化数据。元数据能够规范并描述数字文化资源的存储和组织方式，是数字文化资源的重要组成部分。②多源异构资源整合功能：通过建立数据映射将多种资源整合到一个平台。元数据为用户搜索提供统一接口，使用户通过接口访问数字文化资源。数字文化资源元数据是一个双向整合过程，一方面将用户需求描述成元数据表达形式，从而与数字文化资源库中的信息形成映射；另一方面，元数据标准将不同类型的数据资源用统一的编码来描述。③规范功能：包括规范资源描述、规范标签等。元数据规范各种信息资源描述，如万维网联盟（W3C）提出"资源描述框架"用来规范网络信息。同时元数据标准还规范各种标签，用标准化的描述框架表达文化主题、属性和关系。

（2）**建立元数据标准**　根据元数据使用需求，参照国际标准、国家标准、行业标准、共识标准，形成一套合理的元数据标准。以数字文化数据的元数据描述为例，应充分考虑到数字文化的特点、属性提取和元数据应用，从数字文化数据的基本属性、文化属性、资源属性和管理属性入手，结合 FOAF、DC 元数据标准，制定符合数字文化发展的元数据资源描述框架。

（3）**制定元数据模型**　根据确定的元数据标准对元数据进行分类，并确定各类标准的元模型。元模型的定义应遵循标准化、国际化的 CWM（公共仓库元模型）。元模型基本包括以下几类。①管理类元模型：包括系统资源、人员管理、任务管理等元模型。②技术类元模型：如关系型数据库、OLAP、接口、ELT、ERWin 等元模型。③业务类元模型：如指标、KPI、报表等元模型。④编码规则：如信息分类及编码模型规则。

以数字文化数据的元数据描述为例，制定元数据模型需要从数字文化内容和外部特征两方面描述创建对象，包括实体、对象、属性、机构、文化类型、资源类别、文化资源管理等。对文化资源进行描述的元数据必须具有规范性和通用性。

元数据设计时要考虑以下因素：①由于每个文化项目涉及主体较多，包括内容、标签、制作人等，此次设计将"内容"和"创建机构"两大实体与文化资源建立关系。②为了能和国家文化云及各地市数字文化资源对接，对描述元素进行完善，使其更具通用性。③为方便用户进行语义搜索，描述方案增加"标签"字段。数字文化数据部分核心元数据描述见表5.4。

表5.4 数字文化数据部分核心元数据描述

类别	元数据	字段名	注释
内容	标题	DC_title	文化内容名称
	标签	DC_lable	文化内容描述
	类别	DC_category	创/转载
创建者	创建日期	DC_date	文化内容创建时间
	创建人	DC_Creater_own	创建者身份信息
	民族	DC_Creater_nation	
	性别	DC_Creater_sex	
	年龄	DC_Creater_age	
	地区	DC_Creater_area	
	人物简介	DC_Creater_biography	
文化类型	舞蹈	DFT_Category_dance	文化属性
	歌曲	DFT_Category_song	
	摄影	DFT_Category_photograph	
	书法	DFT_Category_calligraphy	
	戏剧	DFT_Category_drama	
	文学	DFT_Category_literature	
	曲艺	DFT_Category_quyi	
	美术	DFT_Category_art	
格式	视频	DC_Category_video	资源类型包括对资源内容的描述
	图片	DC_Resources_picture	
	文字	DC_Resources_text	
	网络	DC_Resources_network	
机构	地区	Foaf_Organization_area	组织机构具体信息
	负责人	Foaf_Organization_principal	
	办公电话	Foaf_Organization_officephone	
	职务	Foaf_Organization_jobtitle	
	组织介绍	Foaf_Organization_introduction	

（4）元数据整合与存储 在构建好元数据模型后，需要将采集的数据进行整合并有序地存储起来。主要手段包括以下几个。

1）搭建元数据管理系统：实现对元数据的采集、创建、存储、整合与控制；实现元数据版本控制追溯、元数据血缘分析、影响分析等。

2）建设及管理元数据存储库：把从元数据来源库中抽取到的元数据，与相关的业务元数据和技术元数据进行整合，最终存储到元数据存储库中。元数据的抽取有多种方式：可以使用适配程序、扫描程序、桥接程序或者直接访问数据存储库中的元数据。

3）元数据的交付和分发：元数据的交付和分发就是将存储库中的元数据分发到最终用户和其他需要使用元数据的应用或工具中。常用的元数据交付工具和方式包括：①元数据内网，可以提供浏览、查询、搜索、报告和分析功能；②报告、术语表、其他文档及网站；③数据仓库、数据集市和商务智能工具；④建模和软件开发工具；⑤消息传输交换；⑥应用程序；⑦外部组织接口方案。⊖

使用元数据进行数据组织有以下优势：①元数据提供数据管理模型，有助于数据的安全、长期保存；②元数据有助于数据的验证、复现，原始数据追踪，从而达到质量控制效果；③基于元数据的数据组织有助于数据的发现、选择和可获取；④统一的元数据有助于不同系统的互操作，加强数据的使用率。⊖

但目前来看，元数据在组织数据的过程中也存在一些不足之处。首先是元数据标准规范难度大，一方面是由于元数据标准不统一，目前元数据的数据标准各自为政；另一方面是由于原始数据不规范，元数据加工过程中的数据错误、遗漏等，以及元数据数量庞大等导致元数据规范难度大。此外，在多维度数据的关联分析中，由于大量元数据分布在不同地方，元数据之间缺乏关联分析，无法与其他数据集实现数据共享和相互关联。

由于缺少一个领域共享概念模型的形式化规范说明体系的支持，元数据组织方式并不能完全解决数据之间的语义异构问题，还存在描述粒度大、数据难以被计算机理解和自动处理、无法实现语义化检索和知识推理等缺点。语义化组织可采用共享的数据本体将数据记录概念化和形式化，并有机地与相关资源关联起来，方便用户对数据的理解和重用。⊜

语义化组织的核心是本体和知识图谱，以及基于两者但不限于上述两种工具的知识库方式。下面将介绍语义化组织工具。

5.2.5 本体

基于本体的数据语义描述弥补了传统元数据组织法的缺点，而且易于发布，形成内容更丰富、质量更高、效能更强的数据之网，让数据从传统走向智能，从封闭走向开放。

1. 本体

本体（Ontology）最早是一个哲学词汇，在哲学里，其本义是关于存在的理论，定性

⊖ 范青，谈国新，张文元. 基于元数据的数字文化资源描述与应用研究：以湖北数字文化馆为例 [J]. 图书馆学研究，2022（2）：48-59.

⊖ QIN J,BALL A, GREENBERG J. Functional and architectural requirements for metadata: Supporting discovery and management of scientific data [C] //Twelfth International Conference on Dublin Core and Metadata Applications. Malaysia: University of Bath, 2012：62-71.

⊜ 周宇，廖思琴. 科学数据语义描述研究述评 [J]. 图书情报工作，2017，61（12）：136-144.

第5章 数据组织 • 143

地研究整个世界的组成与结构等普遍性的问题。在知识工程界，最早提出本体概念的是Neches 等人，将本体定义为"相关领域的基本术语和关系，以及这些术语和关系构成的规定这些词汇外延的规则的集合"。目前广为使用的本体定义是由 Gruber 提出的，即"本体是概念模型的明确的规范说明"，是"共享领域概念模型的明确规范化表示"。在此基础上继续完善的概念是 1998 年 Studer 提出的"共享概念模型的明确的形式化规范说明"[⊖]，其中的四层含义如下。①明确（Explicit）：本体中的概念及在概念上的公理要有明确的描述。②形式化（Formal）：可以被机器自动识别和理解。③共享（Share）：本体中表达的概念是为大众所接受的，具有普遍性和权威性。④概念化（Conceptualization）：本体是特定领域的知识和信息的抽象描述，即本体是一种明确的概念模型，可以被形式化为计算机可理解和处理的方式，最终用于实现信息共享。

本体定义了一套共同的词汇表，用来描述领域内的知识。资源创建者用共同的词汇表描述信息，可以交换、集成和共享信息。本体的相关概念包括个体、属性、类、类的公理：①个体，代表一个领域里面的对象，可以理解为一个类的实例；②属性，是个体之间的双重联系；包括对象属性（表示个体之间的关系）、数据类型属性（用来表示个体和基本数据类型两者之间的关系）、注释属性（可以用来解释类、个体、对象或数据类型属性，不能用于推理）；③类，是个体的集合，是一系列个体概念的语义表达；④类的公理，如上级与下级类之间的关系，类与类之间的等价关系。

2. 本体的类别

对本体进行分类的方法有很多种，常见的是根据描述层次对本体进行分类，可分为以下四类。

1）顶层本体：研究通用的概念以及概念之间的关系，如空间、时间、事件、行为等，与具体的应用无关，完全独立于限定的领域，因此可在较大范围内进行共享。顶层本体给出了各种元概念之间的语义关联关系，领域专家在顶层本体的引导下建立领域本体与任务本体，并存储在领域知识库中。[⊖]

2）领域本体：研究某一特定领域的概念及其相互关系、领域内活动、领域内规律的本体。领域本体的目标是获取相关的领域知识，以此提供对该领域知识的共同理解，确定共同认可的概念，明确定义这些概念和概念之间的相互关系，以及领域的主要理论和基本原理等。目前化学、历史学、经济学、生物学领域都有其专业领域较为成熟的领域本体。在某个领域内，概念以及概念之间的关系可以通过本体来表示。

3）任务本体：研究通用的任务或者推理活动。任务本体和领域本体处于同一个研究与

⊖ 贾凌燕，陆一平. 浅谈 ontology 方法及其发展［C］// 全国先进制造技术高层论坛暨制造业自动化、信息化技术研讨会论文集. 2005：53-56.

⊖ 朱卫星，王智学，李宗勇. 面向领域知识复用的 C-4ISR 系统需求建模方法［J］. 计算机工程与应用，2010，46（30）：216-220，229.

开发层次。面向领域和任务的本体描述，主要是针对特殊应用领域，由领域专家给出该领域的相关知识，然后，在任务本体中建立该领域内执行相应任务需要的知识与特定领域无关的任务知识。例如，如果将城市的交通网络及其附属设施作为领域本体定义，在任务本体中则可对路径规划功能加以知识说明等。

4）应用本体：研究领域本体和任务本体的特定应用，既可应用特定的领域本体中的概念，又可应用出现在任务本体中的概念。通过对上一层中定义的部分或全部知识在特定的应用系统中重新进行关系和内容的组织与映射，对领域本体和任务本体中的抽象概念实例化，对所定义的任务赋予解释，以便最终完成相应的应用。[○]

3. 本体构建

目前，几乎每个本体系统的开发都会形成相对应的本体构建方法，由于所涉及的学科领域不同、本体具体实现的目标不同，构建本体时所涉及的内容也不尽相同。下面将从本体构建的原则、工具与方法等方面进行阐述。

（1）**本体构建的原则**　Thomas R.Gruber 提出了构建本体的五个原则：清晰性、一致性、可扩展性、最小编码偏差、最小本体承诺。

清晰性：构建本体首先要清晰地表示出我们的最终目的。尽可能客观地定义相关术语，且定义术语要与其来源领域和需求环境相区别，用规范化的语言描述。

一致性：表示本体前后的逻辑性应该是一致的，必须认可由定义推导出来的其他推理，即使是由公理推导出来的非规范化的描述也应该与公理保持一致，不能前后矛盾，否则本体论就是不成立的。

可扩展性：本体的构建目的本就是实现信息共享，所以需要为之后的不断拓展给定一个中心概念，描述应该是客观的，以便人们可以扩展和专门化本体。换句话说，人们应该能够根据现有的词汇为特殊用途定义新的术语，而不需要修改现有的定义。

最小编码偏差：概念化不应该根据制定的符号层次编码来实现，而应该在知识层指定。若是单纯为了实现方便和便捷而选择了表示方法，就会产生一定的编码偏差，但是这种偏差应该尽可能降到最低，这样才能在不同系统和领域中尽可能实现知识共享。

最小本体承诺：我们所构建的目标本体应该尽可能地减少其具体约束和限制，以此来最大化地支持本体重用或者共享。

（2）**本体构建的工具**　支持特定本体描述语言的工具有以下几个。

Ontolinggua：斯坦福大学开发的半形式化本体描述语言，能够通过面向对象框架表示知识，用类表示层次结构，并将其扩展以便用户能够快速构建新本体。

OntoSaurus：由 USC/ISI 开发的一个支持 Loom 语言的 Web 浏览器，用户可以借助它来编辑本体。

○　罗静，党安荣，毛其智.本体技术在城市规划异构数据集成中的应用研究［J］.计算机工程与应用，2008，44（34）：5-8，19.

WebOnto：来自 The Open University（开放大学），支持 OCML 语言，可以实现复杂本体浏览功能，且其可视化能力更强，能够有效解决数据存放等问题。

支持互联网本体描述语言的工具有以下几个。

Protégé：斯坦福大学研发的本体编辑和知识获取软件，具有良好的用户交互界面，支持多种本体类型，内嵌了 SPARQL 查询语言，能够以 RDF 和 OWL 两种语言方式存储本体，功能强大。

Web ODE：马德里理工大学开发的一款基于 ODE 的本体编辑工具，支持 Methontology 建模方法，有较强的灵活性和拓展性，但缺乏开放的源代码，只能通过网络注册的方式使用。

Onto Edit：由卡尔斯鲁厄理工学院研发的本体编辑器，能够通过图形化的方法来开发与维护本体。

就本体构建工具而言，目前最受青睐的是 Protégé 本体编辑器。它主要具备四点优势。①易用性：用户只需要通过单击编辑器上的相应选项卡来编辑、删除或者增加兄弟类、子类、关系、属性和实例，不需要去考虑具体的语言组织。②多级显示：除了对构建的本体提供可视化显示以外，还可以在 OntoGraf 插件中选择级数，实现概念关系图的多级显示。③共享性：Protégé 是用于建立本体模型和基于知识应用的软件，用户可以通过 Wiki 学习和使用 ProtégéWiki 中列有的知识库，也可以直接将自己的项目成果链接到 ProtégéWiki 上，实现知识重用，成果共享。④支持中文：Protégé 系统支持用中文编辑本体，这为我国的用户提供了极大的便利。

（3）**本体构建的方法**　就构建方法而言，目前国际上一般采用的本体构建方法有七步法、TOVE 法、骨架法、Methontology 法等。

七步法：决定本体的领域和范围 → 考虑复用现有本体 → 列出本体中的重要术语 → 定义类和类的等级 → 定义类的属性 → 定义属性约束 → 创建实例，如图 5.4 所示。

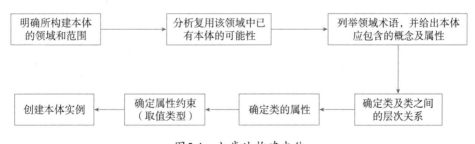

图5.4　七步法构建本体

TOVE 法：又称为分析法，是在多伦多大学 TOVE 项目中所采用的本体构建方法，常用于企业知识相关本体的构建。具体流程为：明确构建目的 → 明确非形式化系统问题 → 规范本体术语 → 形式化描述问题 → 构造相关公理 → 完善本体，如图 5.5 所示。

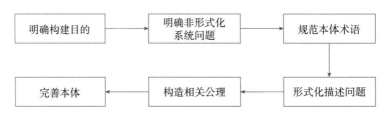

图5.5　TOVE法构建本体

骨架法：又称为 Enterprise 法，来源于企业管理领域，大多被用于构建企业本体，为本体构建过程的各阶段提供指导方针，且能通过文档化和本体评估来支持本体构建，如图 5.6 所示。

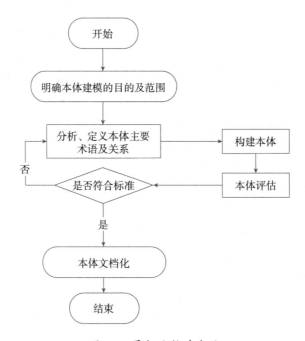

图5.6　骨架法构建本体

Methontology 法：在马德里理工大学的一个 AI 实验室开发智能图书馆系统的过程中被提出的，主要有三个阶段：管理、开发及维护，类似于软件开发过程。该方法的特点是每个步骤都能够在其完成之后进行修改，通常被用于化学领域本体的构建，如图 5.7 所示。

（4）本体构建实例　以新冠疫情突发事件为例，使用七步法和 Protégé 本体编辑器进行构建。

1）构建本体核心概念类。在 Protégé 中建立新冠疫情领域核心类基本框架，添加新冠疫情突发事件本体的一、二、三级类，如图 5.8 所示。

2）建立本体类属性。新冠疫情领域本体类的数值属性如图 5.9 所示，对象属性如图 5.10 所示。本体类的属性分为对象属性和数值属性两种，对象属性用于描述概念类之间的关系，数值属性用于描述类和实例本身的自有属性。

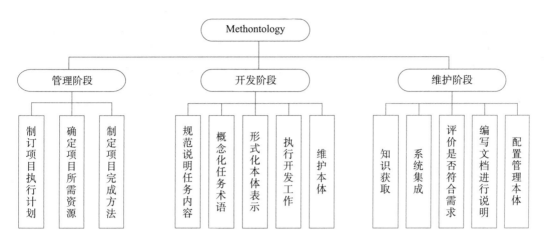

图5.7　Methontology法构建本体

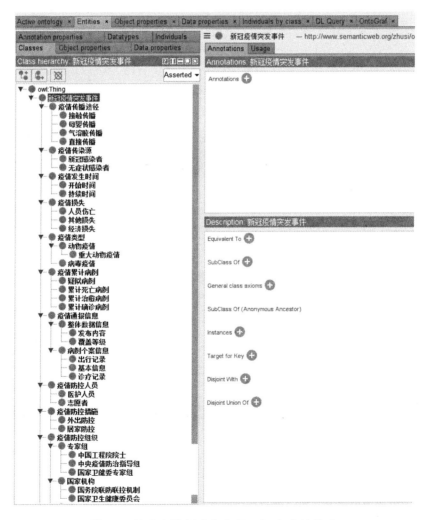

图5.8　新冠疫情领域本体核心概念类的构建

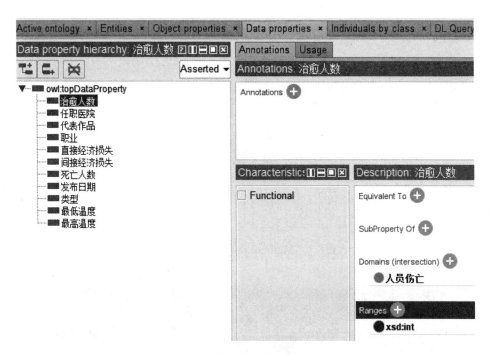

图5.9 类的数值属性

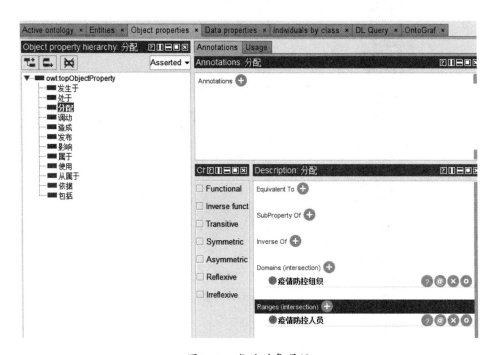

图5.10 类的对象属性

3）**添加本体实例及其关系**。新冠疫情领域的本体实例添加如图 5.11 所示，实例之间的关系示例如图 5.12 所示。

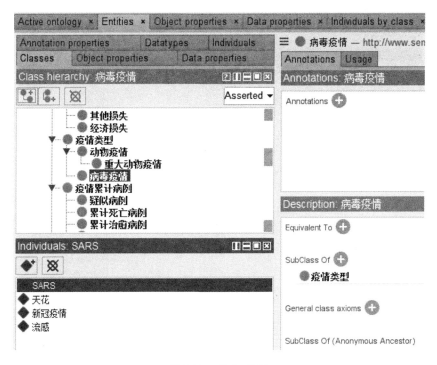

图5.11 添加实例

图5.12 实例之间的关系示例

4）**查询结果**。本体构建完成后，可以通过 Protégé 工具的查询功能来显示结果，如图 5.13 所示。

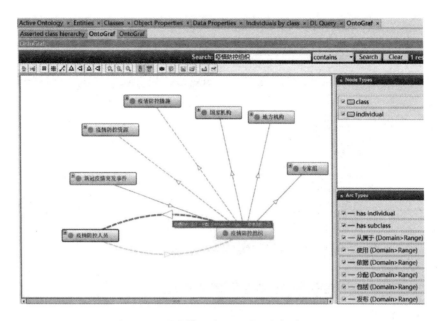

图5.13 "疫情防控组织"的查询结果

5）**对本体的储存**。本体核心概念类图如图 5.14 所示。Protégé 可以导出多种本体格式，包括 XML、RDF、RDFS、DAML、DAML+OI、OWL 等。其中，OWL 语言为需要处理信息内容的应用程序而设计，用于创作本体的知识表示语言家族，是一种新的表示语义网中本体的形式语言。OWL 主要包括描述逻辑和框架，语义更丰富，因此为了直接表示新冠疫情领域内的概念、概念间的各种关系，便于之后的推理和查询，可以采用 OWL 文件保存本体数据。⊖

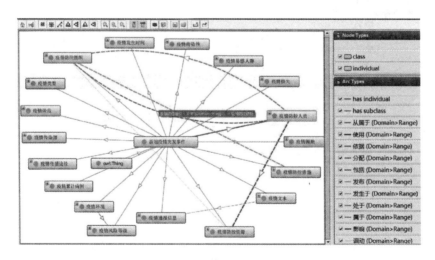

图5.14 本体核心概念类图

⊖ 刘倩. 基于突发事件的本体构建与应用研究［D］. 太原：山西大学，2021.

4. 如何利用本体组织数据

为了将构建的本体应用到数据组织工作中，需要扩充本体内容，给本体中的类添加相应的实例和属性。在本例中，"病毒疫情"类具备发现时间、传播等级、患病症状、针对药物属性，而 SARS、天花、"新冠"等病毒疫情作为"病毒疫情"的实例，能够继承上述属性。基于本体的数据组织是对海量、异源、异构数据进行精确化抽取、细粒度揭示、深度序化和语义化组织的过程，其核心意义在于实现数据间的语义关联。

5.2.6 知识图谱

知识图谱与本体之间联系紧密，本体的构建可以为知识图谱奠定良好的基础内容，而知识图谱的构建则可以更好地体现本体关系。本体表达了领域内共同认可的概念和概念间的关系，反映了常识或相对恒定的知识，但不具备情报价值。而知识图谱则是情报挖掘的结果。

1. 知识图谱

知识图谱（Knowledge Graph，KG）的概念源于 2003 年美国国家科学院组织的一次以 "mapping knowledge domains" 为主题的研讨会。在 2012 年由 Google 公司正式提出并将其应用于 Google 搜索，目前大约包含 12 亿个实体和 75 亿条关系，是知识图谱研究中典型的案例之一。

1998 年，Tim Berners-Lee 正式提出语义网（Semantic Web）的概念。语义网是一种数据互连的语义网络，仍然是基于图和链接的组织方式，但图中的节点不再是网页，而是实体。国内的一些学者认为知识图谱是结构化的语义知识库，用于以符号形式描述物理世界中的概念及其相互关系，其基本组成单位是"实体－关系－实体"三元组，实体之间通过关系相互联结，构成网状的知识结构。也有学者认为知识图谱本质上是一种叫作语义网络的知识库，即一个具有有向图结构的知识库，其中图的节点代表实体或者概念，而图的边代表实体/概念之间的各种语义关系。

从知识图谱的技术与应用出发，有学者指出：知识图谱旨在从数据中识别、发现和推断事物与概念之间的复杂关系，是事物关系的可计算模型。知识图谱的构建涉及知识建模、关系抽取、图存储、关系推理、实体融合等多方面的技术，而知识图谱的应用则涉及语义搜索、智能问答、语言理解、决策分析等多个领域。

由此可以看出，知识图谱是一种结构化的语义知识库，其基本组成单位包括：①实体，真实世界中存在的、可区别的、独立的事物；②概念，某一类别实体的集合，主要包括类别、事物种类、集合、对象类型等；③关系，实体间、概念间、概念与属性间、实体与属性间的某种关联关系；④属性（值），实体/概念的性质和关系的抽象，即对实体和概念的抽象刻画，而属性值则是对象指定属性的值。

知识图谱是用图模型来描述知识，对事物之间关联进行建模的技术方法。知识图谱由节点和边组成。节点可以是实体，如一个人、一本书等，或是抽象的概念，如人工智能、知识图谱等。边可以是实体的属性，如姓名、书名，或是实体之间的关系，如朋友、配偶。

2. 如何利用主题图或知识图谱实现数据的组织

（1）知识图谱的架构

1）**逻辑架构**。从逻辑上看，知识图谱可划分为两个层次：数据层和模式层。其中，数据层由事实组成，而将事实作为单位的知识存储于数据库中。如果事实以（概念，属性，属性值）或（实体，关系，实体）三元组作为基本表达方式，那么，将所有数据在图数据库中进行存储后，就会发现数据库中存在一张实体－关系图，也可称之为"知识图谱"。在数据层之上的是模式层，可以说是知识图谱构建的核心，目的是存储提炼过的知识，一般都是通过本体库对模式层进行管理。可以说，本体就是知识图谱的模具，且基于本体库形成的知识库层次结构相对较强，冗余知识相对较少。

2）**技术架构**。知识图谱并不是单一技术，而是一整套数据加工、存储及应用流程。不同类型的数据有不同的构建技术，如结构化数据的知识映射、半结构化知识的包装器，以及非结构化知识的文本挖掘和自然语言处理。

知识图谱的构建不仅需要考虑如何结合文本、多媒体、半结构化或结构化知识、服务或 API，以及时代知识等的统一知识表示，还需要进一步考虑如何结合结构化（如关系型数据库）、半结构化（HTML 或 XML）和非结构化（文本、图像等）多源异质数据源来分别构建通用事实类（各种领域的相关实体知识）、常识类、用户个人记忆类和服务任务类知识库等。

最后还需要考虑知识图谱的存储。既然有了知识，就必须用一定的手段去存储。但这里谈到的存储不仅仅是建立一个知识库，还包括存储之后的应用效率等。

综上，可以构建出图 5.15 所示的知识图谱技术架构图。

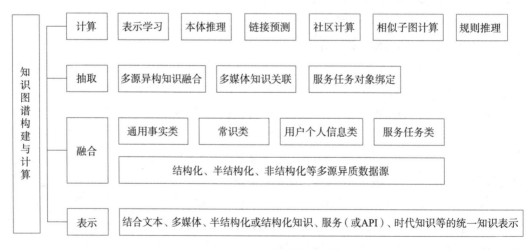

图5.15　知识图谱技术架构

（2）**知识图谱的技术流程**　知识图谱用于表达更加规范的高质量数据。一方面，知识图谱采用更加规范而标准的概念模型、本体术语和语法格式来建模与描述数据；另一方面，知识图谱通过语义链接增强数据之间的关联。这种表达规范、关联性强的数据在改进搜索、问答体验，辅助决策分析和支持推理等多个方面都能发挥重要的作用。

使用知识图谱组织数据的一般流程为：确定知识表示模型 → 选择数据来源，选择恰当手段进行知识抽取与知识表示 → 综合利用知识推理、知识融合、知识挖掘等技术对构建的知识图谱进行质量提升 → 根据场景需求设计不同的知识访问与呈现方法，如语义搜索、问答交互、图谱可视化分析等，如图 5.16 所示。

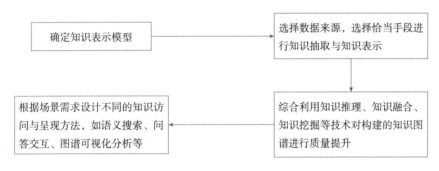

图5.16　知识图谱组织数据的一般流程

1）**模式构建**。模式构建是构建知识图谱概念模式的过程，一个良好的模式可以提高图谱的利用效率，减少冗余。知识图谱的模式构建通常有两种方式。一种是自底向上的构建方式，该方式需要对所有的实体进行类别归纳，先归纳成最细致的小类，然后逐层往上，形成大类概念。该方式普遍适用于通用知识图谱的构建。另一种是自顶向下的构建方式，该方式需要为图谱定义数据模式，并从最顶层的概念开始定义，逐步往下进行细化，形成类似树状结构的图谱模式，最后将实体对应到概念中。此类构建方式通常适用于领域或者行业知识图谱的构建。

以医药领域为例，医药知识图谱作为一种领域图谱，通常采用自顶向下的策略构建模式。在医药领域，人们主要关注药物与疾病症状之间的关系，制药企业主要关注某些药物的知识产权情况，药物研制企业则主要关注与药物相关的分子和竞争企业等。因此，可选取若干常用的实体作为示例，来设计和构建典型的医药领域知识图谱，如图 5.17 所示。

2）**知识抽取**。领域知识包括领域内实体、关系和属性。通过对知识的抽取，能够对事实进行高质量的表达，有助于构建模式层。获取知识图谱数据的来源广泛，包括文本、结构化数据库、多媒体数据、传感器数据等。每一种数据源的知识化都需要综合各种不同的技术手段。例如，对于文本数据源，需要综合实体识别、实体链接、关系抽取、事件抽取等各种自然语言处理技术，实现从文本中抽取知识。

实体抽取：又称为命名实体识别或命名实体学习，是指在大量原始语料中，能够对命名实体进行自动识别。该阶段是知识抽取过程中最基础、也最关键的一步。抽取的知识是否完整，召回率以及准确率等情况会直接影响知识图谱的构建质量。目前，常见的实体抽取方法有四种：基于规则和词典的实体抽取方法、基于百科站点/垂直站点的抽取方法、面向开放域以及基于统计机器学习的实体抽取方法。

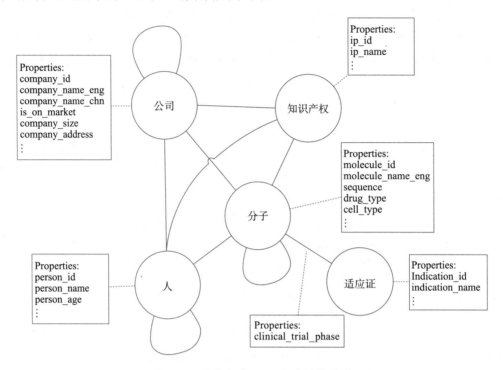

图5.17　医药领域知识图谱模式构建

关系抽取：以解决语义链接问题为目的，最早可以通过人工的方式构建语义规则或模板来识别实体间关系，但是该方法应用范围较窄。实体关系模型能够帮助解决人工构建问题，但不足之处是关系类型必须要提前定义好。关系抽取的方法有两种，一种是开放式的实体关系抽取，另一种是基于联合推理的实体关系抽取。

属性抽取：主要面向实体，通过添加属性丰富和完善实体。抽取属性的方法可分两种，一种是基于百科网点的实体属性抽取方法，另一种是基于实体属性与属性值间关系模式的实体属性抽取方法。对于抽取实体属性的问题可以转化成抽取关系问题，例如建立在规则和启发式算法基础上的抽取方法可以自动从维基百科和 WordNet 中抽取出对应属性，并且能够扩展成本体知识库，经试验证明，该实验抽取属性的准确率能够达到95%。

以医药领域为例，PubMed 是目前世界上查找医学文献利用率最高的网上免费数据库，具备强大的检索和链接功能，它提供了生物医学方面的论文搜索，其数据来源为MEDLINE，核心主题为医学及其相关的领域。医药领域的知识抽取，可以借助 PubMed 搜索引擎提供的论文题目或摘要作为数据源，抽取有关的实体以及关系。

实体及关系抽取可以通过查找相应的数据源获得。医药公司的官网会公布其正在研制的分子、治疗领域、研究阶段等，由此可以抽取公司与分子的关系、分子与临床阶段和适

应证的关系、分子之间的关系等。如图 5.18 所示，Novartis 公司在官网公布其研制的分子
"Tabrecta" 已通过 FDA 的批准，该分子的适应证是 "metastatic non-small cell lung"，由此可
以抽取出公司、分子、适应证及其之间的关联关系。

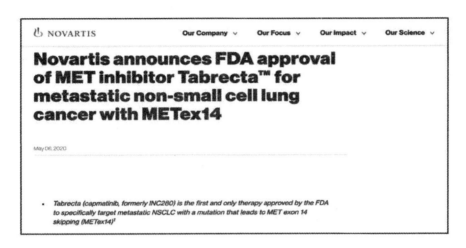

图5.18　Novartis公司官网公布的内容

3）**知识表示**。传统的表示方法主要以 RDF 三元组来体现实体间关系，通用且简单，受
到广泛的认可。但是，在计算效率和数据稀疏性等方面还是存在很多问题。如深度学习能
够先将语义信息用实值向量表示出来，然后以低维空间为背景计算实体及实体间关系等，
该方法不管是在构建知识库方面，还是在知识推理方面都具有一定意义。具有代表性的知
识表示学习模型有距离模型、双向性模型等；知识表示学习的复杂关系模型有 TransH 模型、
TransR 模型、TransD 模型、TransG 模型和 KG2E 模型等。

4）**领域知识融合**。知识融合是为了将各层面的知识通过某些方法进行整合，即能够在
同一规范下，对来源各异的知识进行数据整合、消歧以及加工等操作，以便达到数据信息
与人类思想的完美融合，从而形成高质量的知识库。知识融合主要面临两大技术挑战：一
个是在数据质量方面，需要解决命名模糊、数据输入错误、数据格式不一致、数据丢失等
问题；另一个是在数据规模方面，需要面对数据量大、数据种类多等问题，只是通过名字
匹配已无法满足需求。

5）**知识推理**。在现有知识库的基础上能够对隐含知识进行挖掘，以丰富和完善知识
库。而在此过程中，关联规则是必需的，它能够支持知识的推理。但由于实体、关系及其
属性多样，有些相对复杂的规则仍要依靠研究者手工总结，因而，通常情况下很难列举出
全部的推理规则。若想对推理规则进行进一步挖掘，仍然需要依赖于知识的丰富同现，其
中，推理对象包括实体、概念、属性以及关系等。知识推理的方法可以分为两种：一种是
基于逻辑的方法；另一种是基于图的方法。基于逻辑的方法主要有规则、一阶谓词逻辑以
及描述逻辑等。规则主要用于本体概念层次的推理；一阶谓词逻辑的推理指的是建立在命
题的基础上进行推理；描述逻辑的推理方法则是在一阶谓词逻辑和命题逻辑的基础上形成

的，其目的是平衡表示能力和推理复杂度，典型的知识库有 Tbox 和 Abox。基于图的知识推理方法中，最典型的有 Path-constraint random walk 算法和 Path ranking 算法，其主要原理是通过使用关系路径中所包含信息来预测实体间的语义关系。

6）**知识储存**。将获取到的三元组和 Schema 存储到计算机中。目前，常用的知识存储的数据库有：开源数据库 Apache Jena、RDF4J，开源图数据库 gStore，商业图数据库 Virtuoso、Allgrograph、Stardog，以及原生图数据库 Neo4j、Titan 等。目前，Apache Jena 和 Neo4j 数据库使用最为广泛。其中，Apache Jena 是一个免费的开源 Java 框架，支持语义网络的构建及数据连接应用；Neo4j 是一个嵌入式的、具备完全事务特性的、基于磁盘的 Java 持久化引擎，能够将结构化数据存储于网络，而非传统存储于表格，有着高连通数据、数据优先等优点。

以医药领域为例，在进行知识抽取之后，对原始数据进行整理，存入同一个表中。表包含多个表单，每一类相同的实体存入同一个表单中，第一行存放属性名称，从第二行开始每一行存储一个实体的属性信息，见表 5.5。

表5.5　实体属性表示

company_id	company_name_eng	company_name_chn	...
c0013	Novartis	诺华	...
⋮	⋮	⋮	

在知识抽取阶段已经获得了结构化的实体－关系－实体，以及实体－属性－属性值，因此需要将结构化的知识转换为 Neo4j 可以识别的格式，使用 Neo4j 创建节点，根据实体节点的 ID，匹配相应实体，建立两个实体节点的连接。创建完节点后，使用 Neo4j 创建关系。根据模式的定义，对相关联的节点建立关系。[⊖]

随着人工智能的不断发展，认知智能应用需求广泛而多样，需要对传统信息化手段进行全面而彻底的革新。知识图谱最大的优势在于具有强大的数据描述能力，各种机器学习算法虽然在预测能力上很不错，但是在描述能力上相对较弱，知识图谱的应用恰好填补了这部分空缺。另外，知识图谱能够将互联网数据转化为更接近人类认知的形式。面对海量异构的大数据，知识图谱可以从语义层面对数据进行处理，改进网络数据搜索质量，提供一种更有效的方式来组织、管理和利用数据。现如今，知识图谱已在精准分析、智慧搜索、知识问答、社交网络等方面有所应用。与此同时，为了应对大数据时代带来的挑战，一些行业也在借助知识图谱来解决业务需求。

与此同时，知识图谱也面临着巨大挑战。首先，大数据时代已经产生了海量的数据，但是数据发布不规范，且发布的数据质量差，从这些数据中挖掘高质量的知识需要处理数据噪声的问题。其次，垂直领域的知识图谱构建缺乏自然语言处理方面的资源，特别是词

⊖　邵浩，张凯，李方圆，等 . 从零构建知识图谱：技术、方法与案例［M］. 北京：机械工业出版社，2021.

典的匮乏使得垂直领域知识图谱构建代价很大。最后，知识图谱构建缺乏开源的工具，目前很多研究工作都不具备实用性，而且很少有工具发布，通用的知识图谱构建平台还很难实现。

5.2.7 不同数据组织方法间的比较

根据数据类型的不同以及语义丰富程度的差异，可以使用不同的数据组织方法对数据进行组织。表 5.6 对以上六种数据组织方法进行了比较。

表5.6 不同数据组织方法间的比较

数据组织方法	适用的数据类型	语义丰富程度
代码表法	模拟信号数据、应用程序数据	语用层面
分类法	模拟信号数据、应用程序数据、非结构化文本数据	语用层面
标签法	模拟信号数据、应用程序数据	语用层面
元数据法	模拟信号数据、应用程序数据、非结构化文本数据	语用层面
本体	模拟信号数据、应用程序数据、非结构化文本数据	语义层面
知识图谱	模拟信号数据、应用程序数据、非结构化文本数据	语义层面

5.3 数据湖中的数据组织

为了将不同类型的数据规划成可供分析的结构，有必要在数据湖内创建高级的数据结构。数据在进入数据湖前，会先进入充当数据存放单元的初始数据池，再根据数据类型，将数据发送到不同类型数据专用的数据池中，即模拟信号数据池、应用程序数据池和文本数据池。按照数据类型入池后，就可以对数据进行进一步的组织了。

5.3.1 数据池

为了将不同类型的数据规划成可供分析的结构，有必要在数据湖内创建高级的数据结构，包括初始数据池、模拟信号数据池、应用程序数据池、非结构化文本数据池和归档数据池。

每一个数据池（除了初始数据池外）都有一些共同的组成部分，具体内容如下。

数据池描述：包含一些外部内容，比如数据池的内容和展现及数据来源。

数据池目标：描述的是公司的业务与数据池中的数据之间的关系。

数据池数据：仅是那些在数据池中存放的数据实体。

数据池元数据：描述的是数据池内的数据特征的实体。

数据池元过程：元过程信息是关于数据的转换和调整的信息，为了使数据产生价值，必须要对池内的数据进行转换和调整。

数据池转换标准：是对池内数据应如何转换和调整的文档。

下面将对各种数据池分别进行介绍。

1. 初始数据池

当数据进入数据湖时，途经的第一站是初始数据池，充当数据的存放单元。

在初始数据池内，几乎没有分析或是其他数据活动。一旦到了分析阶段，初始数据池内的信息就会基于不同的数据类型，将数据发送到不同的数据池中，即模拟信号数据、应用程序数据和文本数据都有专用的数据池。数据发送到对应数据池后，源数据将从初始数据池中被移除（否则初始数据池中会充斥大量混杂数据）。初始数据池中的数据应该尽可能快地传递到所支持的数据池内。对初始数据池的一个质量衡量标准就是它有多小以及它向外传递数据的速度有多快。

2. 模拟信号数据池

模拟信号数据池是模拟信号数据被存储、调整以及分析的地方。模拟信号数据的修整主要指数据缩减（Data Reduction），即将模拟信号数据的数据量减少到可操作、可管理、有意义的数据量，并对池内的数据重新整理。模拟信号数据池的数据以监测值的方式被机械化地生产出来，并开始了生命历程。模拟信号数据的来源有很多，例如电子眼、制造业的控制设备、日志磁带、周期性计量监测等。

3. 应用程序数据池

应用程序数据池被一个或多个在运行着的应用程序占有，由应用程序所产生。所有应用程序数据池内的数据都具有一致性结构，同时包含着与业务运作相关联的数值。若池内所有数据都来自于单一的应用程序，则池内数据可能是经过整合的，但大多数情况下，池内数据来自多个应用程序，是未经整合的数据。

应用程序数据池是存放与应用程序相关的数据的地方。大多数（但不是全部）应用程序数据都是与交易相关联的。交易发生了，那么相应的电子记录也就产生了。电子记录会在公司的业务系统中被存储和使用，而后用于当前的交易。当电子记录在业务环境完成了它的使命之后，交易的记录就会被送到应用程序数据池中。还有一种形式的业务应用程序数据也会进入应用程序数据池。这里面可能会有顾客列表、产品目录、装箱单、发货日程、交货日程、通话记录等作为业务应用程序数据而被捕获的数据。

大多数的应用程序以行和列来保存数据。所以应用程序的数据通常也会以标准数据库格式被转移到应用程序数据池中。但这并不等同于数据库的优势也随之一起被保留在应用程序数据池中了。仅凭数据是在关系型数据库中被创建出来这一点，不能保证数据库对数据的严格要求也被带入应用程序数据池中去了。一旦应用程序数据进入数据池，就会被应用程序数据池中所使用的各种管理技术接管，而这些技术很可能不同于标准的数据库管理系统。

4.非结构化文本数据池

文本数据池是放置非结构化的文本数据的地方，文本可以来自任何地方。池内的文本难以进行深度处理，未经转换的文本仅能做一些表面的分析。为了做深度分析，需要对文本进行数据消歧处理，使其被转换成一致的数据库格式，并使文本的语境可以被识别出来，将它关联到文本中。

5.归档数据池

在数据生命周期最后的阶段，数据会从模拟信号数据池、应用程序数据池、文本数据池传入归档数据池。归档数据池设计的目的是保存那些不常用于分析，但在未来可能会用到的数据。综上，可以用图 5.19 来表示各种数据池间的关系。

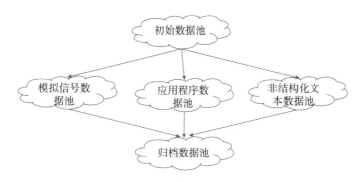

图5.19 各种数据池间的关系

5.3.2 应用程序类数据组织

1.数据描述

数据描述能帮助决定如何创建和精确分析应用程序数据，对应用程序数据的描述包括数据的来源、数据量、收集频率等信息。应用程序数据池包含多种应用程序的数据，几乎所有大型企业都会运行多种应用程序，包括内部系统以及外部解决方案。

2.数据的基本组织

由于数据源自应用程序，应用程序数据池中的具体内容通常会被拆分成记录（Record）。记录会拥有属性（Attribute），其中一些属性会成为键（Key），另一些属性还可以被索引。

3.数据的整合

数据到达应用程序数据池后，可能会具有与业务相关的结构。如果数据在传入应用程序数据池之前就被整合过，会很自然地具有内嵌的结构。面向业务整合意味着数据是根据公司的主要经营领域进行规划的，典型的公司经营领域包括顾客、产品、货运、订单、交付等，例如：不同的应用程序对于货币这一数据有不同的编码方式，为了使分析保持一致性，应用程序数据需要调整成一致的货币定义。若几个不同的应用程序分别使用"货币 –

人民币""货币－英镑""货币－美元""货币－欧元"来定义货币，可以将它们整合为某种统一的定义，比如全部使用"货币－人民币"来定义。对于其他数据，如测距数据、性别数据等，也要统一编码方式。

为了实现应用程序数据池中数据的整合，需要引入数据模型。数据模型对于如何关联数据提供了高层指导，这个高层的视角贯穿了实体、关系和主题。数据模型也伴随着低层的视角，在更细节的层次上，指引了诸如元数据这样重要的元素。元数据对数据的细节给予了描述，比如定义条目和属性的含义，以及键、索引、数据关系等。

4. 应用程序数据的指向

在某些情况下，当两个应用程序发生合并时，所产生的结果则是从一个应用到另一个应用的指向关系。以订购书籍业务为例，存在客户应用程序、数据库和数据库的书籍订单应用，此时，客户应用程序的数据结构可能为：张某、李某、王某；而书籍订单数据库可能为：book001、book002、book003；一旦数据被整合，则结果可能呈现为：张某 book001、李某 book002、王某 book003。

5. 应用程序数据的交并

更复杂的情况是两个应用发生交并。当两个程序发生交并时，交集部分的数据会被独立地创建出来。独立创建的数据会形成独立的数据集合。

6. 应用程序数据的选取

有时需要从已经被整合的应用程序数据中选出一些数据，并保存在应用程序数据池中。例如，一个应用程序数据库包含了一年内的通话数据，根据数据分析的需要，可以选出在某个特定日期内发生的通话数据并进行保存。数据的选取可以极大地减少系统检索数据的工作量。

5.3.3 模拟信号类数据组织

1. 数据描述

在模拟信号数据池中，描述信息的周边数据是非常重要的。一部分周边数据包括：数据进入模拟信号数据池的选择标准，模拟信号数据的来源，模拟信号数据进入数据池的频率，进入数据池的模拟信号数据的数据量，模拟信号数据发生移动的日期和时间等。

2. 捕获与转换初始数据

当模拟信号数据进入模拟信号数据池的时候，首先需要捕获并将模拟信号数据移入数据池，然后需要转换或修复模拟信号数据，使它们能够更容易地被终端用户分析。这一过程是在数据池自身范围内发生的。

3. 转换、调整初始模拟信号数据

模拟信号数据池将初始模拟信号数据调整成对分析有用的数据，称为"转换"或"转化"。在早期，转化过程也被称作数据缩减，目的是极大地减少数据存储量以及所需的记录条目，此外也减少了为分析处理这些数据所带来的系统工作压力。

模拟信号数据池内的数据缩减程度完全取决于分析师如何管理数据。数据集之间的数据缩减类型和程度具有多样性。常用的数据缩减方法有以下几种。

数据切除：消除重复的和不需要的数据，可以通过舍入来判断数据是否被需要。例如，某零件的重量为 60.023574 kg，而在实际操作中，仅记录小数点后两位，因此，可以通过四舍五入的方法，保留小数点后两位有效数字，60.023574 被四舍五入到 60.02，从而节省了大量的空间。数据切除的另一种方法是阈值，通过使用阈值的边界，系统可以自动记录下容差范围之外的数据（异常）。

数据聚类：运用某种分类方法将具有相似性质的数据对象划分为同一类，具有不同性质的数据对象划分为不同类的过程。数据聚类有多种形式，其中一种是将常见数值分类，或通过数值的范围分类。除此之外，数据聚类还有更多复杂的形式，如位图索引等。

数据压缩：允许数据更紧密地打包在一起。

数据平滑：消除或修改异常值的方法。

数据插值：基于所创建的数据点周围的数值而推断数据值的做法。内插的数值是一个"可能"的值。

数据采样：在大集合中选择一个具有代表性的小子集。采样适用于分析处理，但不适用于精细的更新操作。

数据舍入：在数据集中删除或者舍入一些无关紧要的数据。

数据编码：用较短的数据字符串来代表长数据字符串。

4. 建立数据之间的关联

在模拟信号数据池中，建立监测数据之间的关联也是一种有效调整数据的方法。将关系添加进模拟信号数据池，可以显著提升数据的可用性。

5.3.4　非结构化文本数据组织

1. 非结构化文本数据

非结构化文本数据组织是通过将不同格式、类型、性质及机构的数据，在描绘方式与表达方法上进行有效组织，进而使得其数据可以得到更好的应用。而非结构化文本数据的访问基础需要对数据进行有效的组织，但是常规的数据模型组织形式在非结构化文本数据组织中并不能得到有效的应用。因此，无法有效实现非结构化文本数据的访问统一化，这时就需要对其数据对象化的表达方法以及语义构建进行探索。

具有宝贵价值的文本数据包括期刊论文、网络舆情事件话题、微博文本、调查问卷、专利内容、书目信息等。对于企业而言，具有商业价值的文本数据主要有公司合同、企业通话记录、客户反馈、病例记录、保险单索赔、人力资源记录、保险政策、贷款申请、公司备忘录、电子邮件、工作报表等，其中部分数据及其价值列举见表5.7。

表5.7 具有商业价值的文本数据（部分）

文本数据	商业价值
电子邮件	客户会在电子邮件中表达其意见
合同	揭示企业的债务情况
质保索赔	生产商可以从中找出生产过程中的薄弱环节
保险索赔	保险公司可以从中评估有利可图的业务所在
客户反馈	可以用于市场分析

2. 非结构化文本数据处理方法

（1）语境化　为了将文本数据存储为标准的数据库格式，有必要将文本以记录的方式保存下来。每一条记录都有一个经处理的对应文本，以及与之相对应的上下文语境、文本字节数和文档名。一些常用的语境化方法包括自然语言处理（Natural Language Programming，NLP）、MapReduce 等。

自然语言处理的流程大致可分为五步。①获取语料。②对语料进行预处理。包括语料清理、分词、词性标注和去除停用词等步骤。③特征化：主要把分词后的字和词表示成计算机可计算的类型，这样有助于较好地表达不同词之间的相似关系。④模型训练：包括传统的有监督、半监督和无监督学习模型等，可根据应用需求不同进行选择。⑤对建模后的效果进行评价。

以对延安精神的一段阐述为例：从1935年到1948年，毛泽东等老一辈无产阶级革命家就是在这里生活和战斗了13个春秋。他们运筹帷幄，决胜千里，领导和指挥了中国的抗日战争和解放战争，奠定了中华人民共和国的坚固基石，培育了永放光芒的"延安精神"。这段文本陈述了延安精神的来源，当确认语境后，文本就会被计算机读取并进行分析，归纳为数据库格式，处理后的数据库信息见表5.8。

表5.8 语境化处理示例

文档编号	字节	文本	语境
034	0	从1935年到1948年	起止时间
034	17	毛泽东等老一辈无产阶级革命家	人物
034	80	运筹帷幄，决胜千里，领导和指挥了中国的抗日战争和解放战争	事件
034	133	奠定了中华人民共和国的坚固基石	结果
034	164	培育了永放光芒的"延安精神"	影响

然而，NLP存在一些固有的缺陷。第一，NLP假定文本的语境都源自文本本身。问题就在于，只有很少量的语境是来自文本本身的。第二，NLP并没有考虑强调语气。对于前

述例子中的“领导和指挥了中国的抗日战争和解放战争”，结合不同的语气，可以从多个角度对这句话进行理解。如果在说这句话的时候语气上强调的重点是“领导和指挥了”，那么意思就是在着重表达革命家们在事件中的作用和职能。如果语气上强调的重点是“抗日战争”“解放战争”，那么这句话就是在着重表达革命家参与的具体事件。如果语气上强调的重点是“和”，那么这句话的意思就是在着重表达革命家参与的事件数量。因此，同样的话会因为说话语气不同而表达出不同的意思。

MapReduce 技术也是处理语境问题的方法。MapReduce 是一种面向技术人员的语言，可以用于完成大数据中的多项工作，但 MapReduce 需要编写和维护很多代码行，且对于大量非结构化文本数据的语境化复杂性过高，这限制了它在处理非结构化文本数据语境化中的应用。

（2）**分类**　分类是事物的类别。以红色精神为例，图 5.20 所示是一种分类。

分类法最简单的一种形式是一个词汇的关联列表，它的数目可能是无限的，适用于电子邮件、呼叫中心信息、对话和其他自由形式的叙述性文本等。语言和术语是不断变化的，所以随着时间的推移，需要对分类法进行维护。当出现新的语言和术语或语言或术语发生变化之后，跟随这些变化的分类法也必须更新。

（3）**本体**　与分类法相关的还有本体。本体是相关分类的分组，一个本体可以简单定义为一个分类法，且在这个分类法中的元素存在着相互关联的关系。世界上有近乎无穷的分类（以及本体），分类和本体构成了文本数据池目标的基础。如图 5.21 所示，两组分类构成了一个本体。

（4）**知识图谱**　非结构化文本数据可以利用知识图谱进行组织，包括模式构建、知识抽取等过程。

红色精神
- 内容
  - 井冈山精神
  - 长征精神
  - 延安精神
  - 北大荒精神
  - 西柏坡精神
  - “两弹一星”精神
  - 红船精神
  - ……
- 形成时期
  - 五四运动
  - 土地革命
  - 抗日战争
  - 解放战争
  - ……

图5.20　分类法示例

红色精神
- 形成时期
  - 五四运动
  - 土地革命
  - 抗日战争
  - 解放战争
  - ……

五四运动
- 运动时间
- 运动背景
- 主要人物
- ……

图5.21　本体示例

◎ **本章思考题:**

1. 什么是数据组织?数据组织需要遵循哪些原则?

2. 数据组织与信息组织、知识组织有何不同?

3. 有哪些方法可以用于数据组织?

4. 不同的数据组织方法之间有哪些区别和联系?

第6章

数据分析与服务

■ **章前案例**[⊖]：

　　参考 IEEE 规范，华为公司给出了数据服务的定义：基于数据分发、发布的框架，将数据作为一种服务产品来提供，以满足客户的实时数据需求。它能复用并符合企业和工业标准，兼顾数据共享和安全。

　　华为公司将数据服务分为数据集服务和数据 API 服务。访问某个相对完整数据集的消费方式为"数据集服务"，如图 6.1 所示。数据集服务的主要特征是由服务提供方提供相对完整的数据集合，消费方"访问"数据集合，并自行决定接下来的处理逻辑，具体可以分为以下几点：①数据服务提供方被动地公开数据以供数据消费方检索；②数据服务提供方并不定义数据处理逻辑，但数据和数据处理逻辑仍然由其控制；③数据服务的生命周期即数据访问授权的有效期。

图6.1　华为公司的数据集服务

　　数据服务的另外一类消费者是"IT 系统"，即为某个 IT 系统提供数据事件驱动的响应，称为"数据 API 服务"，如图 6.2 所示。服务提供方"响应"消费方的服务请求，提供执行结果，其特征表现为：①数据服务提供方基于随机的数据事件主动地传送数据；②数据服务提供方会基于事件定义数据处理逻辑，由消费方提前订阅并随机触发；③服务

　　⊖　华为公司数据管理部.华为数据之道［M］.北京：机械工业出版社，2020.

的生命周期跟着事件走，事件关闭了，服务就终止了。数据 API 服务是对用户随机数据事件的响应，任务结束后，整个服务也就完成了。通过数据 API 服务，用户可以及时地获知任务的协同情况，并基于服务方的反馈结果做出相应的调整。供给方和消费方是协同关系，而非交接棒关系，这有效提升了面向协同任务的互操作一致性。

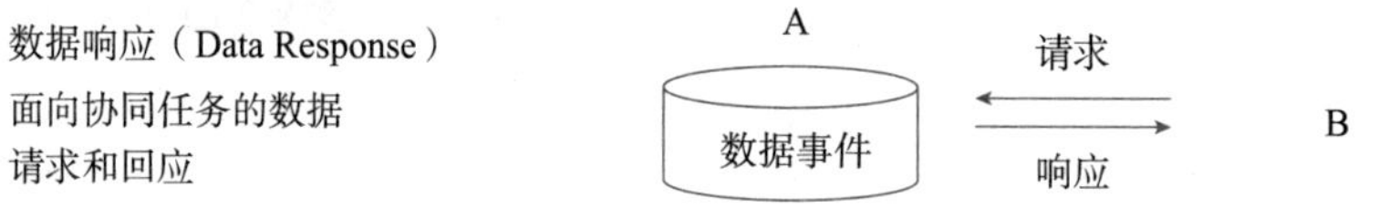

数据响应（Data Response）
面向协同任务的数据
请求和回应

图6.2　华为公司的数据API服务

华为公司提出了"服务＋自助"模式，即公司总部只提供统一的数据服务和分析能力组件服务，各业务部门可以根据业务需要进行灵活的数据分析消费，数据分析的方案和结果由业务部门自己完成。过去的业务部门只负责提出需求，所有方案从设计到开发实现，统一由企业总部完成。这也是传统意义上的数据仓库的标准报告生成方式，强依赖于IT 人员，贯穿整个数据分析过程。这种模式往往存在很多问题。在这种背景下，"服务＋自助"模式的数据分析周期极大缩短，当各业务部门需要进行数据分析消费时，可以直接调用已建好的数据服务进行自助分析，使整个报表开发周期缩短。通过数据自助服务的模式，可以更有效地发挥各业务部门的主观能动性，真正将数据分析消费与业务运营改进相结合。各业务部门在保证数据分析消费灵活性的同时，并不需要重复构建支撑消费的数据基础，所有公共的数据汇聚、数据连接都统一建设，在遵从隐私保护和安全防护要求的前提下以数据服务的形式充分共享，减少"烟囱式系统"的重复建设。

数据自助服务的关键能力包括针对三类角色提供的差异性服务、以租户为核心的自助分析关键能力两部分。①针对三类角色提供的差异性服务包括：面向业务分析师时，提供自助分析能力，业务人员能够快速得到分析报告；面向数据科学家时，提供高效的数据接入能力和常用的数据分析组件，快速搭建数据探索和分析环境；面向 IT 开发人员时，提供云端数据开发、计算、分析、应用套件，支撑海量数据的分析与可视化，实现组件重用。②以租户为核心的自助分析关键能力包括：多租户管理能力，是一种软件架构技术，实现多个租户之间的系统实例共享和租户系统实例的个性化定制，保证系统共性的部分被共享，个性的部分被单独隔离；数据加工能力，即在同一个租户空间内，对数据进行关联、过滤等操作，满足最终分析报告的数据需求，用户可将多个数据进行关联，构建自己的宽表，对宽表进行数据过滤，选择合适的字段以及增加计算字段；数据分析能力，即基于消费场景，利用租户内授权的数据资产，通过分析工具对数据进行分析并生成可视化报告。用户可以选择即席查询自行配置各类条件后的结果数据，再基于这些数据直接链接到不同的分析工具，进行进一步的数据分析。

案例思考题：

1.请分析华为公司两种数据服务类型的特点。

2. 请列举华为公司自主服务的例子。

3. 现在是否有较为成熟的数据自助服务工具或产品，请举例说明。

6.1 数据分析概论

用户希望获取与需求相符的数据服务，然而从各个方面获取的初始数据结构比较复杂，需要进行相应的调整，即进行数据融合才能进一步检索和分析。数据融合是获取初始数据后，对被存储的数据进行调整的过程，能使非结构化数据在数据检索和分析中更有效地被利用。通过数据检索得到目标数据集，然后借助可视化分析、统计分析等工具得到相应图表或者报告，从而达到提供数据服务的目标，如图 6.3 所示。

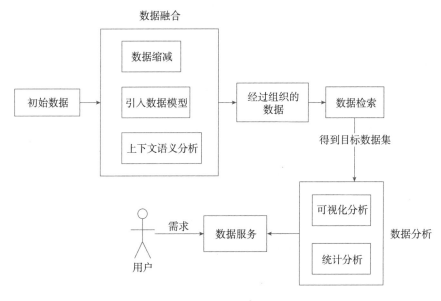

图6.3 数据服务流程

6.1.1 数据分析定义

数据分析是指用适当的统计分析方法对大量数据进行分析或建模，然后提取有用信息并形成结论，进而辅助人们决策的过程[○]。在这个过程中，用户会有一个明确的目标，通过"数据清理、转换、建模、统计"等一系列复杂的操作，获得对数据的洞察，从而进行决策。常见的数据分析有在线联机分析处理（OLAP 分析）与深度分析。OLAP 分析一般采用 SQL 查询语句对结构化数据进行多维度的聚集查询处理，而深度分析采用复杂度较高的数

○ JUDD C M, MCCLELLAND G H, RYAN C S. Data analysis: A model comparison approach［M］. New York: Routledge Press, 2009.

据挖掘和机器学习中的一些方法，可以处理结构化数据甚至是非结构化数据。数据分析一般基于大量数据和较为复杂的运算模型，其结果信息量通常很大，适用于宏观决策。而对于细节层面信息的获取，数据分析缺乏如索引和访问控制等方面的技术 ⊖。

6.1.2　数据湖中的数据分析过程

随着大数据技术的蓬勃发展，越来越多的组织将数据存储在数据湖中。数据湖蕴藏着巨大的潜力，数据湖中的数据分析是对数据科学家们的一项巨大挑战，也是当前的研究热点。本书的 4.2 节提到了数据湖中的数据流转过程，本节将对其中涉及数据分析的部分展开详细介绍。

数据湖中的数据分为模拟信号数据、应用程序数据和非结构化文本数据三种类型。当数据进入数据湖后，初始数据就会经历修整，以便用于后续的分析。如果初始数据没有经过修整，那么它将难以支持业务分析，从而无法产生业务价值。在一些情况下，未经修整的数据可能是不可用的。因此，如果要支持业务分析，那么初始数据要强制进行修整。而应用程序数据往往在进入数据湖之前就被整合过，因此本章主要介绍模拟信号数据和非结构化文本数据的数据融合过程。

获取模拟信号数据后，要调整为对分析有用的数据。数据缩减能极大地减少数据存储量和所需的记录条目，减少为分析处理这些数据所带来的系统工作压力。数据缩减的可用技巧很多，例如消除大量重复的数据，消除不需要的数据，消除或修改异常值，压缩数据。另一种有效调整数据的方法是建立监测数据之间的关联。例如监测并抓取一组轮胎的空气压力指数，尽管轮胎的胎压本身可以是很有意义的数据，但如果将它们关联到轮胎的制造商时，监测会更加有趣。一旦轮胎制造商被关联到压力指数上，就会产生出更多分析的可能性。将更多类型的数据以及数据关系都添加进来，会显著地提高数据的可用性和获取数据的价值。

非结构化文本数据由于难以进行深度处理，仅能做一些表面的分析。为了做深度分析，文本需要经过上下文语义分析。上下文语义分析能够将文本数据转换成一致的数据库格式。复杂是文本数据的特性，初始的、叙述性的文本数据是难以被理解的，企业只能做一些很表层的分析。在上下文语义分析过程中，为了将数据存储为标准的数据库格式，有必要将文本以记录的方式保存下来。每一条记录都有一个经处理的对应文本，以及与之相对应的上下文语境、文本字节数和文档名。经过一系列的处理，文本就被归纳成了数据库格式，之后以数据库格式进行文本上下文语境的识别，文本才会被计算机读取并分析处理。

上下文语义分析能够识别文本的语境，并将它关联到文本。上下文语义分析技术读取初始文本，之后将分类的内容与所分析的文本内容进行比对。当有单词与分类中的单词匹

⊖　杜小勇，陈峻，陈跃国 . 大数据探索式搜索研究［J］. 通信学报，2015，36（12）：77-88.

配时，则会推断消息中含有某种感情的表达。通过这种方式，文本中所含有的基调就可以被分析出来。一旦文本的基调被计量并放入数据库中，那么计算机就可以通过标准分析方法和标准可视化技术对多个消息进行分析。

大数据科学和新的 IT 标准提高了数据的集成能力，也使得数据跨行业的交互成为可能。智能城市是进行跨行业数据整合的最佳案例。在伦敦，电动汽车的使用给城市带来了一系列新问题，大量电动车同时充电会使电网产生峰值，影响城市用电。在电网和交通网中产生的电压、电流等数据作为模拟信号数据，经过数据缩减、融合等调整，就可以根据交通网的数据预测当天城市电网的情况，对电力的调配非常有帮助。反之，也能给交通管理提供信息咨询，从而更好地管理城市交通。另一个情况是，奥运会之后伦敦交通堵塞情况比以前提高了 8%，小型车数量日益攀升。研究发现，这与伦敦网上购物人数越来越多有关。人们在网上购物后，就使用小型车来运输这些商品。伦敦目前正在将网上购物数据和交通拥堵数据进行整合，分析原因，寻找创新的解决方案。

在意大利北部一个叫博尔扎诺的小镇，城市老龄化问题非常严重，退休人口占到全市总人口的 1/4，给社会管理和医疗服务带来很大压力。在 IBM 的帮助下，当地政府在退休人员家里安装了监测器，可以监测温度、湿度、二氧化碳含量等环境数据，作为生活环境的一个反映，从而向相应组织反馈现有生活环境数据，使这些组织在出现状况时能快速做出反应。这样能够节约一定的城市公共服务成本。同时监测老年人的生活数据，如做饭时间、打电话情况等，作为应用程序数据，可以通过建立数据模型等进行调整，为老人提供更好的服务，使生活水平得到提高，让很多老人愿意在家养老。居民们与社区组织的交流过程中产生的非结构化文本数据通过上下文语义分析，能够更好地找到居民们的问题存在，从而提高居民生活质量。

对问题进行分析时，需要考虑两个要素：发现能被用来回答问题的数据和发现数据之后所做的分析。如果查询数据的标准很直观，并且数据被索引过，那么检索过程是相对轻松的。但是寻找到用户所需要的数据往往是一个复杂的过程。举例来说，数据湖中数据检索的类型有以下几个。

1）假设搜索。寻找那些被隐藏或是经过伪装的数据，包括加密数据或者数据仅有非常模糊的标记等情况。例如找到某个为了不可告人的目的而建立的虚构账户。

2）针对数据分析的两面性。在任何情况下，数据分析都有非常不同的两面性。针对两面性的技术有机器学习和概念检索。机器学习和概念检索就是专门用来寻找那些搜索标准模糊的数据的，还有摘要和可视化技术。

3）寻找有限数量的数据集。例如寻找某个人的最后一次体检记录，因为在任何时候，只会有这样一份记录。

4）针对大数据集的搜索。比如寻找全体人口的体检记录，对于一座城市来说，有大量的人群体检记录。

一旦数据被找到，那么就需要分析数据。分析也可能很复杂。如果数据分析的全部工作仅意味着显示出所选的数据元素，那么分析是简单的。但数据分析有时候包含了许多复杂的算法和复杂的计算。数据被找到之后，就进入了分析阶段。数据分析软件和技术存在了很长时间，所以一旦数据被找到之后，分析的方式有很多。

数据的分析有多种形式，其中一些形式包括：①仅对数据进行排序。有时候，当其他方法不能奏效时，数据排序能够让重要的数据呈现出来。②数据摘要。在一些情况下，通过数据摘要能够发现那些容易被忽视和略过的数据。③数据比较。查看数据，并与其他数据集相对比，经常能够产生启发。④异常分析。既能找到那些异常值和例外，还能引导洞察。

也许对于分析来说，最有力的形式要数通过图表和图示来研究数据的可视化方法了。通过建立合适的可视化形式来描绘大量数据，可以让重要的结论立刻显而易见，这就使得可视化变得非常流行。

6.1.3　数据分析方法

数据分析的方法多种多样，本节介绍常用的九种方法。

1. 关联分析

关联分析，也叫作"购物篮分析"，是一种通过研究用户消费数据，将不同商品进行关联，并挖掘二者之间联系的分析方法。[⊖] 关联分析的目的是找到事物间的关联性，用以指导决策行为。如 67% 的顾客在购买啤酒的同时也会购买尿布，因此通过合理的啤酒和尿布的货架摆放或捆绑销售可提高超市的服务质量和效益。关联分析在电商分析和零售分析中的应用相当广泛。

关联分析的常见指标有：①支持度，指 A 商品和 B 商品同时被购买的概率，或者说某个商品组合的购买次数占总商品购买次数的比例；②置信度，指购买 A 商品之后又购买 B 商品的条件概率，简单说就是因为购买了 A 商品所以购买了 B 商品的概率；③提升度，先购买 A 商品对购买 B 商品的提升作用，用来判断商品组合方式是否具有实际价值。

2. 对比分析

对比分析使用两组或两组以上的数据进行比较，是一种挖掘数据规律的思维，能够和任何技巧结合。对比方式主要有：①横向对比，同一层级的不同对象比较，如江苏省不同城市的茅台销售情况；②纵向对比，同一对象的不同层级比较，如南京市 2021 年各月的茅台销售情况；③目标对比，常见于目标管理，如完成率；④时间对比，同比、环比、月销售情况等，很多地方都会用到时间对比。以三个科室在一周内的接诊数量为例，对比分析如图 6.4 所示。

⊖ 大数据分析和人工智能. 9 种最常用数据分析方法，解决 90% 分析难题［EB/OL］.（2022-09-18）［2022-11-23］. mp.weixin.qq.com/s/s6c5RiFM7YVAGNaKL2heoQ.

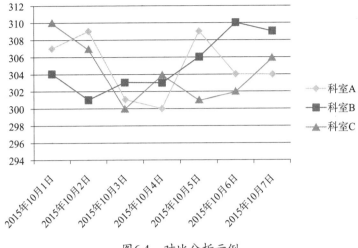

图6.4 对比分析示例

3. 聚类分析

聚类分析属于探索性的数据分析方法。从定义上讲，聚类就是针对大量数据或者样本，根据数据本身的特性研究分类方法，并遵循这个分类方法对数据进行合理的分类，最终将相似数据分为一组，也就是"同类相同、异类相异"。在用户研究中，很多问题可以借助聚类分析来解决，比如，网站的信息分类问题、网页的点击行为关联性问题以及用户分类问题等。其中，用户分类是最常见的情况。

常见的聚类方法有不少，包括 K 均值聚类（K-Means Clustering）、谱聚类（Spectral Clustering）、层次聚类（Hierarchical Clustering）等。图 6.5 所示是 K 均值聚类的一个示例，数据被分到黑色、深灰和浅灰三个簇中，每个簇有其特有的性质。

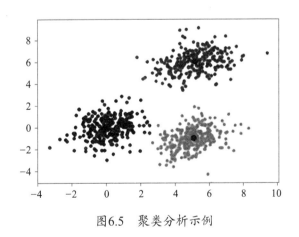

图6.5 聚类分析示例

4. 留存分析

留存分析关注用户参与或活跃程度，查看用户初始行为后的一段时间仍存在的客户行为（如登录、消费），反映了客户黏性以及产品对客户的吸引力。按照不同周期，留存率可以分为日留存、周留存、月留存三类。

1）日留存可以细分为：①次日留存率，（当天新增的用户中，第 2 天还登录的用户数）/第 1 天新增总用户数；②第 3 日留存率，（第 1 天新增用户中，第 3 天还登录的用户数）/第 1 天新增总用户数；③第 7 日留存率，（第 1 天新增用户中，第 7 天还登录的用户数）/第 1 天新增总用户数；④第 14 日留存率，（第 1 天新增用户中，第 14 天还登录的用户数）/第 1 天新增总用户数；⑤第 30 日留存率，（第 1 天新增用户中，第 30 天还登录的用户数）/第 1 天新增总用户数。

2）周留存以周为单位，指每个周相对于第 1 个周的新增用户中，仍然还登录的用户数。

3）月留存，以月度为单位的留存率，指每个月相对于第 1 个月的新增用户中，仍然还登录的用户数。

留存率是针对新用户的，结果显示为矩阵式半面报告（只有一半有数据），每个数据记录行是日期，列是对应不同时间周期下的留存率。正常情况下，留存率会随着时间周期的推移而逐渐降低，图 6.6 所示是月用户留存曲线示例。

首次交易月份	月份间隔				
	0	1	2	3	4
2020年1月	133 245 (100.00%)	114 769 (86.13%)	115 415 (86.62%)	114 235 (85.73%)	112 120 (84.15%)
2020年2月	105 181 (100.00%)	103 714 (98.61%)	103 185 (98.10%)	102 724 (97.66%)	
2020年3月	119 992 (100.00%)	111 654 (93.05%)	109 775 (91.49%)		
2020年4月	133 824 (100.00%)	115 013 (85.94%)			
2020年5月	122 023 (100.00%)				

图6.6　月用户留存曲线示例

5. 帕累托分析

帕累托分析源于经典的帕累托法则——80% 的财富由 20% 的人口掌握，而在数据分析中，可以理解为 20% 的数据产生了 80% 的效果。比如一个商超进行商品分析的时候，就可以对每个商品的利润进行排序，找到排名在前 20% 的商品，那这些商品就是能够带来较多价值的商品，可以再通过组合销售、降价销售等手段，进一步激发其带来的收益回报。

帕累托法则一般会用在产品分类上，表现为 ABC 分类。常见的做法是将产品库存单位（SKU）作为维度，对应销售额作为基础度量指标，将这些销售额指标从大到小排列，并计算累计销售额占比。占比在 70%（含）以内的划分为 A 类，在 70%～90%（含）以内的划分为 B 类，在 90%～100%（含）以内的划分为 C 类。按照 A、B、C 分组对产品进行分类，根据产品的效益分为三个等级，这样就可以针对性地投放不同程度的资源，从而产出最优的效益。图 6.7 所示是帕累托分析的示例，其中横坐标为客户 1～10，纵坐标为销售金额。

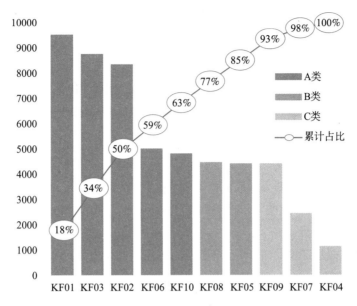

图6.7　帕累托分析示例

6. 象限分析

象限分析通过两种及以上的维度，运用坐标的方式对数据进行划分，从而将数据转化为策略。象限分析是一种策略驱动的思维，常应用在产品分析、市场分析、客户管理、商品管理等场景，像 RFM（Rencency-Frequency-Monetary，最近一次消费 – 消费频率 – 消费金额）模型、波士顿矩阵都是象限分析思维。图 6.8 所示是 RFM 模型的示例，利用象限分析将用户分为 8 个不同的层级，从而对不同用户制定不同的营销策略。

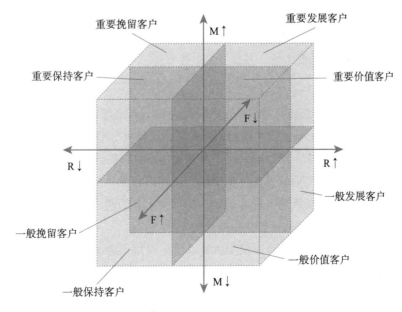

图6.8　象限分析（RFM模型）示例

象限分析能够找到问题的共性原因。通过象限分析，将有相同特征的事件进行归因分析，总结其中的共性原因。象限分析能够针对不同象限建立分组优化策略，例如 RFM 客户管理模型中按照象限将客户分为重要发展客户、重要保持客户、一般发展客户、一般保持客户等不同类型。给重要发展客户倾斜更多的资源，比如 VIP 服务、个性化服务、附加销售等。给更具有潜力的客户群体销售价值更高的产品，或提供一些优惠措施来吸引他们回归。

7. ABtest

ABtest 是将 Web 或 APP 界面或流程的两个或多个版本，在同一时间维度分别让类似访客群组来访问，收集各群组的用户体验数据和业务数据，最后分析评估出最好的版本正式采用。ABtest 的流程如下。

1）分析现状并建立假设：分析业务数据，确定当前最关键的改进点，做出优化改进的假设，提出优化建议。

2）设定目标，制定方案：设置主要目标，用来衡量各个优化版本的优劣；设置辅助目标，用来评估优化版本对其他方面的影响。

3）设计与开发：制作两个或多个优化版本的设计原型并完成技术实现。

4）分配流量：确定每个线上测试版本的分流比例和初始阶段，优化方案的流量设置可以较小，根据情况逐渐增加流量。

5）采集并分析数据：收集实验数据，进行有效性和效果判断，即当统计显著性达到95% 或以上并且维持一段时间，实验可以结束；如果统计显著性水平在 95% 以下，则可能需要延长测试时间；如果很长时间内统计显著性不能达到 95% 甚至 90%，则需要决定是否继续该实验。

6）做出决策：根据实验结果确定发布新版本、调整分流比例继续测试或者在实验效果未达成的情况下继续优化迭代方案，重新开发上线实验。

8. 漏斗分析

漏斗思维本质上是一种流程思路，在确定好关键节点之后，计算节点之间的转化率。这个思路同样适用于很多场景，像电商的用户购买路径分析、APP 的注册转化率等。图 6.9 所示是一种经典的营销漏斗，形象地展示了从获取用户到最终转化成购买这整个流程中的一个个子环节。整个漏斗模型就是先将整个购买流程拆分成一个个步骤，然后用转化率来衡量每一个步骤的表现，最后通过异常的数据指标找出有问题的环节，从而解决问题，优化该步骤，最终达到提升整体购买转化率的目的。

著名的海盗模型即 AARRR 漏斗模型就是以漏斗模型作为基础的，从获客、激活、留存、商业变现、自传播五个关键节点，分析不同节点之间的转化率，找到能够提升的环节，采取一定的措施，如图 6.10 所示。

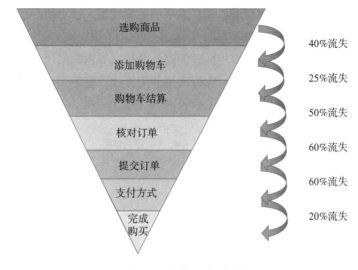

图6.9 营销漏斗模型

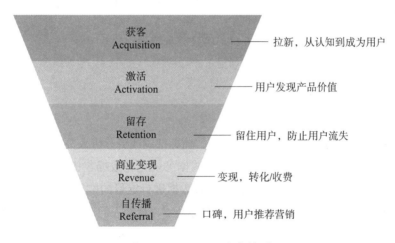

图6.10 AARRR漏斗模型

9. 路径分析

路径分析追踪用户从某个开始事件直到结束事件的行为路径，即对用户流向进行监测，可以用来衡量网站优化的效果或营销推广的效果，以及了解用户行为偏好，其最终目的是达成业务目标，引导用户更高效地完成产品的最优路径，最终促使用户付费。图 6.11 所示是一项示例。

用户行为路径分析的步骤为：①计算用户使用网站或 APP 时每一步的流向和转化，真实地再现用户从打开 APP 到离开的整个过程。②查看用户在使用产品时的路径分布情况，如在用户访问了某个电商产品首页后，有多大比例的用户进行了搜索，有多大比例的用户访问了分类页，有多大比例的用户直接访问了商品详情页。③进行路径优化分析，如哪条路径是用户访问最多的，走到哪一步的用户最容易流失。④通过路径识别用户行为特征，如分析用户是用完即走的目标导向型，还是无目的的浏览型。⑤对用户进行细分，通常按照 APP 的使用目的来对用户进行分类，如汽车 APP 的用户可以细分为关注型、意向型、购买型用户，并对每类用户进行不同访问任务的路径分析，如意向型用户进行不同车型的比较有哪些路径、存在什么问题。还有一种方法是利用算法，基于用户所有访问路径进行聚类分析，先依据访问路径的相似性对用户进行分类，再对每类用户进行分析。

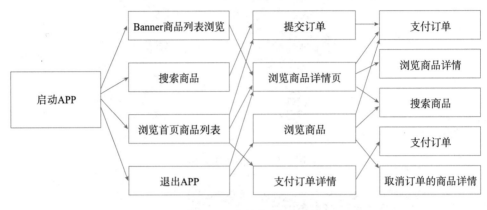

图6.11　路径分析示例

6.2　数据可视化

以往企业的大量数据主要被 IT 部门掌管，业务部门或者分析人员如果要进行数据分析，往往面临"流程冗余、周期冗余"的问题。数据可视化将数据集中的数据以图形、表格、数值等形式表示，并利用相应的算法和工具对数据进行定量的推演与计算，从多角度、多方面剖析数据，从而发现其中未知信息的处理过程 ⊖，帮助人们读懂数据，了解现状以及预测变化趋势，从而提供业务决策支持。

6.2.1　数据可视化定义

数据可视化是将单一数据或复杂数据以视觉的形式呈现出来，从而精简、高效地传递某些信息或知识。它能够将一些抽象的、冗余的甚至毫无联系的信息整合起来，并将它们转换为图形、符号或者概念模型。数据可视化是利用图形、图像处理、计算机视觉以及用户界面等技术，通过表达、建模以及对立体、表面、属性或动画的显示，对数据加以可视化的解释。数据可视化的应用不断扩张，比如科学可视化、知识可视化等。⊖

　⊖　左圆圆，王媛媛，蒋珊珊，等 . 数据可视化分析综述［J］. 科技与创新，2019（11）：82-83.
　⊖　宋珍玉，李甲奇 . 数据可视化概念研究［J］. 科教导刊：电子版：上旬，2016（9）：125-125.

6.2.2 数据可视化步骤

数据可视化过程可以看作一个以数据流为主线的流程，包括数据采集、数据清洗、数据库技术、使用图表工具可视化，再回到数据采集，实现闭环 [⊖]，如图 6.12 所示。

1. 数据采集

数据采集是数据可视化的第一步，采集方式有传感器采集、爬虫、录入、导入、接口等。按照数据来源，可以分为内部数据采集、外部数据采集。内部数据采集是指采集企业内部的经营数据，包括各个业务系统的数据，如开票系统、财务系统等；传感器的数据，包括车联网埋点数据、整车 CAN 数据等。外部数据采集是指通过一定的方法获取到企业外部的数据，如通过调用高德地图 POI 获取高德地图的数据等。

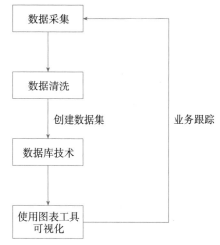

图6.12 数据可视化过程

2. 数据清洗

数据清洗，顾名思义就是把没有意义的数据清洗掉，处理无效值、缺失值，确保数据一致性。如在维度建模过程中，需要将各个业务系统中的数据抽取出来，这就免不了有错误数据，包括数据描述存在差异的问题，将错误数据按照一定的规则清洗，最终实现同名同义。

对于缺失值的处理，一般有两种处理方式：删除存在缺失值的个案、缺失值插补法。将存在缺失值的个案直接删除是最简单的方法。采用缺失值插补法是为了尽可能地使用其他属性值，若直接删除存在缺失值的个案会导致信息的极度浪费。缺失值插补法包括均值插补法、利用同类均值插补法、极大似然估计、多重插补法。

3. 连接数据源

在经过数据采集、数据清洗后，需要连接数据源，创建数据集。数据源类型一般是 Excel 文档、各类数据库等。连接 Excel 文件，选择 Excel 文件所在路径及需要连接的工作表，观察 Excel 文件首行是否包含字段名称，若无，则选择自动生成字段名称，通过重命名后，即可设置指定的字段名称，单击确定即可完成连接 Excel 文件。

数据经常存储在服务器的关系型数据库中，在连接数据库时需要填写服务器、端口、用户名、密码。连接数据库即可查看该服务器现有的数据表，除了可以直接查询现有数据表的数据，还可以通过自定义 SQL 编写数据库 SQL 查询数据。在编写 SQL 时，需要明确

⊖ 温丽梅，梁国豪，韦统边，等 . 数据可视化研究［J］. 信息技术与信息化，2022（5）：164-167.

的是查询响应时间，这是关键；否则即使数据库表设计合理、索引合适，查询速度也会很慢甚至查不出来，这样就无法实现高性能。SQL 查询由一个个子任务组成，每个子任务运行都会消耗一定的时间，要想提高查询性能，需要从优化子任务着手，减少部分子任务或者减少子任务的查询次数。当查询数据库较慢时，可以从优化数据访问着手。查询性能低下往往是由于访问的数据过多引起的，可以通过减少访问数据量的方式进行优化，数据库是否请求了非必要的数据，即访问的字段值是否非必要，或者访问的行数是否过多，由此可以确认是否访问了多余的数据。

4. 创建图表

创建数据集后，需要考虑数据以什么形式呈现，一般为图形、表格、数值等形式。用表格来代替图形是一个很好的选择，因为表格可以提供详细的数据信息，且占用空间很少。常用图形包括条形图、直方图、饼图、折线图、箱形图、散点图、地图等，部分介绍如下。

1）条形图：通常用条形的高度或长度来表示频数，并且通过频数大小进行排序，能够一眼看出各数据之间的大小，便于比较数据的差异。条形图的三个要素为：组数、组宽度、组限。组数即数据分为多少组，一般设置成 5～10 组；组宽度即每组的宽度，一般来说每组的宽度是一样的；组限即每一组的上限值、下限值，需要注意的是每个数值只在唯一的组限内。

2）直方图：又称质量分布图，在组距相等的原则上确定组数和组距。组数即将数据分成的组的个数，每一组的两个端点的差为组距。通过观察直方图，可以判断生产过程的稳定性，预测生产过程的质量。它与条形图有所不同：条形图通过条形的高度或长度来表示频数，而直方图是用面积表示频数；条形图中横轴上的数据是离散的，而直方图中横轴上的数据是连续的；条形图中的条形之间有间隔，而直方图中的条形是紧挨的。

3）饼图：用于强调各项数据占总体的百分比，强调个体和整体的比较。需要注意的是，当面积区别不明显时，可通过使用条形图来提高图的可读性。

4）折线图：又称为趋势图，用于呈现数据随时间的变化而变化的情况；曲线的上升与下降分别代表数据的增加与减少。

5）箱形图：又称箱线图，主要用于显示数据的分散情况，以及各组数据间的数据分布特征的比较。箱形图主要有六个数据：上边缘、上四分位数、中位数、下四分位数、下边缘、异常值。观察箱形图的结构，当出现异常值时需要加以关注，并分析其产生的原因。

6）散点图：通常是为了初步确认变量之间是否存在某种关联，如果存在关联，是线性相关的，还是曲线相关的，通过散点图可以一目了然地确认离群值。通过将位置数据绘制在地图上，可以直观地了解数据在空间上的分布。地图分析功能可以以不同的颜色显示各区域，也可以在地图区域上设置不同颜色的旗帜，将业务数据在地图上清晰展示，并可以在地图上实现下钻联动的图形效果，探索问题的根源，增强洞察力。

5. 布局排版

当图表制作实现数据大小的呈现后，需要有针对性地完成一些定制化操作。为了更好地让用户理解可视化图形，可以增加标题和说明等信息来描述可视化的关键点。设计者可以根据业务需求以及页面整体布局，修改字体大小和颜色。使用不同的标记方式，并给这些标记附上相应的属性值，用户即可根据这些形状区分不同的数据点。一般在图表制作过程中，会有默认的颜色配置，但是设计者可以自定义设计颜色。添加标签后，用户通过标签可在查看图表时知道数据值，而不仅仅是通过数据的图表高度或者形状大小来猜测数据值。值得注意的是，当数据标签对图形非常重要时，需要考虑能否通过表格来替换相关图形。通过观察不难发现，人们更容易区分大小上的不同，而不是颜色上的差异，因此可将数据编码成各种大小的标记来增加图形的有效性。

页面布局排版需要区分层次，可以通过组件的大小和位置来区分数据的层次结构。在左上角的是最重要的信息，沿着对角线方向，信息的重要程度逐渐减弱，右下角的信息重要程度最低。页面需要方便用户理解，通过最简单的方式表达信息，删除冗余的内容来显示信息。页面使用一致性布局，相同信息使用类似的风格，把相关的信息放在一起，相关的内容进行数据可视化分组显示。

6. 页面预览与共享

数据可视化页面初步开发制作完成后，需要增加预览环节，观察页面整体效果。不管是在页面制作过程中，还是页面上线共享后，使用筛选器只能选择一些行，在处理大数据文件时的页面运行速度还是很慢的，因此需要设置数据提取操作。数据提取的数据是从连接好的数据源获取的，并保存在本地服务器；在页面制作过程中，完成数据提取后，即使连接失败也不影响处理这部分数据的操作，且不需要重复加载；页面上线后，设置数据提取任务，能够极大地提高页面查询速度。

6.2.3 数据可视化方法

本节主要介绍以下5种最常用和实用的数据可视化方法。[⊖]

1. 面积与尺寸可视化

对同一类图形（柱状、圆环、蜘蛛图等）的长度、高度或面积加以区别，能一目了然地表达和对比不同指标的值。这种方法要用数学公式计算，来表达准确的尺度和比例。如图6.13所示，店铺动态评分模块右侧的条状图按精确的比例显示了5分动态评分中不同评分用户的占比。

⊖ CDA数据分析师. 数据可视化常用的5种方式及案例分析 有图有真相！[EB/OL].（2015-09-29）[2022-11-23]. mp.weixin.qq.com/s/jcCs2ZW3VwswVUKMkayyow.

图6.13　面积与尺寸可视化示例

2. 颜色可视化

颜色可视化是指通过颜色的深浅来表达指标值的强弱和大小，能直观体现整体上哪部分指标的数据更突出。图 6.14 所示是一个眼球热力图示例，颜色的差异直接显示用户的关注点。

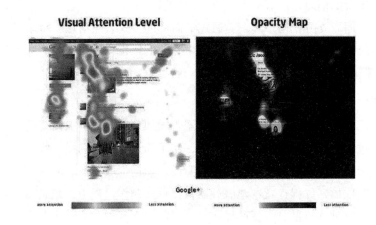

图6.14　颜色可视化示例

3. 图形可视化

图形可视化使用有对应实际含义的图形来呈现指标及数据，能更生动地展现数据图表，便于用户理解图表要表达的主题。如图 6.15 所示，当展示使用不同类型的手机和平板用户占比时，以苹果公司的商标为背景来划分用户比例，就知道是在描述苹果设备。

图6.15　图形可视化示例

4. 地域空间可视化

地域空间可视化以地图为大背景，当指标要表达的主题跟地域有关联时，用户可以直观了解整体的数据情况，也可以根据地理位置快速地定位到某一地区来查看详细数据。

5. 概念可视化

概念可视化将抽象的指标数据转换成用户熟悉的容易感知的数据，便于理解图形要表达的意义。

6.3 数据服务

在得到目标数据集并经过相应的处理后，就能够得到相应的数据分析报告。这些数据分析报告往往能够呈现出原始数据的宝贵价值。再结合用户的需求，利用分析得到的结果，能够针对用户提供相应的数据服务。

6.3.1 数据服务定义

在不同领域，数据服务的含义存在较大的差别。早在 1997 年，国内研究人员沙一鸣、尤晋元就提出了数据服务，即通过 Java Applet 将从互联网中的数据提供节点获得的动态数据转化为向服务请求者提供的动态数据服务[一]，但这并不是主流数据服务的定义。现在大部分的观念都认为数据服务是能够通过网络实现数据的有效管理、精确访问、异构集成、相互共享、信息提取等功能的服务 MJ[二]。

数据服务的形式和内容随着用户需求的不断增加而呈现多样化趋势。

从数据源的角度来说，数据服务对用户而言具有唯一性和排他性，大大增强了数据源本身的安全性。从平台角度来说，数据服务将管理数据服务的数据服务管理平台、配置数据服务的多数据源查询引擎和设计数据服务的开发工具紧密联系起来。[三]

6.3.2 数据服务分类

数据服务将修整后的初始数据进行整理、分析，得出能够帮助业务顺利开展的报告。因此，数据服务的具体分类与其应用领域有着非常大的关系，本节将从以下几个领域阐述数据服务的具体分类。

[一] 沙一鸣，尤晋元. 基于 Internet 的动态数据服务技术研究 [J]. 上海交通大学学报，1997（8）：19-22.

[二] 谢兴生，庄镇泉. 一种基于数据服务匹配的数据集成方法研究 [J]. 中国科学技术大学学报，2009（5）：504-509.

[三] 唐成务，陈彦萍，朱琳萍，等. 数据服务理论研究 [J]. 微处理机，2016，37（4）：43-47.

1. 企业

企业的数据服务的产生是为了更好地满足用户的数据消费需求，因此数据消费方的差异是数据服务分类的最关键因素。数据服务具体可以分为两大类：数据集服务和数据 API 服务。

数据集服务访问某个相对完整的数据集，消费者大多为企业。

数据 API 服务的消费者是"IT 系统"，即为某个 IT 系统提供数据事件驱动的响应，称为"数据 API 服务"。服务提供方"响应"消费方的服务请求，提供执行结果。

2. 数据服务体系

数据服务体系就是把数据变为一种服务能力，通过数据服务让数据参与到业务中，激活整个数据中台，这也是数据中台的价值所在。数据服务分类如下。①基础数据服务：主要面向的场景包括数据查询、多维分析等，通过自定义 SQL 的方式实现全域物理表的指标获取与分析。②标签画像服务：主要面向的场景包括千人千面、画像分析等，通过实现数据中台全域标签数据跨计算、统一查询分析计算，加快数据应用开发速度。③算法模型服务：主要面向的场景包括智能营销、个性化推荐和金融风控等，通过配置在线 API，支持智能应用和业务。

3. 智慧政府

智慧政府的大数据服务是为政府部门、统计行业提供结构化和非结构化数据集成服务平台，可以分为工具类大数据服务和面向应用的大数据服务两大类：①工具类大数据服务，利用产品化的工具产生或生产数据，包括元数据管理服务、数据仓库建模服务、数据共享交换服务等；②面向应用的大数据服务，利用已有的数据资源，包括数据查询检索服务、数据汇总统计服务、数据分析预测服务、数据立方服务、文件立方服务、GIS 分析服务和评价指数服务等。⊖

6.3.3 以用户体验为中心的数据自助服务

数据分析师只能基于诸如业务领域对象之类的语义层进行分析，他们通过使用更高级别的预构建结构来组合数据，而无须了解实际数据操作的复杂性。例如，用户可以将客户和订单相关的业务对象数添加到报表中，这样就能够查看每个客户的订单。这种方法虽然非常方便，但仅限于 IT 人员创建的业务对象，而且任何变更都需要多人审核和批准，有时甚至需要数月。

数据自助服务改变了这种局面。自助数据探索和可视化工具正在迅速取代传统的 BI 产品，这些工具允许分析师直观地浏览数据并直接使用它来创建图表。现在，分析师可以使

⊖ 产业元宇宙 AIOS. 数字政务服务平台：产品应用设计：大数据服务端服务分类［EB/OL］.（2022-05-06）［2022-11-23］. mp.weixin.qq.com/s/gxD5BrHofTHsB50Vj4Mcfw.

用数据预处理自助工具将数据转换为他们想要的形式。此外，自助服务元数据工具允许分析人员自行注释、查找和理解数据集，而无须向 IT 提需求。自助服务工具几乎都是以分析师为目标用户的，通常不需要任何 IT 参与就可以部署和使用。

但是大多数企业并没有真正支持自助服务模式，因为数据仓库并非为处理大量的即席查询和分析而设计的，是经过精细的调优，来支持关键的生产报告和分析。分析过程中通常需要将数据仓库中的数据与其他数据集相结合，但是向数据仓库添加任何内容都是一个昂贵而耗时的过程，会涉及大量的工作。因此，在许多企业中数据湖的主要目的之一是创建可以实现这种自助服务的环境。

在数据湖中实现数据自助服务的过程可以分为以下几个步骤：首先，分析师必须找到并理解所需的数据。其次是提供数据，获得以可用的形式和格式组织的数据。最后，需要预处理数据以进行分析，这可能会涉及组合、过滤、聚合、修复数据等问题。一旦数据处于正确的形态，分析师就可以使用数据发现和可视化工具对其进行分析了。

1. 发现和理解数据

分析师使用业务术语来搜索数据，而数据集和字段通常使用技术术语，使得分析师很难找到并理解数据。为了解决这一问题，可以使用数据目录把业务术语跟数据集相关联，让分析人员使用标签快速查找数据集，并通过查看与每个字段关联的标签来了解这些数据集。如果没有数据目录，要找到数据集来解决特定问题，分析人员必须向其他人进行咨询。可能只是找到一个用于解决类似问题的数据集，然后就直接使用了，并没有真正理解这些数据是如何得到的。多个数据集都包含分析人员需要的数据，下一步是确定选择使用哪一个数据集。通常会对数据的完整性、准确性和可信度进行判断。

在大多数企业中，关于数据的知识都只保存在一部分人的头脑里，包括数据在哪里、什么情况下用哪个数据集以及数据是什么含义，这通常被称为"部落知识"。企业常常通过众包的方式从分析师那里获取部落知识，希望可以将他们头脑中的信息提取统一到术语表和元数据库。然而这些努力非常耗时，并且会存在障碍。

越来越多的企业认识到了领域专家的价值，正在尝试通过各种方式来鼓励众包。比如，通过公开表彰领域专家的工作来鼓励他们分享知识，由他们曾帮助过的项目来颁发奖章，或者公开对他们表示感谢；让"可以向哪些人咨询哪些数据集"这样的信息更容易获取；让那些与领域专家交流的分析师能够方便地将所学内容以标签和注释的形式保留下来以供将来使用，避免再次打扰领域专家。

2. 建立信任

一旦分析师找到相关的数据集，下一个问题就变成了数据是否可信。虽然分析师有时可以轻松访问到经过清洗的、可信的、精选的数据集，但通常必须独自确认是否可以信任这些数据。信任通常基于三个维度：①数据质量，数据集的完整性和整洁性；②血缘，数据来自哪里；③管理员，谁创建了数据集，以及为什么创建。

3. 数据预置

一旦确定了正确的数据集，分析师就需要使其可用，也就是"预置"它。预置有两个方面：获取数据和获得使用数据的权限。数据湖面临的一大挑战是决定哪些分析师可以访问哪些数据。大多数行业需要处理大量敏感数据。

目录是一种非常敏捷的访问控制方法。企业能够创建元数据目录，使分析人员无须访问数据本身即可查找数据集。识别出正确的数据集以后，分析师提交权限申请，数据管理员或所有者决定是否授权、权限有效期以及对哪部分数据开放权限。访问期限到期后，可以自动撤销访问权限或请求延期。

这种方法能够在申请此数据集之前，不必检查和保护数据集内的敏感数据。分析人员可以在数据库中找到任何数据，包括新的数据集，但无法访问它。数据管理员和所有者不必花时间确定谁应该访问哪些数据，除非有实际项目需要它。权限申请可能需要说明理由，这提高了审计跟踪能力。可以对数据集的一部分进行授权，以及授予特定时间段内的访问权限。

4. 为分析准备数据

虽然一些数据可以按原样使用，但大部分通常需要一些准备工作。准备工作可能像选择适当的数据子集一样简单，也可能涉及复杂的清理和转换过程，以便将数据转化为合适的形式。最常见的数据预处理工具是 Excel，但 Excel 在大型数据湖中的应用变得不切实际。很多公司已推出了具有更好的扩展性的新型工具，甚至一些数据可视化厂商也将通用的数据预处理功能整合到他们的工具中。

传统的数据仓库为了执行少数预定义的分析任务，会依赖 IT 开发的经过充分测试和优化的 ELT 作业。任何数据质量问题都以相同的方式解决，所有数据都转换为一组通用的表示。所有分析师都必须采用这种一刀切的方法。现代自助服务分析则更灵活、更具探索性，尤其是对数据科学。分析人员利用数据仓库中更多可用的数据，甚至是原始数据，以灵活的方式来准备特定的需求和用例。

5. 分析和可视化

现在已有大量优秀的数据可视化和分析自助服务工具。Tableau 和 Qlik 已存在多年，许多较小的厂商，如 Arcadia Data 和 AtScale 也提供了专门针对大数据环境的高质量、易用的功能。

可视化是一种通常以关系型格式获取数据、整理数据，并展示数据的技术。通过将数据库中的数据细节导出成可视化形式，可以立刻看到用其他方式很难发现的规律与趋势。可视化对于非技术岗位的管理者非常有用。在许多情况下，管理层并不能即刻理解数据所表达的问题，除非将之可视化。可视化技术可以创建帕累托图、饼图、散点图等，以多种方式组织数据。为了产生成效，可视化操作的数据需要先准备成数据库格式，大多数可视化技术的要求是数据保存在关系型数据库格式中。

在大量数据读取以及复杂的数据处理中，统计分析是一项非常有用的技术。统计分析不仅包括对数值的分析性计算，同时也会将数据以便于理解的图形化方式展现出来。

◎ **本章思考题：**

1. 我们的数据怎样和别人的数据整合在一起并创造出新的价值？
2. 我们能否扮演一个"催化剂"的角色，把别人的数据整合在一起并创造新价值？
3. 谁能从数据整合中获益？我们的合作者对什么样的商业模式有兴趣？
4. 在数据检索过程中，我们通常使用怎样的方法得到目标数据集？
5. 如何根据用户的需求，选择不同的数据分析方法？请举例说明。

第7章

元数据管理

■ **章前案例**[○]：

华为在进行元数据管理以前，遇到的元数据问题主要表现为数据找不到、读不懂、不可信，数据分析师们往往会陷入数据沼泽中，例如以下常见的场景：①某子公司需要从发货数据里对设备保修和维保进行区分，用来对过保设备进行服务场景分析。为此，数据分析师需面对几十个IT系统，不知道该从哪里拿到合适的数据。②因盘点内部要货的研发领料情况，需要从IT系统中获取研发内部的要货数据，面对复杂的数据存储结构（涉及超过40个数据表和超过1000个字段）、物理层和业务层脱离的情况，业务部门的数据分析师无法读懂，只能提出需求向IT系统求助。③某子公司存货和收入管理需要做繁重的数据收集与获取工作，运行一次计划耗时超过20h，同时，由于销售、供应、交付各领域计划的数据结构不同，还需要数据分析师进行大量人工转换与人工校验。

以上场景频繁出现在公司日常运营的各个环节，极大地阻碍了公司数字化转型的进程，其根本原因就在于业务元数据与技术元数据未打通，导致业务读不懂IT系统中的数据，并且缺乏面向普通业务人员的、准确且高效的数据搜索工具，业务人员无法快速获取可信数据。为解决以上痛点，华为建立了公司级的元数据管理机制，制定了统一的元数据管理方法、机制和平台，拉通业务语言和机器语言。确保数据"入湖有依据，出湖可检索"成为华为元数据管理的使命与目标。基于高质量的元数据，通过数据地图就能在企业内部实现方便的数据搜索。

在企业数字化运营中，元数据作用于整个价值流，在从数据源到数据消费的五个环节中都能充分体现元数据管理的价值：①数据消费侧，元数据能支持企业指标、报表的

○ 华为公司数据管理部.华为数据之道［M］.北京：机械工业出版社，2020.

动态构建；②数据服务侧，元数据支持数据服务的统一管理和运营；③数据主题侧，元数据统一管理分析模型，敏捷响应井喷式增长的数据分析需求，支持数据增值、数据变现；④数据湖侧，元数据能实现暗数据的透明化，增强数据活性，并能解决数据治理与IT落地脱节的问题；⑤数据源侧，元数据支撑业务管理规则有效落地，保障数据内容合格、合规。

案例思考题：

1. 为什么需要进行元数据管理？

2. 元数据管理可以应用在企业运营的哪些方面？

7.1　元数据管理概述

在数字化转型深入推进的大背景下，数据正在改变企业的运营模式，并已成为企业竞争的核心商业价值。数字化时代，企业需要知道拥有什么数据，数据在哪里、由谁负责，数据中的值意味着什么，数据的生命周期是什么，哪些数据安全性和隐私性需要保护，以及谁使用了数据，用于什么业务目的，数据的质量怎么样等，这些问题都需要通过元数据管理来解决。据说，英语中元数据 meta 一词最早出现于 1968 年，其是对希腊语前缀"meta-"的粗略翻译，用于表明更抽象层次的事物。尽管元数据一词只有几十年的历史，然而图书馆管理员们一直在工作中使用着元数据，其称为"图书馆目录信息"。图书目录中的信息解决了一个十分关键的问题，就是如何帮助用户在图书馆快速地、准确地找到想要的资料。

7.1.1　元数据定义与作用

元数据也是一种数据，在形式上与其他数据没有什么区别。许多人认为元数据是一个复杂的体系，仅适用于信息技术和计算机科学，而事实上，元数据并不是一个新的概念。传统的图书馆卡片、出版图书的版权说明、磁盘的标签等都是元数据[一]。

1. 一般定义

早在 20 世纪 60 年代为了有效地描述数据集，Jack Myers 定义了元数据（Metadata）的概念。元数据的英文定义"Data about data or information that describe other information"，可以理解为"关于数据的数据或描述其他信息的信息"。根据最简单的定义，元数据又叫作"描述数据"。简单来说，就是关于数据的数据（Data about data），是对数据内容的描述[二]。

[一] 吴金华. 空间数据仓库的元数据研究［D］. 武汉：武汉大学，2003.

[二] 刘俊熙，叶元芳. 传统文献编目·元数据·都柏林核心集理论探讨［J］. 现代图书情报技术，2001（1）：9-12，70.

2. 不同领域定义

计算机界：随着数字化信息的大量涌现和计算机技术特别是网络技术的发展，人们需要借助计算机来辅助处理日益增长的数字化信息。这种数字化信息不仅是计算机可读取的，而且应该是计算机可理解的。对于计算机界来说，需要建立一个广泛的描述数字化信息结构的标准，从而提高系统（包括软硬件）的广泛兼容性、互换性和数据的可处理性，因此，在计算机界，元数据的概念应用也比较广泛。在这一领域，元数据的概念可分为两类：一是管理元数据（Administrative Metadata），是关于数据组织的数据，是对数据集的描述和说明，包括数据项的解释等；二是用户元数据（User Metadata），是应用系统的辅助信息，能提高元数据的利用价值，帮助用户查询信息、理解信息。

地理界：地理界的元数据已经基本实现了标准化，如美国根据 1994 年总统行政命令产生的 DGM（Digital Geospatial Metadata）元数据标准。它是有关 Geospatial data 的属性、空间、时间、存储格式、存储位置、获取方法等的详细描述。

图书馆界：对于图书馆界来说，原有的一整套传统的信息组织技术与规范已难以适应网络信息发展，元数据问题也得到图书馆界的高度重视，而图书馆界更关注元数据的应用和检索。目前图书馆界主要从两个角度来定义元数据。一是强调结构化的数据：元数据是对信息资源的结构化的描述。二是突出其功能：元数据是用来描述信息资源或数据本身的特征和属性的数据，是用来规定数字化信息的组织的一种数据结构标准，其具有定位（Location）、发现（Discovery）、证明（Documentation）、评价（Evaluation）、选择（Selection）等功能 [一]。

强大的数据管理策略和支持技术及业务所需的数据质量，包括数据目录（各种来源的数据集）、数据映射、版本控制、业务规则和词汇表维护以及元数据管理。

元数据可以帮助组织：①发现数据，从各种数据管理竖井中识别和查询元数据；②采集数据，自动采集来自不同数据管理简仓的元数据，并将其合并到单个源中；③构造和部署数据源，将物理元数据连接到特定的数据模型、业务术语和定义；④分析元数据，了解数据与业务的关系以及数据具有哪些属性；⑤确定地图数据，确定集成数据的位置，并跟踪数据如何移动和转换；⑥管理数据，管理数据的标准将其与物理资产相关联；⑦实现数据社会化，利益相关者可以在他们的角色环境中查看数据。

元数据在数据文档建立、数据发布、数据浏览、数据转换、数据检索、数据共享等多方面都有很重要的作用。例如在电子政务领域，可以为各级行业行政部门的行政管理和行业信息资源的整合提供技术基础；可以通过元数据实现各级部门之间的信息检索和内容调用；元数据可以对电子政务系统中的各类信息进行分类组织，从而达到知识管理和决策支持目标 [二]。

[一] 赵慧勤. 网络信息资源组织：TEI 头标 [J]. 现代图书情报技术，2001（1）：55-56，59.
[二] 花开明，陈家训，杨洪山. 基于本体与元数据的语义检索 [J]. 计算机工程，2007（24）：220-221，224.

3. 作用

准确的元数据是迅速、有效地对数据去粗取精的关键，对元数据的有效管理是数据治理的基础。元数据的主要作用是对数据对象进行描述、定位、检索、管理、评估和交互。

①描述：对数据对象的内容、属性的描述，这是元数据的基本功能，是各组织、各部门之间达成共识的基础。②定位：有关数据资源位置方面的信息描述，如数据存储位置、URL 等记录，可以帮助用户快速找到数据资源，有利于信息的发现和检索。③检索：在描述数据的过程中，抽出重要信息并加以组织、标引，建立它们之间的关系，为用户提供多层次、多途径的检索体系，帮助用户找到想要的信息。④管理：对数据对象的版本、管理和使用权限的描述，方便信息对象管理和使用。⑤评估：由于有元数据描述，用户在不浏览具体数据对象的情况下也能对数据对象有个直观的认识，方便用户使用。⑥交互：元数据对数据结构、数据关系的描述方便了数据对象在不同部门、不同系统之间进行流通和流转，并确保流转过程中数据标准的一致性。

（1）元数据在数据仓库中的作用　在数据仓库系统中，各类元数据无处不在，贯穿数据仓库构建过程的始终，在这个过程中能够起到承上启下的作用，具体体现在以下几个方面。

1）帮助用户理解数据的意义：数据仓库中包含大量用户关心的各类元数据，这些元数据散落在数据仓库的各处，将各类元数据进行加工和展现，使用人员不仅能够看到每项元数据的细节资料信息，还能看到这些元数据间的相互关系，从而掌握数据仓库的建设情况，了解元数据信息及其使用状况，使元数据发挥更大价值。

2）辅助数据生命周期管理：数据生命周期主要涵盖的阶段包括数据定义、数据创建、数据存储、数据加工、数据利用、数据共享和数据销毁，其中，除了数据定义外，其他阶段中的数据都是可以被元数据系统管理和使用的。

3）提供系统监控管理功能：元数据包含了数据仓库环境中元数据的当前映像和历史版本映像，能够帮助使用者跟踪管理元数据生命周期各阶段的数据以及每个阶段各时期的数据，最终帮助使用者更好地理解仓库建设的进展和变迁情况。同时，元数据系统提供的影响分析功能有助于跟踪仓库环境数据库对象结构变化给其他数据库对象带来的影响，向仓库开发和运行维护人员提供有效的手段来更好地控制和管理数据仓库的建设。

4）辅助数据质量管理：元数据主要通过技术元数据（数据库表、字段等结构化信息）对数据质量管理进行支撑，体现在如下几个方面：元数据作为仓库资料的拥有者，可以向数据质量提供技术元数据的资料信息，包括结构化信息和计算方法等，帮助仓库的使用者更好地发现数据中存在的质量问题，并通过血缘分析功能，确定和问题相关联的对象范围；元数据向数据质量提供检查对象结构信息，协助数据质量平台完成利用检查规则检查对象的配置工作；元数据向数据质量提供任务信息，协助数据质量平台完成检查规则调度的配置工作[⊖]。

⊖ 赵闯. 数据仓库元数据管理技术研究与应用［D］. 沈阳：东北大学，2011.

（2）元数据在银行领域中的作用　随着银行业务的发展，大量IT系统及数据系统不断涌现，数据的深度和广度都得到了前所未有的应用。在此背景下，各个系统以及数据平台存在的大量结构化和非结构化的数据信息需要数据使用者更好地理解，其中很大一部分是关于信息的元数据，能发挥以下作用。

1）帮助用户理解数据：元数据是描述数据的数据，这些数据描述了该数据的业务含义、数据的格式，以及物理存储的大小等信息。如果不在元数据中对这些内容进行描述，用户将无法很好地理解数据所包含的内容。尽管系统中已经存储了各种数据，但用户无法得到关于这些数据的含义信息，比如如何按照要求将其进行表示才是满足要求的，数据的来源，数据影响哪些下游数据，数据的映射关系及转化规则如何等。元数据可以帮助用户及时找到自己关注或者感兴趣的数据，也可以使数据的分布流转和转换等操作有迹可循。

2）实现业务与技术的映射：元数据可以实现业务模型与数据模型之间的映射，也可以为数据模型的设计提供信息参考，为业务指标提供口径信息。它还可以在银行中的系统和业务用户之间提供语义层，将IT系统中的技术术语翻译成业务人员可理解的业务术语，帮助最终用户理解和使用数据，从而在业务用户与技术用户之间搭建起交流的桥梁。

3）支持银行内业务系统升级和改造：对元数据进行管理，可以把整个系统业务的工作流、数据流有效地管理起来，为流程设计提供数据支撑。当元数据发生变化时，管理者可以利用元数据影响分析的功能，迅速定位会受到影响的数据元素，并驱动受影响的各个业务环节进行修改。除此之外，将应用设计、开发和测试上线过程中产生与应用的一些信息，保存到元数据管理系统中，便于需求人员和升级人员能够方便地查询和参考。因此，元数据对于银行内各个系统的维护与升级改造起到了至关重要的作用。

4）降低数据使用风险：由于元数据记录了数据的上下文信息，也记录了数据在被抽取和转换的过程中的相关规则，利用元数据的血缘分析功能，用户可以很容易地了解到数据全生命周期中的流转和转换过程。如果数据质量管理员发现某些环节有问题，就可以快速对其定位，在很大程度上减少了数据出现缺陷或者错误的不利影响。

5）促进数据交换：没有元数据信息的数据只是一些人们无法理解的计算机符号，并不能展现出它的价值。由于现在国内的大多数银行都会建设诸多系统以满足业务发展的需求，导致了行业内的数据需要在各个系统之间进行交换。各种交换的前提条件就是将不同的系统中的元数据达成一致，这样才能对元数据进行有效和统一管理，使数据交换更安全和准确 ⊖。

7.1.2　元数据管理定义

元数据管理是元数据的定义、收集、管理和发布的方法、工具及流程的集合，通过对相关业务元数据及技术元数据的集成与应用，提供数据路径、数据归属信息，保证数据的

⊖　于天娇.基于元数据的银行数据质量管理技术研究［D］.杭州：浙江大学，2015.

完整性，控制数据质量，减少业务术语歧义，建立业务人员之间、技术人员之间，以及双方的沟通平台。元数据管理包括元数据采集、元数据维护、元数据变更管理、元数据质量管理、元数据版本管理、标准术语管理、元数据查询、元数据统计、血缘分析、影响分析、差异分析、元数据架构模型管理和接口服务等功能。

7.1.3　数据模型与元数据

1. 数据模型与元数据的关系

随着国家对数智化、数字化的重视，不同行业的企业纷纷开始或持续对自身的数据进行治理，希望获得高质量的数据来支撑企业的数字化转型。首要的就是梳理企业的数据资产及实现数据标准化，这些都与高质量的元数据密切相关。业务系统的多次迭代开发、开发文档不完善、数据库设计不合理、数据字典不完整等原因都会降低元数据的质量，给元数据的收集及标准化增大难度。

采用何种数据治理方法来有效地保证企业中的元数据质量，使数据标准化的成果持续固化并应用到新的业务系统或数据开发中，是很多企业当下面临的问题。在数据模型的管理活动中，将数据标准应用到数据模型中、利用数据模型生成规范且系统的元数据信息等活动，与有效保证元数据的质量及数据标准化有着十分密切的关系。数据模型以图形化的方式精确表达和传递数据需求，本身也是一种描述业务的元数据。从广义来说，元数据管理也包括对数据模型的管理。

图 7.1 所示是一个元数据存储库元模型示例，显示了数据模型与元数据的数据流转关系，其中，逻辑数据对应逻辑模型，物理数据对应物理模型。逻辑模型最终被实例化到数据库中，为数据库的表及字段提供业务元数据信息，而物理模型主要提供技术元数据信息。如果管理好数据模型开发，保证数据模型开发过程中的规范化及数据标准化，最终生成的元数据中也可以包含标准等元数据信息。

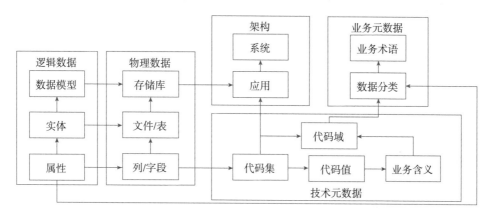

图7.1　元数据存储库元模型示例

2. 数据模型与元数据的版本管理

元数据的版本管理是对元数据版本的差异比对及版本的更新审核管理。数据模型可以有效保证元数据的质量，当我们更新数据模型版本时，需要同步更新元数据的版本。如果不通过数据模型来更新元数据版本，那么需要提供一种机制，保证在元数据更新版本时同步更新对应的数据模型版本内容。为了保证数据模型与元数据版本管理的一致性，同时保障元数据的质量与数据模型的质量，企业需要制定相关制度，定时实施对元数据与数据模型的核对，以保障它们之间的数据统一、规范。

3. 数据模型与元数据的血缘分析

对于数据流动情况的追溯又被称为血缘分析，管理系统必须能够详尽记录元数据从源到目标的路径上位于所有节点的状态以及流动方向。[⊖] 通过元数据的影响性分析来改善数据仓库中的数据质量，数据模型与血缘关系的整合可以帮助发现数据开发过程变更所带来的影响，将开发人员对模型的修改在整个数据加工链条上快速定位，并提前通知相关负责人，防止数据结构变更影响到后端数据应用。

（1）**数据模型的血缘关系**　数据模型也是一种元数据，所以数据模型也有血缘关系，最明显的就是不同层级的数据模型之间的血缘关系。对于一个集团级的数据系统开发来说，规范的模型设计路线是：领域模型 / 概念模型 → 企业级逻辑模型 → 系统级逻辑模型 → 物理模型。从这一层面上，我们可以明确地知道这几种模型的血缘关系。

领域模型 / 概念模型抽象表述了系统业务功能及业务数据关系，通过继承领域模型或概念模型的定义，细化相关数据实体，充分考虑系统数据存储方面的需求，完成企业级逻辑模型的设计。系统级逻辑模型的开发必须遵循企业级逻辑模型的相关标准定义，基于各业务系统的落地场景扩展及增加业务系统的个性实体，形成系统级逻辑模型。根据数据库实际部署环境，进而产生物理模型，物理模型与实际数据库中的数据表是一一对应的。

（2）**开发逻辑模型生成元数据血缘关系**　在数据模型的开发，特别是逻辑模型的开发中，为了更好地让后来者了解模型中各属性的数据来源及相关数据加工逻辑（如 ELT 过程），我们通常需要在模型中实体的相关属性上记录该属性的数据来源及加工逻辑。例如，这个属性的数据是从其他数据模型或数据源上直接迁移或者由多个不同数据模型或数据源聚合（可能包括聚合规则）产生的。

根据数据模型的属性记录，我们可以将它转化为元数据的血缘关系。数据仓库中的数据模型开发往往就基于上述情况。同样，优秀的数据模型工具也为模型设计者提供了记录数据血缘关系的操作，并可以根据已记录的血缘关系，在将数据模型实例化到数据库时，自动生成相关 DML 语句。

⊖ 王月，王伟俊，童庆，等．一个医保数据仓库的元数据管理解决方案［J］．计算机应用与软件，2011，28（8）：126-129．

7.2 元数据类型与架构

按照不同应用领域或功能，元数据的类型、架构和标准会各有不同。

7.2.1 元数据类型

元数据应用领域较广，种类甚多，按照不同应用领域或功能，元数据分类有很多种方法。元数据一般可分为三类：业务元数据、技术元数据和操作元数据。各自包含的内容如下。

1. 业务元数据

业务元数据描述数据的业务含义、业务规则等。通过明确业务元数据，让人们更容易理解和使用业务元数据。元数据消除了数据二义性，让人们对数据有一致的认知，避免"自说自话"，进而为数据分析和应用提供支撑。常见的业务元数据有：业务定义、业务术语解释、业务指标名称、计算口径、衍生指标、数据质量检测规则、数据挖掘算法、数据的安全或敏感级别，等等。

2. 技术元数据

技术元数据是对数据的结构化，方便计算机或数据库对数据进行识别、存储、传输和交换。技术元数据可以服务于开发人员，让开发人员更加明确数据的存储结构，从而为应用开发和系统集成奠定基础。技术元数据也可服务于业务人员，通过元数据厘清数据关系，让业务人员更快速地找到想要的数据，进而对数据的来源和去向进行分析，支持数据血缘追溯和影响分析。

常见的技术元数据有：物理数据库表名称、列名称、字段长度、字段类型、约束信息、数据依赖关系，数据存储类型、位置、数据存储文件格式或数据压缩类型，字段级血缘关系、SQL 脚本信息、ELT 抽取加载转换信息、接口程序，调度依赖关系、进度和数据更新频率，等等。

3. 操作元数据

操作元数据描述数据的操作属性，包括管理部门、管理责任人等。明确管理属性有利于数据管理责任到部门和个人，是数据安全管理的基础。常见的操作元数据有：数据所有者、使用者，数据的访问方式、访问时间、访问限制，数据访问权限、组和角色，数据处理作业的结果、系统执行日志，数据备份、归档人、归档时间，等等。

在数据仓库中，技术元数据是存储关于数据仓库系统技术细节的数据，是用于开发和管理数据仓库使用的重要辅助信息。技术元数据主要供技术人员使用，包括以下信息：数据仓库结构的描述，包括仓库模式、视图、维、层次结构和导出数据的定义，以及数据集市的位置和内容；汇总用的算法，包括度量和维定义算法，数据粒度、主题领域、聚集、汇总、预定义的查询与报告；由操作环境到数据仓库环境的映射，包括源数据和它们的内容、数据分割、数据提取、数据清理、转换规则。

业务元数据从业务角度描述了数据仓库中的数据，提供了介于使用者和实际系统之间的语义层，使得不懂计算机技术的业务人员也能够"读懂"数据仓库中的数据；业务元数据主要供业务人员使用。业务元数据主要包括以下信息：业务对应的数据模型、对象名和属性名；访问数据的原则和数据的来源；系统所提供的分析方法以及公式和报表的信息。具体包括以下信息：数据标准信息，应用指标和维度描述，业务功能描述，业务需求，以及这些业务视图与实际的数据仓库或数据库、多维数据库中的表、字段、维、层次等之间的对应关系。

管理元数据是指涉及开发过程中的日志、需求管理、设计等管理基础的元数据信息[⊖]。

7.2.2 元数据架构

元数据战略是关于元数据管理目标的说明，也是开发团队的参考框架。元数据战略决定了元数据架构。元数据架构可分为三类：集中式元数据架构、分布式元数据架构和混合式元数据架构。

1. 集中式元数据架构

集中式元数据架构包括一个集中的元数据存储，在这里保存了来自各个元数据来源的最新元数据副本。保证了其独立于源系统的元数据高可用性；加强了元数据存储的统一性和一致性；通过结构化、标准化元数据及其附件的元数据信息，提升了元数据质量。集中式元数据架构有利于元数据标准化统一管理与应用。

2. 分布式元数据架构

分布式元数据架构包括一个完整的分布式系统架构，只维护一个单一访问点。元数据获取引擎响应用户的需求，从元数据来源系统实时获取元数据，而不存在统一集中元数据存储。虽然此架构保证了元数据始终是最新且有效的，但是源系统的元数据没有经过标准化或附加元数据的整合，且查询能力直接受限于相关元数据来源系统的可用性。

3. 混合式元数据架构

这是一种折中的架构方案，元数据依然从元数据来源系统进入存储库。但是存储库的设计只考虑用户增加的元数据、高度标准化的元数据以及手工获取的元数据。这三类各有千秋，但为了更好地发挥数据价值，就需要对元数据标准化、集中整合化、统一化管理。

7.2.3 元数据标准

元数据标准是描述某类资源的具体对象时所有规则的集合，不同类型的资源可能会有

⊖ 赵闯. 数据仓库元数据管理技术研究与应用［D］. 沈阳：东北大学，2011.

不同的元数据标准。元数据标准可以分为 3 个层次：语义、结构及句法。如果能用一种元数据标准统一世界上所有的资源，那么资源之间的交互、共享等当然就没有任何问题，但这是不切合实际的，也不符合资源多样性的特点。实际上，国内外已经开发出了很多元数据标准，针对不同的描述对象和不同的应用领域有不同的元数据标准。在电子政务领域，如美国的全球信息定位服务（GILS）、澳大利亚的澳大利亚政府定位服务（AGLS）[⊖]。在数字文化资源领域，用于描述数字资源的元数据标准很多，如 DC、MARC、VRA 和 CDWA。

DC（Dublin Core Metadate Element Set）为都柏林核心元数据。DC 的元素是结构化、有层次的，支持字段检索，提供对特定资源足够全面的描述信息，使用户不用真正链接到检索资源本身就能对资源有全面的了解。它有六大特性：内在性、可扩展性、独立句法结构、可选择性、可重复性、可修改性，具有简单、灵活、一致的优点，得到图书馆界越来越多的响应，正迈向广泛应用的阶段，成为图书馆网络信息组织与管理的发展主流[⊜]。

MARC（Machine-Readable Cataloging）为机读编目格式标准，由美国国会图书馆设计，用于记录描述书目数据，其特点为描述范围广，包括书籍、音乐、视频等资料。

VRA（Visual Resources Association Data Standards Committee）是美国视觉资源协会数据标准委员会开发的核心类目录标准，用在网络环境中描述建筑、艺术等视频，一般用于非物质文化遗产的资源描述。此外，VRA 可将图片或视频的数字资源形成关联数据，以数字可视化形式呈现非物质文化遗产之间的关联关系。

CDWA（Categories for the Descriptionof Works of Art）主要用于建筑、艺术品和其他文化资源，有 27 个元数据单元，包括历史、时空、地理、文化及人物等元数据。由于数字文化资源包含美术、歌曲、文学、舞蹈、摄影、图片等非物质文化，CDWA 中的相关元数据可以复用在数字文化资源的描述中[⊜]。

7.3 元数据管理流程

大数据时代的到来意味着数据的海量性和复杂性，也意味着对元数据处理过程的更高要求。例如金融大数据，特别是银行大数据建设过程中，必然遇到数据种类繁杂、体量庞大，多组件的 ELT 交叉加工的情况。随着平台在应用上的不断推广创新，作为基础的数据也会随之飞速增长，增长的数据带来数据血缘不清晰，数据重复存储加工，数据口径混乱，数据质量参差不齐等一系列问题。而要解决这些问题，就要做好最核心的元数据管理。

⊖ 花开明，陈家训，杨洪山.基于本体与元数据的语义检索［J］.计算机工程，2007（24）：220-221，224.
⊜ 严武军，黄厚宽.数字图书馆的元数据检索技术的研究与实现［J］.太原师范学院学报：自然科学版，2004（4）：23-25.
⊜ 范青，谈国新，张文元.基于元数据的数字文化资源描述与应用研究：以湖北数字文化馆为例［J］.图书馆学研究，2022（2）：48-59.

7.3.1 元数据创建

元数据也是根据实际业务场景定义属性的，元数据会有通用的属性，比如名称、类型，不同类型的元数据还会有自己特定的属性。

1. 确定元数据范围

首先确定元数据来源范围，在实际工作中，不是所有数据都要做元数据管理，通常我们会选择业务数据做元数据管理，非业务数据是不会纳入管理范围内的，主要还是因为元数据管理是供业务和开发人员快速掌握业务数据的。

确定规则后，就要结合公司的实际情况去梳理哪些业务系统、数据库、数据库用户及表需要做元数据管理。当然也可以支持非结构化的元数据抽取，如 Word、PDF 等。

2. 接入元数据

元数据一般都是从源系统接入的。假如公司已经存在数据仓库或者实时性要求不高，为了节约开发工作量，对于已有的元数据会从数据仓库接入，还未接入的会从源系统接入。但这种方案也是存在风险的，假如数据仓库的数据和源系统的出现不一致，就会导致元数据出错。现在大部分的元数据抽取都是采用配置自动化的方式进行的。

3. 建立元数据标准

在梳理的过程中可能会出现有些数据库或者有些数据定义不规范的情况，导致元数据管理无法进行下去。接下来就需要建立元数据的管理规范，去反推前端的源数据进行整改，主要是保证元数据的完整性和一致性。针对不同类型公司的要求，元数据会开放给不同的人群，所以要对元数据进行权限管理，规范里面需定义权限的管理流程：元数据的权限分层、元数据权限申请流程、元数据的发布流程、元数据的审核流程。

7.3.2 元数据维护

元数据维护就是对信息对象的基本信息、属性、被依赖关系、依赖关系、组合关系等元数据的新增、修改、删除、查询、发布等操作，支持根据元数据字典创建数据目录，打印目录结构，根据目录发现、查找元数据，查看元数据的内容。元数据维护是最基本的元数据管理功能之一，技术人员和业务人员都会使用这个功能查看元数据的基本信息。

元数据维护主要是对已经发布的元数据进行维护管理。已经发布上线的元数据如需调整、优化，则必须重新走元数据发布流程，不准许对元数据直接进行修改。为了安全，元数据所有操作行为都要记录到元数据操作日志里面。可以对元数据创建目录将不同的元数据挂在对应的目录下，按照业务流程、业务主题域、开发流程设计对应的目录，主要还是根据公司要求设计。

1. 网络资源的元数据维护

在 NSDL、G-Portal 等数字图书馆中，人们创建元数据来描述高质量的网络资源内容，以使其更加容易获得。由于网络资源是动态变化的，这就要求记录它们的元数据也随之更新，于是，网络资源的元数据维护问题也成为人们研究的焦点。Vuong 等人针对这个问题构建了关键情景元素（Key element-Context，KeC）模型，该模型确定了网络资源元数据维护的三个子任务，即进程监测、变化发现和元数据更新。进程监测是通过周期性的监测来获取网络资源目标的最新版本，并以此来发现元数据的变化；变化发现是通过比较网络内容目标的不同版本来判断是否有变化发生；一旦监测到变化，这些内容目标的元数据就要相应地进行更新。对于一个给定的元数据属性，网页上有其对应的内容域以直接确定其属性值，Vuong 等人将维护者选取的反映元数据属性的内容域称为关键元素，帮助定位这个关键元素的概念称为情景。KeC 模型允许元数据维护者根据自己的需要选择网页中的内容域进行跟踪，其主要思想是采用关键元素和情景两个概念来缩小网页变化监测的范围，以此来减少元数据维护的消耗。而且，元数据的维护者可以从多种辨认选项中选择最适合的关键元素与内容规范来监控元数据。此外，研究者还提出了一些评估计量法，即根据产生的警报数和用户维护的耗费程度来估量该模型的工作性能。其中，警报数指的是元数据维护者接收到的要对元数据属性进行检查的消息的数量，警报确实发现了元数据的变化，有利于对元数据的维护。另外一部分则属于虚假警报，不需要修改元数据。用户维护的耗费程度是指测量元数据维护者修改元数据属性所消耗的努力。Vuong 等人对三个不同的网络元数据监控模型进行试验，它们分别是：为每个国家构建元数据，每个元数据包含 15 个属性；为每个国家构建一个元数据，每个元数据仅包含一个属性；为国际足球联盟构建一个元数据，该元数据包含 8 个属性。而试验结果表明，KeC 模型明显降低了警报的数量和用户耗费量，能有效地对网络资源元数据进行维护[⊖]。

2. 数据仓库的元数据维护

业界公认的数据仓库概念创始人 W.H.Inmon 在《建立数据仓库》一书中对数据仓库的定义是：数据仓库是面向主题的、集成的、稳定的（非易失性的）、随时间不断变化（不同时间）的数据集合，用以支持经营管理中的决策制定过程。数据仓库最根本的特点是物理地存放数据，而且这些数据并不是最新的、专有的，而是来源于其他数据库。它建立在一个较全面和完善的信息应用的基础上，用于支持高层决策分析。

数据仓库在构建之初应明确其主题。主题是一个在较高层次将数据归类的标准，每一个主题对应一个宏观的分析领域，针对具体决策需求可细化为多个主题表，具体来说就是确定决策涉及的范围和所要解决的问题。数据仓库规模一般都很大，从建立之初就要保证它的可管理性，因此应进行元数据的维护设计工作。首先从元数据库查询所需元数据，然后进行数据仓库更新作业，更新结束后，将更新情况记录于元数据库中。当数据源的运行

⊖　姜晓曦，孙坦.2007 年国外元数据研究进展［J］.图书馆建设，2009（4）：107-112.

环境、结构及目标数据的维护计划发生变化时，需要修改元数据。元数据是数据仓库的重要组成部分，元数据的质量决定整个数据仓库的质量。

在元数据存储进系统后，要经常对元数据进行维护，保证元数据的可用性。元数据的维护方式可以是自动维护方式或手工维护方式。对数据仓库使用元数据的维护要定期进行追加，定期进行维护评审。在维护过程中一定要注意与用户的配合，以获取对查询操作的最正确描述 ⊖。

7.3.3 元数据查询

对于元数据索引和查询，目前被广泛接受的方法有两种：一种是在 XML 查询语言的基础上，采用路径索引、区间编码与混合索引等方法实现元数据的索引和查询，但由于 XML 缺乏语义的描述，因而这类方法难以应用于语义 Web 环境下的智能处理；另一种是基于语义的元数据索引和查询方法，如在 RDF 基础上，采用路径表达式进行元数据索引和查询，尽管这些方法具有语义检索能力，但是它们以树为数据模型，因而只能在简单的语义网络上实现，无法应用于复杂的语义网络中 ⊜。

1. 元数据查询的实现

为实现元数据方面的查询，首先必须建立资源的元数据库，购买资源商的数字资源时，同时含有他们的元数据库。但对于自主资源，首先应该对资源进行分类整理、编目标引，从而建立元数据库。我们在 Dublin 元数据标准的基础之上进行必要的扩展，形成一套适合企业需求的元数据的数据结构，利用跨平台编程语言 Java 及其 JSP 技术实现对数据资源的元数据查询。

（1）**元数据检索** 信息内容为对自身的检索提供了线索，这就是索引。围绕信息内容的另外一些信息也为信息内容的检索提供了另外一种性质的线索，比如内容的作者、标题、出版日期等。这些信息连同反映信息内容的关键字一起称为"元数据"，亦即关于数据的数据。元数据是对数字图书馆中大量的信息资源进行描述的数据，元数据技术在数字图书馆中对检索速度和准确率具有重要意义。

（2）**元数据表的实现** DC 是被广泛关注的一种元数据，是国际公认的用于确定最小信息资源描述的元数据格式，通常在 Web 环境下使用。它包含 15 个元素，如：日期（Date）、标题（Title）、作者（Creator）、题词（Subject）、描述项（Descriptions）、出版者（Publisher）、合作者（Contributor）、类型（Type）、格式（Format）、识别符（Identifier）、来源（Source）、语言（Language）、关联项（Relation）、覆盖范围（Coverage）、权限（Right）等。整个元素集都是可扩展的，每个元素都具有可重复性和选择性。以元数据核心

⊖ 邓悦.数据仓库及元数据管理［J］.辽宁工程技术大学学报：自然科学版，2004，23：96-97.
⊜ 刘美桃.基于语义的元数据索引查询方法［J］.图书情报工作，2009，53（6）：115-117，110.

为依据，根据实际需要，对这 15 个元素进行利用、扩充，设计成多张表，实现系统的数据结构。

DC 中 15 个元素的利用情况是 15 个元素全部留用，有的元素赋予实际需要的含义，具体如下：元素，即 Date（日期），采用 YYYY-MM-DD 的格式表示资源创建时间；元素，即 Type（资源类型），表示图书、期刊、论文等；元素，即 Identifier（标识符），当元素 Type 值是图书时代表 ISBN，是期刊时代表 ISSN，是论文或者其他类型时代表在本图书馆的资源编号；元素 Coverage 和元素 Relation 在数据库中属于空值，为便于元数据库共享而保留。扩展的字段有：Resource-number，资源数据库内的唯一标志，用于和其他表进行关联；Resource-size，资源大小；Resource-download，资源被下载次数；Resource-access，资源被访问次数；增加 5 个备用字段，用于将来扩展。

元数据表的基本表有 Resource-Basic（基本信息表）、Contributor-Basic（贡献者表）等，关联表有 Right-Relation（权限关联表）、Relation-Relation（资源关系关联表）等，值列表有 Type-List（类型表）、Format-List（格式列表）等。这些表的核心表是 Resource-Basic 表，鉴于篇幅不再对每个表的字段一一列举详述。

（3）元数据查询系统界面的设计　设计基于元数据检索系统的界面时，需要整合其他的检索方式，丰富用户检索手段，大大提高检索的效率，包括如下检索方式。

关键字检索：例如作者为 XXX，摘要包含 YYY。

类别浏览：可以按声像、图片、文档类别等逐级检索所需内容，增强了检索的目的性和准确性，避免了"垃圾检索"。

高级检索：利用逻辑关系与、或多个条件进行组合查询和模糊查询。

二次检索：在检索结果中继续检索，共有两种模式，即重新查询和在结果中查询。[⊖]

2. 元数据与本体的语义查询

元数据使海量数据有了简洁、清晰的微观结构和一定的语义基础。但是在采用元数据组织信息的系统中，信息查询大多数还是采用关键字匹配的元数据查询方法，这样同义不同形的词在查询时就会被漏掉，造成查全率不高。知识本体可以不依赖信息资源的结构、形式而从语义层次上实现知识的关联，从而可以根据用户提供的查询词推理出一类意思相同或相近的词，一起送入查询系统作为查询词，提高了系统的查全率。

在信息系统、知识系统等领域，越来越多的人研究本体，并给出了许多不同的定义：① Mobasher 等人认为：本体是概念化的明确的规范说明；② Howe 等人认为：本体是共享概念模型的形式化规范说明；③徐科等人认为：本体是共享概念模型的明确的形式化规范说明，这是目前公认的定义，有四层含义，即概念化、明确、形式化和共享；④张强弓认为本体可以按分类法来组织，并归纳了本体的五个基本的建模术语，即组成本体的基本要

⊖　严武军，黄厚宽. 数字图书馆的元数据检索技术的研究与实现［J］. 太原师范学院学报：自然科学版，2004（4）：23-25.

素：类、关系、函数、公理及实例。其中，类是具有某些相同属性的实例的集合；关系是在领域中概念之间的交互作用；函数是一种特殊的关系；公理是永真的断言，是本体中的约束；实例是现实世界中的具体对象。本体就是通过这五个要素的刻画来描述对象、构建领域知识的。

本体和元数据都能用来描述某一范围内的资源，描述该领域的本体被称为领域本体，而描述该领域的元数据被称为元数据标准。本体是特定领域范围内的一个概念诠释，它使得该领域的术语形成了一个知识体系，能表达相应的语义逻辑并可用于推理，而一般的元数据注重的是资源分类体系和资源本身的信息描述，在表达资源间的相互联系上是通过"联系"来表示的，该表示较弱，没有本体中的关系清楚。元数据解决了资源的语义描述问题，本体解决了资源集合的相互关系问题，元数据和本体的关系可以看成是语法和语义及微观和宏观的关系。

随着网络信息量的不断增加，如何有效地查找和发现对用户有用的信息已经成为信息系统要解决的关键问题。目前，信息检索技术可分为三类：全文检索、数据检索和语义检索。其中，语义检索强调的是基于知识的、语义上的匹配，因此，在查准率和查全率上有更好的保证。本体具有良好的概念层次结构和对逻辑推理的支持，因而在信息检索，特别是在基于知识的信息检索中有很好的应用前景。但实际上，多数信息系统对数据的组织、管理使用的都是元数据方案，信息检索使用的也是基于元数据框架的关键字匹配的方法。所以，如何把本体的语义推理能力合理有效地应用到使用元数据的信息系统中，越来越引起人们的重视。目前已经有大量文献从理论上论述了将两者结合使用的可行性和前景，本章在理论研究的基础上，认为在保持现有的信息系统结构不变的情况下，使之与本体的推理机制相结合，从而在元数据框架下完成语义检索。

如图 7.2 所示，在现有使用元数据的信息系统中，将元数据部分元素的取值指向本体的相关概念中，在用户使用关键词查询元数据时，系统先将查询词送入本体进行逻辑推理，再将与该词相关主题的词也同时送入查询子系统，查询后的结果和原来一样返回给用户，这样便可保证查全率与查准率。例如：如果用户想了解某一地区的矿产资源，输入"矿产

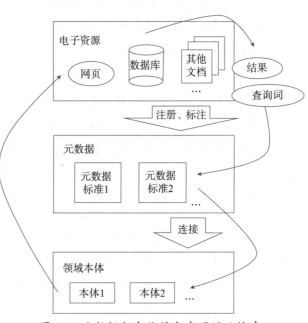

图7.2 元数据与本体结合实现语义检索

资源"查询"主题"，但数据库中只有有色金属、黑金属、煤等主题数据，由于主题中没出现"矿产资源"这个词，因此用户得不到相应的结果。如果从本体中的"电子政务主题词表（E-GovThesauri）"取值，当用户输入"矿产资源"后，本体经过推理，会把"矿产资源"相关的主题数据送入查询子系统，完成查询后返回用户需要的数据[⊖]。

7.3.4　元数据分析

通过元数据分析帮助我们识别元数据价值，提升企业数据可信度，为企业的数据融合提供质量保证，帮助业务部门和 IT 支撑部门实现信息共享、提升工作效率。

1. 各类型元数据分析

元数据分析的内容包括：血缘分析、影响分析、映射分析、拓扑图分析、表外键关系分析、ER 图形展现、表重要程度分析、表无关程度分析、元数据差异分析等。下面主要介绍元数据血缘分析和影响分析。

（1）元数据血缘分析　数据血缘是元数据的重要应用，能够说明数据与数据之间的关系，比如表是从哪个系统抽取来的，字段之间有什么关系。血缘关系有集群血缘、系统级血缘、表级血缘和字段级血缘等，能清晰展现数据加工处理逻辑脉络，快速定位数据异常字段影响范围，准确圈定最小范围数据回溯，降低了理解数据和解决数据问题的成本。血缘分析能满足医疗、金融、银行和制造业等许多行业对数据呈现的特殊监管及合规性要求。

元数据血缘分析会告诉你数据来自哪里，经过了哪些加工。其价值在于当发现数据问题时可以通过数据的血缘关系追根溯源，快速定位到问题数据的来源和加工过程，减少数据问题排查分析的时间和难度。例如，

1）**数据血缘从哪里出现**。在切入正题之前，我们先设想几个场景。

①业务部门的小 A 拿到了一张报表，发现当月利息收入与预想的差距甚大，明明刚批了几个大额贷款，为何利息收入没有增加？小 A 一个电话打给了报表项目组的开发人员小 B。

小 A：你们开发的报表是不是有问题，利息收入不对啊！

小 B：不可能不对，这个报表系统用了几个月了，天天跑批，以前都没出过问题。

小 A：可是这个月的数据就是不对，出入很大，肯定是你们代码逻辑有问题或者数据哪里出问题了，快帮我查查。

小 B：这个报表数据流转几十个系统，代码几万行，给你查完明年的报表都做出来了。

小 A 挂了电话，却毫无办法，只能期待下月的报表不出问题。

②业务部门的小 C 想要对本月营收状况做一下分析，走了很长的流程才把数据借到，可是当他打开数据时，却发现自己很难理解这些数据的意义，系统里的"存款类资产"一

⊖　花开明，陈家训，杨洪山 . 基于本体与元数据的语义检索［J］. 计算机工程，2007（24）：220-221，224.

项到底是怎么定义计算出来的，"非存款类资产"又是如何得到的，都不得而知。为了完成任务，只能打电话一个个去询问，大大影响了工作效率。

③小 D 是开发中心的一名数据开发工程师，突然收到了一个表结构变更需求，费了好大的劲才找到了调用这张表的下游表，通知完相关人员后，满心欢喜地做了表结构变更，可是没一会儿就接到了同事的电话，"这张表的 ×××字段怎么没了！正准备上线的报表，业务部门的老师都急死了！"小 D 一查，果然漏了一张下游表没有查到。

诸如此类的场景时常会在银行工作中发生，海量数据既是资产，也是减缓、阻碍其前进步伐的沼泽。数据血缘分析是理顺这些庞大数据的好方法，图 7.3 所示便是存款类资产、非存款类资产等数据的血缘分析示例。

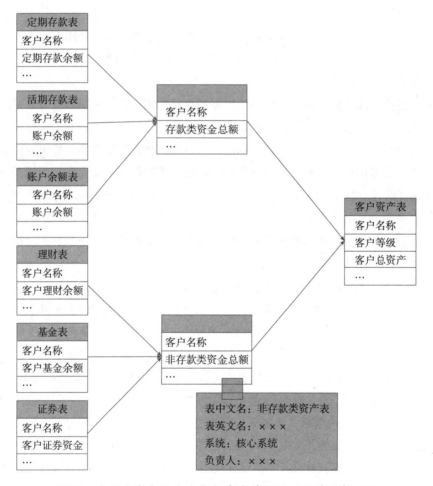

图7.3 存款类资产及非存款类资产等数据的血缘分析示例

2）**血缘分析如何实现**。数据血缘分析是元数据管理的重要应用之一，通过梳理系统、表、视图、字段等之间的关系，采用 DAG（有向无环图）的模式进行可视化展现，显示数据是怎么来的，经过了哪些过程和阶段。从技术角度讲，数据 a 通过 ELT 处理生成了数据

b，那么我们就说数据 a 与 b 有着血缘关系，且数据 a 是数据 b 的上游数据，同时数据 b 是数据 a 的下游数据。按血缘对象来分，可分为系统级血缘、表级血缘、字段级血缘，如图 7.4 所示。

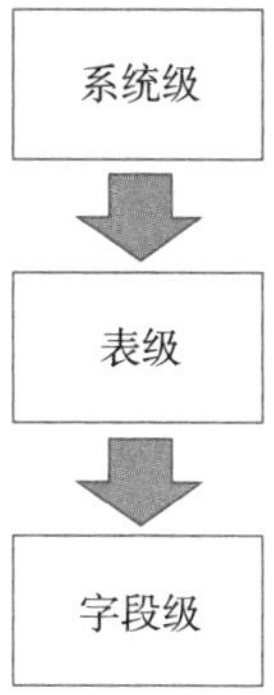

梳理数据血缘的方法主要可以归为三类。

① 自动解析：解析数据加工流转中的 SQL 语句、存储过程、ELT 过程等，现在成熟的企业系统动辄几十、上百个，自动解析尤为重要。以下面这段 SQL 语句为例，程序通过 from、into 等关键字，自动判断出 targetTable 是由 sourcetable1 和 sourcetable2 生成的，同样可以解析出 column1 和 column2 是从哪几个字段运算得出的：

Insert into DB.targetTable

Select column1,column2

From DB.sourcetable1,DBsourcetable2

Where…

② 系统跟踪：根据一定规则，在数据加工流转过程中直接由加工主体完成血缘关系的映射。这种方法效率最高，但开发难度也较高。

③ 手工梳理：技术人员手工对血缘关系进行梳理，效率比较低且难度较高，但却是血缘分析中必不可少的一种方法。

3）血缘分析的价值。血缘分析广泛应用于异常定位、血缘跟踪、影响分析、监管报送、质量检验、数据价值评估等场景。例如：了解出错的数据经过了哪些系统、由哪些字段生成，从而快速定位到是哪个环节导致的数据不正确；理解数据的来龙去脉，简化工作流程；快速准确地找到变更表所影响的下游表，及时通知相关用户。

我们生活在一个数据的时代，我们产生数据，同时也依赖数据。面对这海量的、质量参差不齐的数据，元数据管理便显得尤为重要，而数据血缘分析作为元数据应用之一，也同样需要我们重视并利用起来。因此，对于数据的血缘关系，我们要确保每个环节都注意数据质量的检测和处理，让数据更好地为我们服务、创造价值。

（2）**元数据影响分析** 元数据影响分析针对数据的下游流向，快速定位元数据修改会影响到哪些下游系统、表和字段，从而减少系统升级改造带来的风险。系统进行升级改造时，便能将数据结构变更、删除及时告知下游系统。元数据影响分析会告诉你数据去了哪里、经过了哪些加工，价值在于当发现数据问题时可以通过数据的关联关系向下追踪，快速找到有哪些应用或数据库使用了这个数据，从而最大限度地减小数据问题带来的影响。这个功能常用于数据源的元数据变更对下游 ELT、ODS、DW 等应用的影响分析。用户在修改、删除元数据后，可以看到有哪些元数据结构和数据会随之变化，可能会对哪些系统造成直接或间接影响。

以图 7.5 为例，园长发现动物食量表中，大象的元数据——每天进食量为 30kg 显然是不合理的。元数据影响分析用可视化的方式展现出数据的影响范围，能帮助园长清晰地看

图7.4 数据的血缘

到数据改正后，受影响的表有饲料采购表、采购人员排班表、饲料供应商表和喂养人员排班表。

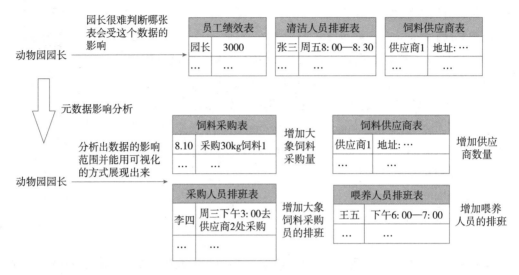

图7.5 元数据影响分析示例

（3）元数据冷热度分析。元数据冷热度分析会告诉你哪些数据是企业常用数据，哪些数据属于僵死数据。其价值在于让数据活跃程度可视化，让企业中的业务人员、管理人员都能够清晰地看到数据的活跃程度，以便他们更好地驾驭数据，处置或激活僵死数据，从而为数据的自助式分析提供支撑。

（4）元数据关联度分析。元数据关联度分析会告诉你数据与其他数据的关系，以及它们的关系是怎样建立的。关联度分析是从某一实体关联的其他实体及其参与的处理过程两个角度来查看具体数据的使用情况，形成一张实体和所参与处理过程的网络，如表与 ELT 程序、表与分析应用、表与其他表的关联情况等，从而进一步了解该实体的重要程度。

2. 元数据分析实例

（1）临床实践指南网络资源的元数据分析 对于循证医学资源元数据的分析，国内已有学者介绍了 MEDLINE 数据库、Cochrane Library。日本学者 Yukiko Sakai 于 2001 年提出了 EBM 元数据库方案，以及 CISMeF 元数据库方案等，但有关指南网络资源的元数据分析国内外未见有文献报道。

1）ACP Journal Club **元数据分析**。ACP Journal Club 数据库收录有原始研究和二次研究（包括指南）。原始研究的记录构成与 MEDLINE 类似。二次研究由若干个字段和结构式摘要构成，字段包括：文献类型（Article Type）、题名（Title）、著者（Author）、文献出处（Source）等。结构式摘要包括：问题（Question）、方法（Methods）、主要结果（Main Results）、结论（Conclusion）和评论（Commentary）等项目，其中突出反映 EBM 资源特点的字段是文献类型（如指南类用 Clinical Prediction Guide 表示）。

ACP Journal Club 元数据的优势在于通过原始研究的摘要元素可以很容易地识别出证据的级别。另外，记录标注"Clinical perspective"可以说明研究的类型（如 therapy，diagnosis），在这方面 ACP Journal Club 要优于 MEDLINE，因为 MEDLINE 记录的研究类型分散在主题词或副主题词字段中，没有进行集中标注。但 ACP Journal Club 对 Clinical perspective 的标注存在不统一现象，例如有时用 intervention 代表 therapy、用 description of test 代表 diagnosis。这种标注不统一影响了对 EBM 资源搜索的一致性，也使 ACP Journal Club 元数据很难标引进一些大型的医学文献数据库（如 MEDLINE）。

2）NGC 元数据分析。NGC 的指南包括概要性指南和完整指南两种类型。NGC 数据库的记录同样也由字段和结构式摘要构成。字段包括：指南题名（Guideline Title）、指南文献来源（Bibliographic Sources）和指南状态（Guideline Status）构成。结构式摘要包括：领域（Scope）、方法学（Methodology）、推荐（Recommendations）、支持推荐的证据（Evidence Supporting theRecommendations）、实行建议带来的收益或负面效果（Benefits ／ Harms of Implementing the Guideline Recommendations）、辨别信息和有效性（Identifying Information and Availability）及不承诺申明（Disclaimer）等项内容构成。其中推荐的建议还包括临床证据分级和临床算法等内容。

利用 NGC 检索临床实践指南资源的优势在于其具有将一些词语或短语与美国国立医学图书馆编制的"Unified Medical Language System"（UMLS）进行自动匹配的功能，能将检索词转换成相对应的 UMLS 医学词汇。NGC 设计有临床指南类型（Guideline Category）、机构类型（Organization Type）、临床专业（Clinical Speciality）、评估证据质量和强度所使用的方法（Methods Used to Assess the Quality and Strengthof the Evidence）、临床结局（IOM Care Needs）等，供用户有针对性地对指南的各个方面进行限定检索，还可对指南证据的质量和等级进行设定。因为 NGC 是一个专业化的临床实践指南网站，其字段设计具有很强的指南针对性。

3）CMA INFOBASE 元数据分析。CMA INFOBASE 数据库的记录由 32 个字段构成。主要的字段有：记录标识符（Record ID）、指南题名（Title）、集体著者（Corporate Author）、个人著者（Personal Author）、出版地或出版者（Place of Publication ／ Publisher）、出版时间（Date）、指南所在 URL、存入 CMA 日期（Accessed Date）、指南发表日期（Publication Date）、语种（Language）、指南总页码（Number of Pages）、制作者（Producer）、赞助者（Funder）、以前的版本（Previous Edition）、关注方向（Focus，如 condition, infection, technology）、学科分类（Category）、研究领域（Domain，如 Diagnosis, Preventive, Treatment）、目标人群（Target Population）、研究对象性别（Target Gender）、医学主题词（MeSH）等。另外，CMA INFOBASE 还设置了字段描述该项指南是否进行了计算机化、是否进行了分级、意见是如何达成一致的、是否考虑了干预治疗的利弊和成本，以及对健康的影响是否进行了评估等。

CMA INFOBASE 的元数据优势在于其设置了学科分类字段，可供用户查找有关麻醉学、心胸外科、临床免疫及抗原、临床药理学等46个学科的有关指南，研究领域字段可将指南的专题限定为诊断、预防、治疗、预后和病因等临床研究方向，对指南证据级别的描述、治疗干预的利弊和成本以及对健康影响等内容的描述，对指南的有效性、真实性及可靠性进行了充分的揭示 ⊖。

（2）**新疆维吾尔木卡姆舞蹈元数据分析与设计**　维吾尔木卡姆艺术是新疆地区最重要的非物质文化遗产之一。流布于全疆各地的维吾尔木卡姆是一个统一的艺术家族，同时由于各类木卡姆的生态背景不同而形成了具有自身特征的木卡姆，包括有十二木卡姆、刀郎木卡姆、吐鲁番木卡姆和哈密木卡姆四种类型。木卡姆艺术是一种大型的歌舞表演艺术形式，以音乐和舞蹈为主。

目前，传统文化资源的数字化已经在国家的重视下取得了长足的发展，在数字化的过程中，元数据标准的设计和应用是重要的一环。元数据能够很好地定义资源结构及其语义，为各种形态的数字化信息单元和资源集合提供规范、普遍的描述方法与检索工具。同时，有针对性的元数据设计可以对木卡姆舞蹈知识进行有组织的精炼与提取，为相关的文化研究提供便利，从而能够借助计算机领域的相关工具与知识，实现自动化、智能化的木卡姆舞蹈知识图谱构建与新知识和应用的发现，促进木卡姆舞蹈的传播、研究与创新。因此，本章针对木卡姆艺术中的舞蹈进行了元数据的分析与设计。

1）**木卡姆舞蹈元数据分析**。木卡姆舞蹈信息资源采集包括文字、图像与视频信息。从本质上说，图像与视频等提供的信息有很多可以通过文字来描述，虽然在视听效果、传播与教育意义上有本质的区别，但对基本结构、特征、内涵等的表述是可以通过元数据来完成的。这也正是元数据得以应用的基本功能。实际上就目前而言，计算机视觉、人工智能等技术在处理图像与视频的检索、分析、研究时难度不小，特别是对这两种媒介的语义理解与知识发掘仍有不少困难。因此，元数据帮助进行辨析、分解、提取和分析归纳的信息组织体系，可以相对容易地实现上述功能。

就木卡姆乐舞本身来说，四种木卡姆乐舞具有各自不同的特点，十二木卡姆作为木卡姆艺术的典型代表，具有较深的宫廷艺术底蕴，高贵而典雅，在表演上比较强调"照本宣科"式的规范。其他地区的木卡姆相对而言有更多的松散性、随意性和即兴性，带有民间艺术的特点。

采用描述性、结构性、管理性三层元数据描述。第一、二层是通过提取木卡姆舞蹈资源的本体属性特征，制定其核心元数据。第三层则是对木卡姆舞蹈数字资源载体的描述。本元数据建设的目的是对各木卡姆舞蹈的关联关系、形式变化等进行挖掘与知识发现，因此舞蹈本体的特征是核心与关键，对其数字化介质的描述就相对简单，不对载体的形式特点做深入分析。另外，木卡姆艺术是一个统一的整体，舞蹈艺术是与音乐、习俗、歌曲艺术紧密结合的，因此元数据中将添加指向特定的、与之搭配的其他艺术形式的元素。同时

⊖　钟丽萍. 临床实践指南网络资源及元数据分析 ［J］. 现代情报，2009，29（2）：105-108.

历史、分布、传承、现状等描述是针对以音乐为主体的木卡姆艺术本身的，它们被放在木卡姆音乐的描述中，在舞蹈元数据中不再赘述。元数据的设计主要借鉴 DC 标准。

2）**木卡姆舞蹈元数据设计**。表 7.1～表 7.3 分别是新疆维吾尔木卡姆舞蹈的描述性、结构性与管理性元数据。

表7.1 描述性元数据

元素	限定词
名称	—
主题	—
背景	—
描述	动作特点
	肢体动作
	场地动作
	合作动作
	阶段描述
	其他特点
参与者	人员特点
	着装特点
来源	—

表7.2 结构性元数据

元素	限定词
结构	—
关系	相关音乐
	相关歌曲
	相关民俗

表7.3 管理性元数据

元素	限定词
存储	类型
	路径
	格式
	度量
	技术处理
标识符	—
权限	—
版本说明	

元数据元素的详细说明如下。

①**描述性元数据**。

名称：舞蹈名称。

主题：舞蹈所表达的主要情感或内容等。

背景：对舞蹈场地、环境、名目等的描述。

描述：包括六个限定词，主要对舞蹈的动作进行说明。动作特点是指胳膊、腿、身子等肢体动作的主要特点；场地动作是指舞蹈时舞者在场地上移动的情况；合作动作描述两个及两个以上人物的动作搭配；阶段描述对舞蹈动作的时序步骤进行概括；其他特点则对以上未涉及的特点进行补充。

参与者：包括两个限定词。人员特点介绍舞蹈参与者的特点，如有无领舞，或只有女性等；着装特点介绍舞蹈参与者的服装要求或习惯。

来源：舞蹈动作的产生渊源，如产生于某种集体活动，或传承自哪种文化。

②**结构性元数据**。结构性元数据包括两项元素及其限定词，用于对木卡姆舞蹈的一些结构性、关系性信息进行描述。

结构：描述木卡姆舞蹈的结构性组成。

关系：木卡姆是综合性艺术，包含乐、舞、歌、习俗等，且以音乐为中心。该项简要描述与舞蹈搭配的其他艺术形式，包括音乐、歌曲（含歌词）、民俗（与木卡姆舞蹈活动相伴的一些习俗性活动）。

③**管理性元数据**。管理性元数据包括四项元素及其限定词，主要是对木卡姆数字资源的简单描述。

存储：对木卡姆数字资源存储的描述，包括五项限定词。类型描述该资源载体的种类，如图像、视频、模型等；路径描述木卡姆舞蹈在资源库中的存储路径；格式描述木卡姆舞蹈的存储格式；度量描述木卡姆舞蹈资源的度量信息，包括资源大小等；技术处理描述在数字存储过程中的一些处理步骤。

标识符：分配给木卡姆舞蹈数字资源的唯一标识符。

权限：木卡姆舞蹈资源的权限信息。

版本说明：木卡姆舞蹈的版本。

3）**结语**。木卡姆舞蹈艺术元数据的分析、描述与应用，有两个层面的重要意义。首先，它有利于木卡姆舞蹈艺术的存储、检索、管理等，能对木卡姆舞蹈艺术的基本特点进行简单直观的描述。其次，与木卡姆音乐元数据以及歌曲、民俗的描述结合，能够从整体上把握木卡姆艺术的基本特点。最重要的是，通过这些规范化的表征，能够在对木卡姆核心内涵与艺术特征的直观描述的基础上，对在新疆不同地域、不同时间的木卡姆舞蹈的关联关系进行定量的、标准化的建模分析，如建立时空特征关联网络进行分析，研究木卡姆舞蹈的变迁，挖掘内在联系，构建知识图谱。这些借助计算机技术实现木卡姆艺术研究的智能化方法，对木卡姆艺术的传承保护、科学研究、发展创新都能发挥巨大的作用 ⊖。

7.4 元数据管理策略

元数据管理策略包括元数据无分割策略和元数据扩展管理策略。无分割策略就是把文件系统的整个命名空间和元数据放在一个元数据服务器上，如 GFS 和 HDFS。扩展管理策略就是按一定的策略将所有元数据分散地存储在多台元数据服务器上。

7.4.1 传统的元数据管理

传统数据库中的数据字典就是一种元数据。数据字典可以为查找用于逻辑处理的数据程序所共享，程序从共同的数据字典中装载需要的定义和存储位置。在关系型数据库中，数据的描述表现为对数据库、表、列、观点和其他对象的定义。在分布式系统中，数据由各基本商业单位以分散的方式进行定义，不同的应用程序使用不同的工具定义数据，同一个数据又被定义多次，这样在系统之间交换数据变得非常危险，数据的不一致性往往导致程序的失败 ⊖。

7.4.2 典型的元数据管理结构

1. 集中结构

对于大多数中等规模的组织而言，单一的元数据库就足够管理各种团队所需的所有元数据。其基本概念是建立统一的元数据模型，用该模型定义和管理各种元数据，并将所有元数据集中存储在中心元数据库中。所有工具和数据仓库直接访问中心元数据库，而不局部存储和管理元数据。

2. 分散结构

由于不同的工具、软件组件和元数据库往往使用不同的数据模型、不同的表示格式，集中管理几乎是不可能的。事实上，在确保元数据库可互操作的前提下，通常采用分散管理。这种方法的目标是局部元数据库自治管理局部元数据，建立统一的共享元数据模型来管理全局元数据。它是各局部元数据库中元数据的子集。这是元数据管理的另一种极端情况，在现在的数据仓库系统中很典型。

3. 邦联结构

邦联结构结合了前两种结构的优点。每个工具拥有自己的元数据库，因而支持快速访

⊖ 赵海英，贾耕云，陈洪.新疆维吾尔木卡姆舞蹈元数据研究［J］.图书馆学刊，2016，38（3）：42-45.

⊖ 邓悦.数据仓库及元数据管理［J］.辽宁工程技术大学学报：自然科学版，2004，23：96-97.

问和自治，并提供与共享元数据库的交换接口，共享元数据库管理所有共享的元数据。局部元数据库可以采用异构的表示形式，而共享的元数据库必须采用统一的元数据表示形式，如基于标准的元数据模型（OIM 或 CWM）或自定义模型。邦联结构保护了元数据库的自治性和异构性。每个局部元数据库自己确定需要导出哪些元数据到共享的元数据库中。

7.4.3 元数据管理平台与方法

元数据管理的复杂程度非常高，传统的元数据管理都集中在某一个应用系统内部。从可行性的角度看，建立企业级元数据管理平台应从易到难，逐步发展。首先要建立企业级数据字典管理的功能，将各个系统内的数据字典统一进行管理和维护，再逐步建立起企业集中的元数据管理，集中管理各个应用系统的上游系统接口、数据加工处理逻辑、下游数据出口等相关元数据[⊖]。

元数据管理平台能帮助实现元数据的集中化管理、自动化管理、版本管理，以强有力的技术优势，为后续数据治理工作打下基础，基于统一的企业级元数据管理，为数据标准、数据质量、数据认责、数据全生命周期的数据管控提供支持。企业信息化管理者以元数据为抓手进行数据治理，有助于更加有效地发掘和利用信息资产的价值，实现精准高效的分析和决策，助力业务的发展。

1. 某区政务局元数据管理平台

政务服务数据管理局基于区内各政府部门的数据进行汇总和治理，面向各部门提供统一的数据服务和应用，实现"用数据决策、用数据监管、用数据创业"的数据统筹发展运行机制。通过元数据管理平台，梳理各类数据来源，实现卫计委、工商局、流管局等各政府部门的元数据自动采集，厘清现有的数据流转全流程和数据架构，并基于其构建一套新的数据架构，同时提供数据血缘分析、影响分析等，最后形成全区的政务数据地图。平台帮助数据管理局确定数据来源和数据架构，为后续数据标准建设和数据质量管理打下坚实基础，为政务资源目录、自主填报系统、教育无纸化等应用提供支撑。

2. 某银行元数据管理平台

建立面向"非现场监管""风险""信贷""利率""外汇"五大业务主题的全行级数据仓库，全面开展元数据管理工作，梳理银行各业务系统现有的数据，确定数据仓库各业务主题的数据来源，厘清数据字典和关联关系，实现数据同源、同构和统一数据口径。平台帮助银行了解现有数据，厘清数据的来龙去脉，确定面向应用的数据统一来源。支撑数据仓库建设，并提供各类数据特别是监管报送数据的血缘分析，可快速定位数据问题源头。

3. 某省卫计委元数据管理平台

通过元数据管理、数据标准管理、数据质量管理等手段，为该卫计委的决策支持系统

提供高标准、高质量的数据。通过对省级、地市级、区县级各类数据平台和业务系统的元数据采集，摸清数据现状，识别出卫计委所需的健康档案数据和电子病历数据，并完成这些业务数据的接入。同时对数据进行全链分析，清晰展示卫计委数据流转全流程。平台帮助卫计委摸清各级相关部门数据现状，梳理数据来源，掌握数据动态，极大地支撑了后续数据治理以及决策支持系统、网络直报系统等应用。

7.4.4 数据湖与元数据管理

物联网等新技术发展促使数据量越来越大，为了高效处理数据并发挥价值，数据湖等新概念应运而生。数据湖是一个数据管理平台，用于大规模合并异构来源、不同结构和原始格式的数据。通过这些属性，数据湖可以进行机器学习等分析。为了防止数据湖变成不可操作的数据沼泽，需要进行元数据管理。存储和处理元数据需要一个通用的元数据模型。然而，现有元数据模型的评估表明，由于设计基础不合适，迄今为止没有一个模型是足够通用的。

因此，本书尝试设计一个通用的数据湖元数据模型，称为"HANDLE"，意思是"在数据湖中处理元数据管理"。HANDLE 支持在不同粒度级别（任何元数据分类）上获取元数据，包括获取属于特定数据元素的元数据以及应用于更广泛数据范围的元数据；支持元数据的灵活集成，可以根据预期的利用率以各种方式反映相同的元数据；支持数据湖特性，如数据湖区域。通过这些功能，HANDLE 可以在数据湖中实现全面的元数据管理。

1. 通用元数据模型的需求

首先，Rebecca Eichler 等人认为基于分类和基于特征的方法都不能产生真正通用的模型，因此，提出了一种不同的方法来定义一组新的更通用的需求，以构建一个通用模型。它可以反映跨领域的更广泛的用例范围，这种方法是面向灵活性的，需求基于现有模型的优势和限制，但主要是为高度灵活的模型提供基础。为了支持任何元数据管理用例，模型必须在吸收元数据的能力方面非常灵活。

对此，我们构建了 HANDLE 的四个需求。

1）尽可能灵活地建模元数据。根据我们对现有模型的分析，通过以下六个条件实现了高度的灵活性：元数据可以以元数据对象、属性和关系的形式存储；每个用例的元数据对象数量是无限的；每个元数据对象可以有任意数量的属性；元数据对象可以存在，也可以不存在对应的数据元素；支持元数据对象互联；支持数据元素互联。

2）在多个粒度级别上收集元数据的能力。通过粒度级别，该模型支持元数据的遗传，从而在细节级别和元数据分配方面保持灵活性。例如，模式级别添加的技术元数据也适用于更细粒度的数据元素，包括表、列、行和字段。

3）支持数据湖的特性。大多数元数据是在特定的数据元素上收集的，这些数据元素被组织在区域中，因此模型必须支持数据湖区域的概念。这意味着元数据应该跨区域区分，从而在分配元数据方面获得灵活性。

4）以标签的形式集成任何分类。有助于快速识别数据的上下文，还可以用于检查是否收集了所有类型的元数据。

2. 构建通用元数据模型

HANDLE 的目的是处理所有的元数据管理用例，以便建模、收集和追溯扩展特定用例所需的任何元数据。HANDLE 没有明确指定需要在此上下文中收集哪些元数据或提供决策支持功能，因此需要在高抽象级别上进行定义，使其在吸收任何元数据方面都具有必要的灵活性。图 7.6 所示是 HANDLE 的元模型。

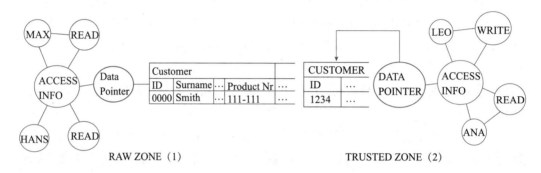

图7.6　HANDLE的元模型

（1）**核心模型**　如图 7.7 所示，核心模型定义了元数据管理用例建模所需的所有元素和关系，显示了客户表在不同粒度级别上收集的访问元数据。客户表存储两次，每个数据湖区域存储一次。

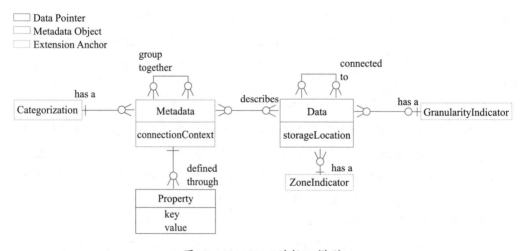

图7.7　HANDLE的核心模型

核心模型的主要实体是数据实体。为了避免冗余存储数据，数据实体表示指向数据湖中的数据的指针。数据元素的路径存储在 storageLocation 属性中。根据前述条件"支持数据元素互联"，数据元素可以相互连接，如连接到表示整个表的上级数据元素。ZoneIndicator 和 GranularityIndicator 两个实体附加到数据元素，表明数据存储的区域以及收集元数据的粒度级别。这两个指标的预期用法将在后面各段模型扩展的基础上加以解释。

核心模型的第二个中心实体是元数据实体，用虚线或其他颜色表示。它是前述条件"元数据可以以元数据对象、属性和关系的形式存储"中指定的元数据对象，可以表示访问数据的用户。一个或多个数据元素和每个数据实体可以有 0 个或多个元数据实体连接，从而满足前述条件"元数据对象可以存在，也可以不存在对应的数据元素"的要求。例如，用户可以访问许多数据元素，而数据元素也可以由许多用户访问。一个名为 connectionContext 的属性描述元数据元素包含哪些信息，例如，用户元数据元素可能有一个名为"访问用户"的连接上下文。根据前述条件"每个元数据对象可以有任意数量的属性"，元数据实体可以以键 - 值对的形式拥有任意数量的属性，如"name:Hans Müller"。根据前述条件"支持元数据对象互联"，元数据可以将 0 个或多个元数据元素进行分组，比如"Access Info"组。当为一个数据元素收集了关于同一主题的大量元数据时，根据某种上下文对元素进行分组是很有帮助的。元数据实体根据任何基于内容的分类进行标记，由分类实体表示。

图 7.8 描述核心模型实体的实例化。数据和元数据实体的实例以圆圈的形式显示，在下方附加了相应的属性，而在顶部像标签一样附加了 Categorization、Zone 和 GranularityIndicator。Data 元素有一个 storageLocation 属性，其中包含到湖泊中客户数据的路径。GranularityIndicator "Table" 表示路径指向一个表。引用的内容存储在原始区域，通过 ZoneIndicator "Raw" 暗示。Data 元素有一个元数据元素，描述通过 connectionContext 属性声明的数据内容。元数据元素还有属性"name"和"description"，它们是核心模型属性实体的实例。元数据元素的类型是通过分类实体指定的"Business"。

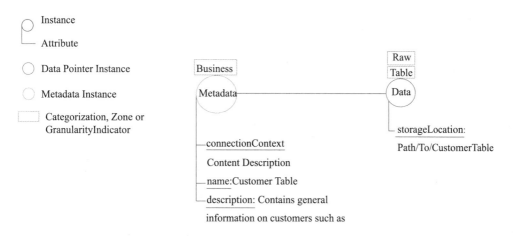

图7.8 核心模型实体的实例化

图 7.9 显示了同一元数据管理用例的三种建模变体，其中记录了对数据的访问。根据元数据的预期用途，从左到右按照不断增加的规范存储相同的内容。由于空间有限，属性、

指示器和分类不显示。图7.9a、b、c三个选项用于存储关于数据元素如何访问以及由谁访问的元数据。在图7.9a中，所有的信息，即参与者和动作，被插入单个元数据对象中，并附加到相应的数据实体，用于每个执行的动作。这个简单的版本不需要人工建模，并且可以轻松地以自动化的方式添加新的元数据。但是，如果收集此元数据是为了查看哪些用户访问了某个数据元素，则必须单独检查每个元数据元素。这是低效的，可以通过创建一个单独的参与者和操作元数据对象来加快速度，如图7.9b所示。在这个模型中，信息是为每个数据实体结构化的，尽管它是相关的信息，但仍然是独立的，就像在竖井中一样。因此，"用户Hans使用哪些数据元素"的问题也需要付出很大的努力。为此，必须加载每个可能的数据实体上的元数据，以查看Hans是否对其执行了操作。因此，元数据可以像图7.9c所示的那样跨数据实体互连。跨各种数据实体互连元数据对象也可以减少冗余信息，不会为每个数据元素存储多次。在这个模型中，访问元数据还附加到一个中间的"Access Info"节点，以便对这些信息进行分组，并防止数据实体被无限增加的访问元数据淹没。通过这些示例，我们演示了核心模型允许根据预期的使用情况对元数据进行建模，无论是自动获取新的元数据还是特定查询。

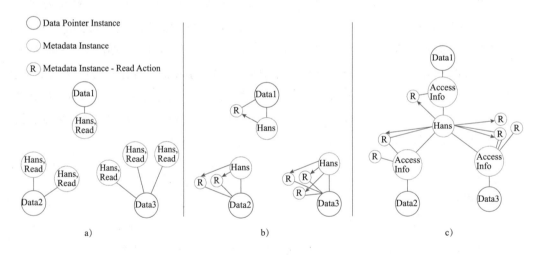

图7.9　同一元数据管理用例的三种建模变体

在实现全局元数据的知识库的摘录时，通过元数据元素的connectionContext属性指定"部分""类型"和"是"的关系。核心模型既支持收集属于特定数据实体的元数据，也支持收集更通用、不需要相应数据元素的元数据。图7.9例证了在只有一个相应的数据元素下才有意义的元数据。其他元数据如知识库，适用于更广泛的数据范围，可能跨越整个数据湖，是Sawadogo等人所称的全局元数据的例子。这些可以通过核心模型来表示，方法是创建并连接几个元数据对象，这些元数据对象可以具有（但不一定需要）与数据元素的连接。

图7.10举例说明了简化知识库的提取。知识库由元数据对象组成，它们不描述湖中的

特定数据集，而是提供机器上的领域知识的上下文概述。该领域知识适用于整个数据湖或数据湖的大部分数据，因此是全局元数据的一个例子。尽管如此，它可能包含指向湖中匹配数据的链接，例如"Product"表。

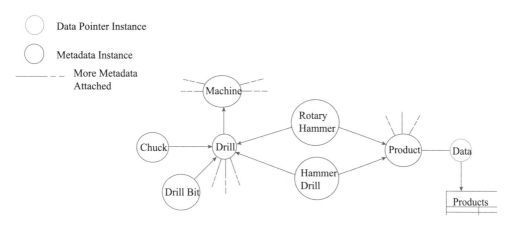

图7.10 全局元数据的知识库的摘录

（2）粒度扩展 粒度指标必须根据预期的用途进行调整，因此被建模为核心模型的扩展。GranularityIndicator 实体支持在不同粒度级别上收集元数据，这些级别与数据中的某种结构密切相关，如 JSON 文档中的对象、键、值或键－值对实例可以用作粒度级别。GranularityIndicator 并不局限于"结构化数据"，如视频就是"非结构化数据"。人们可能希望收集视频单帧的元数据，此时就会出现视频关卡和帧关卡。领域专家提供的领域知识可以帮助选择粒度级别，例如，元数据指的是单个帧或整个视频的内容。

图 7.11 列出了一些枚举，可以用来表示关系数据的粒度级别。"…"表示可根据需要添加其他枚举。为了收集不同级别的元数据，必须创建指向该粒度实例的相应数据元素。因此，可能有一组数据元素都指向相同的数据集，差别只是指向或多或少特定的粒度级别。图 7.6 的 RAW ZONE（原始区域）中的"数据指针"将有一个名为 Row 的标签，而受信任区域中的"数据指针"将有一个名为 Table 的标签。这些区域中可能还有其他"数据指针"，如指向原始区域中带有 Table 标签的整个表的另一个指针。

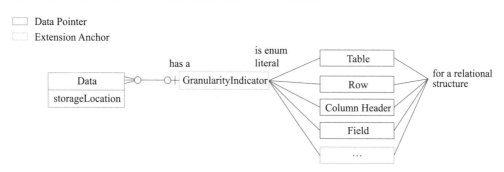

图7.11 核心模型的粒度扩展

GranularityIndicator 实现了元数据继承。GranularityIndicator 支持在各种粒度级别上收集元数据，但还没有考虑到在多大程度上可以将元数据转移到其他元素。如上文所述，粒度指示器可以促进元数据的继承。根据定义，元数据的继承表示附加在低粒度数据上的元数据对高粒度数据的可转移性。例如，在关系数据中，一个表的粒度较低，而一行的粒度较高。当用户希望访问该表中的一些行时，需要有关访问权限的元数据，以确定该用户是否具有查看该数据的权限。在这种情况下，收集每一行的访问权限没有意义，因此，它们存储在较低的粒度级别，如表级别。尽管如此，即使元数据附加到表级别，它也适用于相应的行，因此是可继承的。这样做的好处是，元数据可以在较低粒度级别上存储一次，然后转移到较高级别，而不是在较高级别上为每个元素存储多次。

为了从较低粒度级别的数据访问可继承的元数据，必须定义 GranularityIndicator 之间的层次结构，可能有多个数据实体，它们具有不同的粒度指示器，都指向同一个数据集的不同粒度级别，而它们之间的连接是未知的。通过使用图 7.11 所示的粒度指标，图 7.12 说明了这些粒度指标之间的示例性层次结构。它定义了 Table 由 Row 组成，Row 由一个或多个 Field 组成，因为这些字段通过一部分关系连接起来。此外，字段和行分别具有一个或多个列标签。访问了指向一行的数据实体之后，就可以通过关联部分查询指向表的父元素，从而找到可继承的元数据。

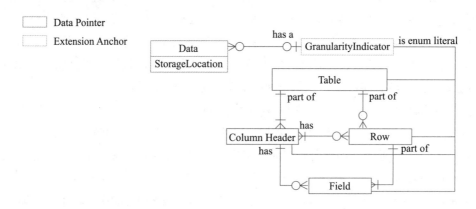

图7.12　用于促进元数据继承的GranularityIndicator之间层次结构的示例定义

（3）区域扩展　图 7.13 说明了 ZoneIndicator 实体的预期用途，使用 Zaloni 的区域模型。ZoneIndicator 实体是数据实体上的一个标签，提供数据元素在数据湖的区域体系结构中的位置信息。根据区域定义，数据的转换程度可以通过它立即显示出来。不同的区域被建模为 ZoneIndicator 的枚举。为了使用另一种体系结构，需要调整区域枚举及其关系。

该模型表明，每个数据元素必须只有一个 ZoneIndicator，但这些指示器可以应用于 0 个或多个数据元素。在这个模型中，RawZone 实体被设计成中心的 ZoneIndicator。这种设计决策背后的原因是，数据有时会直接加载到原始区域，即使它是第二个区域，因为第一个区域，即暂态加载区域是可选的，可以省略。此外，加载到暂态加载区的数据只是临时存储，如果没有通过质量检查，可能不会继续进入其他区域。因此，如果数据存储在任何其他区域，它将有一个相应的数据元素在原始区域，然而，不一定在瞬态加载区域。因此，Raw 区域是最稳定的参考。其他的 ZoneIndicator、TansientLoadingZone、TrustedZone、RefinedZone 和 Sandbox，有一个链接实体，将它们连接到原始区域中的相应数据元素。将数据导入区域的信息存储在 importedFrom 属性中，相应的时间戳存储在链接中。importedFrom 属性可以包含一个区域或原始源的名称。在 Zaloni 的区域内，数据应该会首先通过暂态加载区、原始区、可信区，最后通过精细化区。数据可以直接从源加载。importedFrom 属性允许通过区域跟踪数据的进度。由于数据可能不会从临时加载区域移动到原始区域，因此该枚举可以在没有 RawZone 元素链接的情况下存在。如果它被移动到原始区域，那么就必须有一个连接它们的链接。

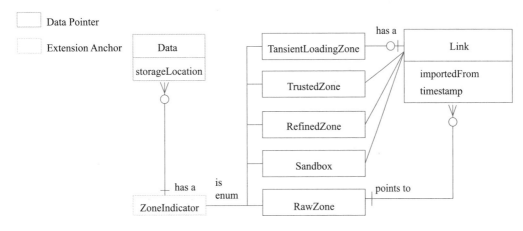

图7.13 区域扩展到核心模型

图 7.14 描述了图 7.13 所示的区域扩展的示例性实例。它展示了一个场景，其中一个表在四个区域内的数据湖中存储了四次。四个表中的每个表都有一个指向其位置的数据实体。ZoneIndicator 和链接说明了每个表的区域以及它从何时何地导入的信息。元数据实体表示可以将元数据附加到数据实体。所示的四个数据元素都指向存储在不同区域的同一个表的版本。左边的元素存储在 RawZone 中，因此，它指向数据的原始版本。其他数据元素通过箭头所示的链接连接到它。如图 7.14 所示，数据已经从原始区域移动到受信任区域，然后移动到精细化区域。它也被加载到沙盒中。importedFrom 属性指定沙盒中的数据元素不是从数据湖中的任何区域加载的，而是直接从源加载的。

这些区域也可以以不同的方式建模，例如，每个 ZoneIndicator 连接到导入数据的 ZoneIndicator。在本例中，TrustedZone 指示器将具有到 RawZone 指示器的链接，而 RefinedZone 指示器将具有到 TrustedZone 指示器的链接。但是，使用这种替代设计，当沙盒指示器的数据直接从数据源导入时，它可能不会与其他指示器有任何连接，这就是为什么我们选择如上所述的设计，因为我们希望连接同一数据集的所有实例。

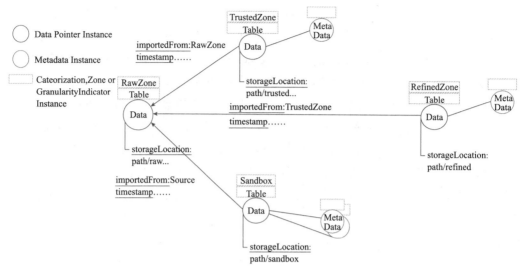

图7.14 区域扩展的示例性实例

（4）分类扩展 图 7.15 说明了分类实体的预期用法，以 Gröger 和 Hoos 的元数据分类为例。与 Zone 和 GranularityIndicator 类似，分类实体是根据元数据元素的上下文分配的标签。例如，访问信息是核心元数据，其中定义了操作元数据，因此存储任何类型的访问信息的元数据元素都有一个操作标签。这个扩展与粒度和区域扩展以及核心模型加起来就是HANDLE。

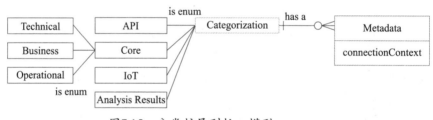

图7.15 分类扩展到核心模型

3. 总结

利用数据湖中的数据价值需要元数据。元数据是一种数据类型，它提供关于其他数据、过程或系统的信息。由于它是一种数据类型，因此也需要进行管理。元数据管理本质上是对元数据的数据管理，因此涉及数据管理活动、数据治理、生命周期管理和数据质量管理等基础活动。其中一项活动涉及元数据模型的设计，该模型定义了数据和元数据元素之间的关系，以及可以存储哪些元数据。由于所有其他数据类型的管理都需要元数据，而且在它们的每个管理活动中，需要收集大量元数据，因此，上面提到的元数据模型必须是通用的，这意味着它应该能够反映任何给定的元数据管理用例以及所有的元数据。现有的模型不满足所需的通用范围，通过工业 4.0 场景中的示例用例也演示了这一点。

我们尝试开发一个新的数据湖元数据模型，称为 HANDLE。HANDLE 支持在不同粒度级别上获取元数据，包括获取属于特定数据元素的元数据和应用于更广泛数据范围的元数据；可以根据预期的利用率，以各种方式对相同的元数据建模；支持数据湖特性，如数据湖区域；适用于元数据管理用例，可以通过图形数据库实现，可以反映现有元数据模型的内容，并提供额外的元数据管理功能。评估表明，HANDLE 是迄今为止最通用的数据湖元数据模型。在未来，我们打算研究如何扩展 HANDLE，为领域专家提供决策支持，包括需要收集哪些元数据来进行全面的元数据管理，以及 HANDLE 是否适用于数据湖之外的范围，如数据仓库等其他系统，是否适用于各种数据存储系统的组合。

◎ **本章思考题：**

假设某用户办理了贷款业务，元数据发生了更改，那么在银行元数据管理系统中，这个更改的数据从何而来？数据更改后，哪些表会受到这个元数据的影响呢？参见图7.16，请用元数据的血缘分析和影响分析简要分析并设计数据流动的过程。

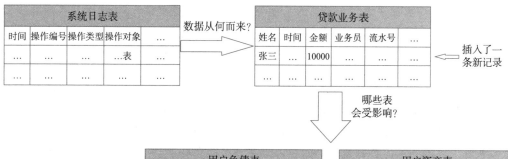

图7.16 章后习题图例

第8章

数据质量控制

■ **章前案例**⊖：

商业银行纷纷转向数据驱动型战略，数据质量管控体系也要顺势优化布局，尽快适应"精、准、快"的数据要求。上海浦东发展银行（简称"浦发银行"）根据几年的数据治理经验，从管控过程中的难点和痛点切入，从管理、科技、业务三个方面"融入"数据质量管控机制，为数字化、智能化战略转型奠定基础。

1. "融入"管理，强化高层管理机制

为解决跨部门的重大数据治理问题，浦发银行在高级管理层下成立"数据治理工作领导小组"，形成跨部门数据治理问题的沟通解决机制，为研究和决定数据治理重大决策与重要事项，协调各部门数据治理工作中的重要问题提供平台。各部门通过该平台提出问题，由工作小组进行快速决策，并由工作小组对专项任务的执行情况进行监督管理，提高问题解决的效率。

围绕全行的年度经营绩效工作目标，浦发银行制定配套的数据质量管理目标，并纳入全行经营绩效考核中，通过数据质量考核管理机制，提高总行部门间及总行分行间的联动，并将质量管理要求传达到一线。以"业务价值"为驱动，"以点带面"拉动全行总行各部室及分行共同为数据质量添砖加瓦，这使资源投入更集中，治理效果更显著。

2. "融入"科技，优化开发流程

数据质量管理融入信息化建设全流程。在浦发银行新一代项目建设中，建立融入信息化全流程的数据管理要求，通过强化数据需求管理、模型设计、投产交付等信息系统建设

⊖　金融电子化.浦东发展银行：数据质量管理的问题分析与案例分享［EB/OL］.（2018-05-09）［2022-12-05］. www.ciotimes.com/technology/149737.html.

环节，从源头开展数据治理工作；建立信息系统建设向数据质量管理标准化、规范化的转型标杆，推动数据资产质量逐步提升。在需求阶段明确数据需求及质量要求，在设计环节加强前台录入控制、逻辑检查、数据清洗等质量控制，在系统投产环节增加数据质量方面的审核，减少对下游系统的影响。

数据质量管理融入数据全生命周期。从数据全生命周期的角度出发，数据质量管理应贯穿数据创建、存储、加工处理、使用和销毁全过程，因此在数据创建、存储环节增加质量准入检查、数据清洗等工作，在数据加工、使用环节中加强全流程的数据质量监控，在数据销毁后同时撤销质量监控等。针对客户标签、大数据平台等数据高度集中的产品、系统或平台，搭建全面、自动化、可视化的数据质量跟踪监控机制尤为重要。

3. "融入"业务，规范业务操作

"量身定制"全方位宣贯和培训，深化质量管控意识。浦发银行定期组织面向多层次受众、开展形式多样的宣贯和培训，促进全行用户对数据治理成果的价值认同。陆续通过行内期刊、网络培训等形式向全行普及数据治理的重要性，并和负责合规监管等部门联合开展业务条线的专项数据质量培训，帮助他们在日常工作中有针对性地加强数据质量管理。

结合业务流程"差异化"，落实质量管控要求。遵循"主动预防、加强控制、及时处理"的数据质量管控策略，指导业务部门在制定业务流程规范中加入数据质量管控要求，并在信息系统建设中及时提出配套的数据需求。优化业务流程表单设计，建立柜员操作规范，加强数据录入审核等手段，同时围绕"以客户为中心"的业务经营管理需要，制定"数据质量考核评分卡"，将客户信息采集、经营统计分析等与业务操作关系密切的工作纳入总分行数据质量考核中。

案例思考题：

1. 数据质量的影响因素有哪些？
2. 如何从这些影响因素入手考虑数据质量的控制？

8.1　数据质量控制概述

数据质量控制通过严格把控使用数据质量，以确保数据权威性。在了解如何进行数据质量控制之前，知晓高质量数据的基本要素是必要的。一个科学、全面、可持续和高质量的数据管理工作是数据质量控制的基础，只有提供高质量的数据，才能更好地推动相关主体的发展。

8.1.1　数据质量要素

针对数据质量，国际上目前还没有统一形式的定义，有关文献从不同角度和应用范围对数据质量进行了相关定义，其中主要的一些定义如下：①数据质量是数据适合使用的程度（fit for use）[一]，这一定义被业界广泛认可；②数据满足特定用户需求期望的程度[二]；③数据质量是一个信息系统表达的数据视图与客观世界同一数据的距离[三]。

尽管对数据质量的定义各不相同，但从以上几种定义中不难看出，数据质量的研究目标是从不同维度分析数据能否反映真实情况，从而确保数据能够被用户有效使用[四]。数据质量衡量的是数据的优劣程度，是数据价值的重要表现，是符合社会数据和信息需求的各种特征的总和。数据质量管理是指根据数据的完整性、准确性、一致性、及时性要求，制定数据质量核查规则，实时或定期进行数据质量监测，并撰写质量分析报告，分析导致质量问题产生的根本原因，提出和实施数据质量改善方案，满足内部管理和监管合规的数据要求[五]。

数据质量包含以下四个要素：准确性、完整性、一致性、及时性。

1. 准确性

数据准确性指数据是否存在错误，是用语言所表述的客观事物的值与客观事物的真实值之间的近似程度。准确性又可以分为语义准确和语法准确。语义准确是指语言所表述的值与真实值之间的近似程度；语法准确是指语言所表述的值与真实值所对应的值域的近似程度。

2. 完整性

数据完整性指数据记录是否完整，是否存在缺失情况。数据缺失主要有记录的缺失或数据表中某个字段信息的缺失，会造成统计结果不准确。数据完整性也指数据的广度、深度和规模是否能够满足数据需求。

3. 一致性

数据一致性要求数据遵循格式的一致，即数据记录是否符合规范，是否与前后及其他数据集合保持统一，包括数据记录规范和数据逻辑一致性。数据记录规范性主要指数据编码和格式问题，数据逻辑性指统计和计算的一致性。

4. 及时性

数据及时性通常指数据由产生到可被查看所需的时间，亦称为数据延时。数据的产生依赖于多方面原因，只要在合理的时间延时都可被视为有效的及时性。及时的数据有利于

⊖ HUANG K T,LEE Y W,WANG R Y. Quality information and knowledge［M］.Upper Saddle River: Prentice Hall, 1998.

⊜ KAHN B K,STRONG D M. Product and service performance model for information quality: An update［C］// Proc of the 3rd Int Conf on Information Quality. Cambridge: MIT Press,1998：102-115.

⊜ ORR K. Data quality and system theory［J］.Communications of the ACM,1998,41（2）：66-71.

⊜ 王运帷.陆基与星基 ADS-B 系统数据质量研究［D］.天津：中国民航大学，2018.

⊜ 王伟能.大数据背景下的电网企业数据管理［J］.大众用电，2020，35（10）：44-46.

数据价值发挥，延时过长，在数据更新频率较高时易使数据失去参考价值。

8.1.2 数据质量控制定义

加拿大研究数据（Research Data Canada）组织将数据"质量保证"（Quality Assurance，QA）定义为测量和确保产品质量的一系列过程，将数据"质量控制"（Quality Control，QC）定义为满足消费者期望的产品和服务过程。[⊖] 两者的主要区别在于 QA 是过程导向，侧重建立质量以防止错误，是用正确的方式做正确的事[⊜]；而 QC 是产品导向，侧重质量测试（如检测错误），是确保所做的结果符合预期；但通常情况下不对两者进行严格区分[⊜]。张静蓓与任树怀进一步将"数据质量控制"定义为用于确定被测试的数据是否可以有效地被其他研究人员进行验证和重用的一套标准流程。[⊗] 从对概念的阐释可知数据质量控制发生在数据产生、存储、传播、利用多个阶段，不仅需要从源头确保数据产生的质量和价值，也需要在存储与传播过程中对质量进行检测和验证，同时还需在面向用户时确保较高的利用价值。刘兹恒与涂志芳认为数据质量控制是在明确数据的含义及范畴、确定不同的数据处理模式及其流程、了解数据质量的内涵及标准的基础上使得处理后的数据达到甚至超过数据质量标准的一系列政策标准、工具平台、活动、方法等的过程。[⊕]

综上，本书认为数据质量控制是对数据在计划、收集、记录、存储、回收、分析和展示的生命周期中可能引发的数据质量问题，进行识别、度量、监控、预警等一系列管理活动，并通过提高组织管理水平来提高数据质量的过程。

8.2 数据质量控制过程

数据质量控制是通过监控质量形成过程，消除全过程中引起不合格或不满意效果的因素，以达到质量要求而采用的各种质量作业技术和活动。要保证最终交付质量，必须对过程进行质量控制，通常是在过程中设置关键质量控制点。数据质量控制贯穿于整个数据生命周期，从成本与效益出发建立合适的框架，运用科学有效的控制方法，有利于明确控制流程和落实数据质量控制。

⊖ Research Data Canada. Original RDC Glossary［EB/OL］.（2017-01-11）［2022-11-23］. www.rdc-drc.ca/glossary/original-rdc-glossary/.

⊜ USGS Data Management. What is QA/QC?［EB/OL］.（2017-04-20）［2022-11-23］. www2.usgs.gov/datamanagement/qaqc.php.

⊜ BLOOM T, DALLMEIER-TIESSEN S, MURPHY F, et al.Workflows for research data publishing: Models and key components: Final manuscript［J］.International Journal of Digital Libraries, 2015.

⊗ 张静蓓，任树怀. 国外科研数据知识库数据质量控制研究［J］.图书馆杂志，2016，35（11）：38-44.

⊕ 刘兹恒，涂志芳. 数据出版及其质量控制研究综述［J］.图书馆论坛，2020，40（10）：99-107.

8.2.1 数据质量控制阶段

随着数据量的增加和数据处理软件系统的多样化，与数据一致性、准确性和及时性有关的挑战愈加复杂，数据质量问题亟须解决，同时，数据质量控制成为影响大数据分析和人工智能的重要因素。为了掌握数据质量，并从数据质量管理中实现获益最大化，应首先定义数据质量管理框架，从该框架开始构建更详细的战略和战术计划，以实现数据质量目标。数据质量控制可以分为数据质量的事前预防控制、事中过程控制和事后监督控制三个阶段。

1. 事前预防控制

该阶段建立数据标准化模型，对每个数据元素的业务描述、数据结构、业务规则、质量规则、管理规则、采集规则进行清晰的定义。数据种类和结构庞大，数据质量的校验规则、采集规则本身也是一种数据。通过构建数据分类和编码体系，形成数据资源目录，让用户能够轻松地查找和定位到相关的数据。元数据使得数据可以被理解、使用，因此，元数据管理是预防数据质量问题的基础。

预防控制的最有效方法是找出数据质量问题的根本原因，并采取相关的解决策略。①确定根本原因：确定引起数据质量问题的相关因素，并区分它们的优先次序，以及为解决这些问题形成具体的建议。②制定和实施改进方案：最终确定关于行动的具体建议和措施，基于这些建议制定并且执行改进方案，预防未来数据质量问题的发生。

2. 事中过程控制

该阶段在数据的维护与使用过程中监控和处理数据质量。通过建立数据质量的流程化控制体系，对数据的新建、变更、采集、加工、装载、应用等各个环节进行流程化控制。

过程控制要做好两个"强化"：①强化数据标准化生产，从数据的源头控制好数据质量，该过程可以采用系统自动化校验和人工干预审核相结合的方式进行管理，数据的新增和变更一方面通过系统进行数据校验，对于不符合质量规则的数据不允许存在，另一方面采集流程驱动的数据管理模式，数据的新增和变更操作都需要人工进行审核，只有审核通过才能生效。②强化数据质量预警机制，对于数据质量边界模糊的数据采用数据质量预警机制。数据质量预警机制是对数据相似性和数据关联性指标的重要控制方法。针对待管理的数据元素，配置数据相似性算法或数据关联性算法，在数据新增、变更、处理、应用等环节调用预置的数据质量算法，进行相识度或关联性分析，并给出数据分析的结果。数据预警机制常用在业务活动的交易风险控制等场景。

3. 事后监督控制

该阶段尤为重要，因为不论有多少预防措施、过程控制有多么严格，总会有数据质量问题的"漏网之鱼"。只要是人为干预的过程，就会存在数据质量问题。数据质量问题一旦产生就"木已成舟"，为避免或降低其对业务的影响，需要及时地发现问题。

定期开展数据质量的检查和清洗工作应作为数据质量控制的常态工作。①设置数据质量规则：基于数据的元模型配置数据质量规则，即针对不同的数据对象，配置数据唯一性、准确性、完整性、一致性、关联性、及时性等数据质量指标。②设置数据检查任务：设置成手动执行或定期自动执行的系统任务，通过执行检查任务对存量数据进行检查，形成数据质量问题清单。③出具数据质量问题报告：根据数据质量问题清单汇总形成数据质量报告，数据质量报告支持查询、下载等操作。④制定和实施数据质量改进方案，进行数据质量问题的处理。⑤评估与考核：通过定期对系统开展全面的数据质量状况评估，从问题率、解决率、解决时效等方面建立评价指标进行整改评估，根据整改优化结果，进行适当的绩效考核。

8.2.2 数据质量控制环节

数据质量控制应贯穿于整个数据生命周期中，一般包括设计质量控制目标、控制原始数据的质量、选择数据采集手段、充分的数据准备工作、对数据采集过程实施监控、结果控制六个环节，如图8.1所示。

1) 设计质量控制目标：在调查和充分掌握资料及了解数据用途的条件下，设计全过程的质量控制目标，在数据生命周期的各个阶段，以质量目标为根据进行评议审查。

2) 控制原始数据的质量。根据需求选择质量满足要求的数据源，这是决定数据质量的关键因素。原始数据资料直接影响数据获取的质量，是数据质量的基础，因此，必须对用于数据获取的原始数据资料进行严格的质量控制。正确处理原始资料，可以减少误差和提高效率，数据源的误差范围至少小于数据产品的质量要求范围。

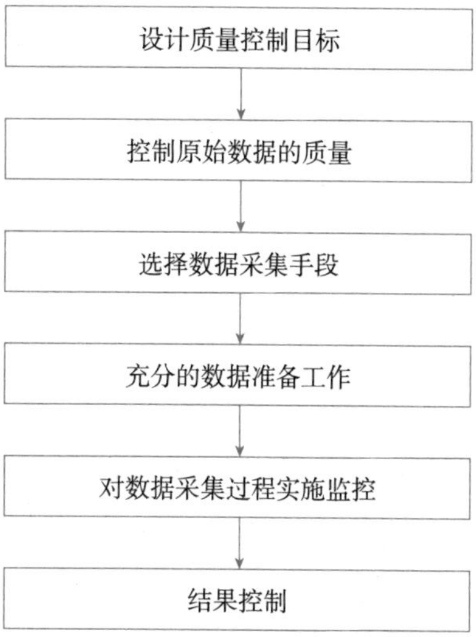

3) 选择数据采集手段。根据数据产品的应用、用户的要求、精度高低的不同，合理选择不同的数据采集手段，满足质量及经济的双重要求。

图8.1 数据质量控制流程

4) 充分的数据准备工作。要做好数据产品过程的质量控制，首先必须从数据获取前的准备工作做起。准备工作包括学习和理解有关数据标准规范的文件，如数据分类编码规定、数据应用字典、数据实体关系模型、数据采集规范等。

5) 对数据采集过程实施监控。在数据采集过程中，利用各种统计图表工具，掌握数据质量的准确动态数据，及时发现问题，采取一些有效措施，实时检测、预防或纠正数据误差和错误，使数据质量始终保持在稳定的状态。

6) 结果控制。主要是根据数据质量维度及其度量指标，对数据质量进行评价，包括对数据本身以及对数据处理过程的质量评价。数据质量维度包括完备性、及时性、有效性、一致性和完整性等。

8.2.3 数据质量维度测量

准确严谨的质量控制体系需要设定一套基本的数据质量维度尺度类型作为支撑。Krantz 理论是一种能够精准定义和测量数据质量维度集合的科学方法，它能为数据质量控制体系的构建提供有力的理论支撑 $\ominus$。Krantz 理论体系主要包括：理论基础及前提、弱序定义、六大公理及推论四个部分，如图 8.2 所示。

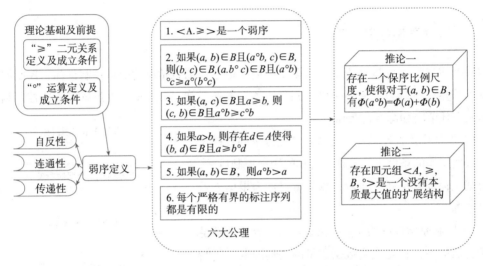

图8.2 Krantz 理论体系

Krantz 理论作为数据质量维度的测量方法，早期用于对数据库中的数据质量控制的测量，为各个数据质量维度及其之间的关系给出合理的经验解释，同时提供一套可供比较的比例尺度测量方法，将数据质量控制研究从定性的层面上升至定量。基于 Krantz 理论可以从指标的测量角度精准定义每个数据质量维度并确保其正确性，从而定量地对数据质量进行评估，达到改进数据质量测量方法、有效控制数据服务质量的目的。

8.3 数据质量评估与改进

数据质量评估可以帮助建立全面的数据质量监控体系。数据质量管理员根据数据的不同性质综合运用数据质量评估，可以实现对数据质量的监控有重点、不遗漏。完成数据质

$\ominus$ 屈文建，唐晶，陈旦芝. 高校科研数据质量控制架构与机制研究［J］. 情报理论与实践，2018，41（11）：45-50.

量的评估后,要进一步改进以提升数据质量。数据质量改进是一个持续的过程。正确的办法是通过一个不断改进的流程,持续地排除错误、对数据进行整合和标准化,最终得到想要的数据。

8.3.1 数据质量评估

质量评估是一项技术性强的工作,必须要遵守一定的程序。规范化的评估过程能减少评估人员的主观随意性,保障评估结果的科学性、有效性和可靠性。具体评估步骤如图8.3所示。

1. 分析需求,明确评估目标

数据质量涉及数据、系统以及数据用户等多方面的质量,具体评估时往往因评估对象和目标不同而有不同的侧重点。对具体业务数据的数据质量评估以业务需求为中心进行,首先必须了解具体业务,只有针对特定数据资源的需求特征才能建立针对性的评价指标体系。同时,同一份数据在不同的生命周期中,其质量的关注点是存在差异的,因此明确当前阶段数据质量管理的目标十分重要。有了明确的目标,才能开始对数据进行合理的评估。

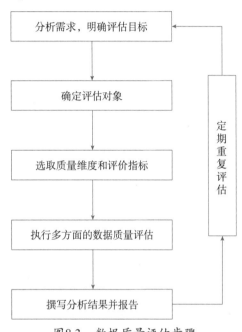

图8.3 数据质量评估步骤

2. 确定评估对象

根据评估目标,从多种途径收集有关的数据、资料,对评估对象的各个要素及性能特征进行全面分析,论证评估对象的必要性、可行性。通过分析、论证,筛选出恰当的评估对象。同时,科学、客观、全面地考察评估对象的各种因素,建立评估指标体系和评估需要使用的数据质量维度及其权重值,制定评估的准则。确定当前评估工作应用的数据集的范围和边界,明确数据集在属性、数量、时间等维度的具体界限。需要说明的是,评估对象既可以是数据项也可以是数据集,但一定是一个确定的静态集合。

3. 选取质量维度和评价指标

数据质量维度是进行质量评估的具体质量反映,如正确性、准确性、一致性等,它是控制和评价数据质量的主要内容。因此,首先要依据具体业务需求选择适当的数据质量维度和评价指标。另外,要选取可测、可用的质量维度作为评价指标准则项,在不同的数据类型和不同的数据生产阶段,同一质量维度有不同的具体含义和内容,应该根据实际需要和生命阶段确定质量维度。设计和实施数据质量业务规则,明确组织的数据质量指标,即可重复使用的业务逻辑，管理如何清洗数据和解析用于支持目标应用的字段与数据。业务部门和 IT 部门通过使用基于角色的功能，一同设计、测试、完善和实施数据质量业务规则，以达成最好的结果。

4. 执行多方面的数据质量评估

数据质量评估在确定其具体维度和指标对象后，应该根据每个评估对象的特点，确定其测度及实现方法。对于不同的评估对象存在不同的测度，需要不同的实现方法支持，应根据质量对象特点确定其测度和实现方法。对于每个数据质量维度，定义表示标准质量和质量差数据的值与范围。特别需要注意的是：同一个指标名称可能会有不同的度量规则，因此需要执行许多不同的数据质量评估。

5. 撰写分析结果并报告

经过抽样、度量、评估后，可以得到评估结论。最后需要撰写一份评估报告，在这份报告中，除了最后的结论，还应当包括对这个结论的分析和解读，并通过一些可视化的方式展现。数据质量评估报告不是最终的目的，这份报告对后续数据质量的管理、数据治理等都具有重要参考意义。因此，报告中应当包含结论、分析以及质量改善建议等方面。

6. 定期重复评估

这既是对评估报告的评估，也是对评估过程的审查。在执行数据质量流程后，大多数记录将会被清洗和标准化，以达到所设定的数据质量目标。但难免存在一些没有被清洗的劣质数据，此时则需要针对数据存在的问题进一步完善控制数据质量的业务规则。应定期重复上述评估步骤，以监控数据质量趋势。数据质量控制不应为一次性的"边设边忘"活动。在整个业务应用中，持续监测和管理数据质量对于保持与改进高水平的数据质量性能而言是至关重要的。

下面展示一则数据质量评估报告的案例[一]：表 8.1 展示了 M 企业两个车间部分关键数据的质量测量结果，其中 I_i 为一致性度量 $\langle c_i, f_i \rangle$ 的触发数，DQ_i 为其测量结果。一致性度量 $\langle c_1, f_1 \rangle$ 至 $\langle c_5, f_5 \rangle$ 的含义如下。

1）$\langle c_1, f_1 \rangle$，该一致性度量的数据质量规则 c_1 如式（1）所示，其要求任一产品段生产反馈的实际开始时间不应晚于其对应的任一工件报工的记录时间，数据质量的测量结果由函数 f_1 计算，如式（2）所示，对于任一触发规则的数据，其将上述两时间之间的差值映射到 $[0, 1]$ 上：

$$c_1 : \forall x, \ y_1, \ y_2 \neg (SegmentResponse(ID = x, \ actStartTime = y_1) \wedge$$

$$WorkpieceCompletion(segmentResponseID = x, \ transTime = y_2) \wedge y_1 < y_2) \qquad （1）$$

㊀ 李淡远，郑力. 面向生产管控的数据质量评估与分析框架［J］. 工业工程与管理，2022，27（4）：123-133.

$$f_1 = \begin{cases} 1, & y_1 < y_2 \\ 0, & y_1 - y_2 \geqslant 1h \\ 1 - (y_1 - y_2)/1h, & 其他 \end{cases} \tag{2}$$

2）$\langle c_2, f_2 \rangle$，该一致性度量的数据质量规则 c_2 如式（3）所示，其要求任一产品段生产反馈的实际结束时间不应早于其对应的任一工件报工的记录时间，数据质量的测量结果由函数 f_2 计算，如式（4）所示，对于任一触发规则的数据，其将上述两时间之间的差值映射到 [0, 1] 上：

$$c_2 : \forall x, y_1, y_2 \neg (\text{SegmentResponse}(\text{ID} = x, \text{ actEndTime} = y_1) \wedge$$

$$\text{WorkpieceCompletion}(\text{segmentResponseID} = x, \text{ transTime} = y_2) \wedge y_1 < y_2) \tag{3}$$

$$f_2 = \begin{cases} 1, & y_2 < y_1 \\ 0, & y_2 - y_1 \geqslant 1h \\ 1 - (y_2 - y_1)/1h, & 其他 \end{cases} \tag{4}$$

3）$\langle c_3, f_3 \rangle$，该一致性度量的数据质量规则 c_3 如式（5）所示，其要求任一产品生产需求的开始时间不应与其对应的所有产品生产反馈的开始时间的最小值不等，数据质量的测量结果由函数 f_3 计算，如式（6）所示，对于任一触发规则的数据，其将上述两时间之间的差值映射到 [0, 1] 上：

$$c_3 : \forall x, y \neg (\text{ProductionRequirement}(\text{ID} = x, \text{startTime} = y) \wedge$$

$$\min_{\text{ProductionResponse}}(\text{startTime} : \text{productionRequirementID} = x) \neq y) \tag{5}$$

$$f_3 = \max\left\{ 1 - \left| y - \min_{\text{ProductionResponse}}(\text{startTime} : \text{productionRequirementID} = x) \right| / 12h, 0 \right\} \tag{6}$$

4）$\langle c_4, f_4 \rangle$，该一致性度量的数据质量规则 c_4 如式（7）所示，其要求任一产品生产需求的结束时间不应与其对应的所有产品生产反馈的结束时间的最大值不等，数据质量的测量结果由函数 f_4 计算，如式（8）所示，对于任一触发规则的数据，其将上述两时间之间的差值映射到 [0, 1] 上：

$$c_4 : \forall x, y \neg (\text{ProductionRequirement}(\text{ID} = x, \text{endTime} = y) \wedge$$

$$\max_{\text{ProductionResponse}}(\text{endTime} : \text{productionRequirementID} = x) \neq y) \tag{7}$$

$$f_4 = \max\left\{ 1 - \left| \max_{\text{ProductionResponse}}(\text{endTime} : \text{productionRequirementID} = x) - y \right| / 12h, 0 \right\} \tag{8}$$

5）$\langle c_5, f_5 \rangle$，该一致性度量的数据质量规则 c_5 如式（9）所示，其要求任一产品生产需求的需求量不应与其对应的所有质检结果为合格的工件报工的报工数量之和不等，数据质量的测量结果由函数 f_5 计算，如式（10）所示，对于任一触发规则的数据，其将上述两数量之间的相对差值映射到［0，1］上：

$$c_5: \forall x, y \neg(\text{ProductionRequirement}(\text{ID}=x, \text{num}=y) \wedge v \neq y) \tag{9}$$

$$f_5 = \max\left\{1 - \frac{|v-y|}{\max\{|v|, |y|\}}, 0\right\} \tag{10}$$

其中，

$v=\text{SUM}_{\text{SegmentRequirement}}$（$\text{SUM}_{\text{SegmentResponse}}$（$\text{SUM}_{\text{WorkpieceCompletion}}$（qtyVal: segmentResponse-ID=ID, prodCode='QUALIFIED'）: segmentRequirementID=ID）: productionRequirementID=x）

表8.1　案例企业部分数据质量测量结果

数据质量维度		数据质量度量	数据质量测量结果	
			车间 1	车间 2
语法准确性		$\frac{\left|\left\{t \in \text{ProductionRequirement} \mid t.\text{num} \in \mathbf{N}_+\right\}\right|}{\left|\text{ProductionRequirement}\right|}$	1.000	1.000
		$\frac{\left|\left\{t \in \text{WorkpieceCompletion} \mid t.\text{qtyVal} \in \mathbf{N}_+\right\}\right|}{\left|\text{WorkpieceCompletion}\right|}$	1.000	1.000
列完整性		$\frac{\left|\left\{t \in \text{ProductionResponse} \mid \text{null}(t.\text{startTime})=0\right\}\right|}{\left|\text{ProductionResponse}\right|}$	0.818	0.998
		$\frac{\left|\left\{t \in \text{ProductionResponse} \mid \text{null}(t.\text{endTime})=0\right\}\right|}{\left|\text{ProductionResponse}\right|}$	0.684	0.998
		$\frac{\left|\left\{t \in \text{WorkpieceCompletion} \mid \text{null}\left(\frac{t.\text{segmentResponse}}{\text{ID}}\right)=0\right\}\right|}{\left|\text{WorkpieceCompletion}\right|}$	0.600	0.150
一致性	内部一致性	$\langle c_1, f_1 \rangle$	$I_1=2418057$	$I_1=18443$
			$DQ_1=0.966$	$DQ_1=0.999$
		$\langle c_2, f_2 \rangle$	$I_2=2418057$	$I_2=18443$
			$DQ_2=0.853$	$DQ_2=0.049$
	相互一致性	$\langle c_3, f_3 \rangle$	$I_3=4056$	$I_3=10353$
			$DQ_3=0.742$	$DQ_3=0.994$
		$\langle c_4, f_4 \rangle$	$I_4=3398$	$I_4=10349$
			$DQ_4=0.685$	$DQ_4=0.839$
		$\langle c_5, f_5 \rangle$	$I_5=5990$	$I_5=10740$
			$DQ_5=0.43$	$DQ_5=0.91$

可以看到，尽管两车间进行相同的生产活动且使用相同的 MES 系统，但数据质量测量结果却存在差异。在语法准确性方面，两车间测量结果均为 1.000，即两车间产品生产需求中所有记录的需求量和工件报工中所有记录的报工数量均满足正整数的值域约束；在列完整性方面，车间 2 产品生产反馈中的大部分记录都有开始时间（0.998）和结束时间（0.998），而车间 1 中存在一部分记录缺失开始时间（0.818）或结束时间（0.684），此外，两车间工件报工中都存在大量记录缺失引用产品段生产反馈的外键（WorkpieceCompletion.segmentResponseID）（0.600，0.150）；在内部一致性方面，相对于其他测量结果，车间 2 在 $\langle c_2, f_2 \rangle$ 上的测量结果最低（0.049），这意味着车间 2 中大量存在在产品段生产确认结束之后仍有工件报工的不合理情况；在相互一致性方面，车间 1 在相互一致性上的测量结果普遍低于车间 2 的，尤其在 $\langle c_5, f_5 \rangle$ 上的测量结果（0.43）与车间 2 的（0.91）相差较大。这意味着车间 1 中大量存在合格工件报工数量与产品生产需求量相差较大的情况。

基于数据的重要性和表 8.1 的测量结果，首要关注如下数据质量问题：

1）两车间的数据在一致性度量 $\langle c_2, f_2 \rangle$ 上的测量结果相差较大；

2）两车间的数据在一致性度量 $\langle c_5, f_5 \rangle$ 上的测量结果相差较大。

两个问题都与车间的工件报工有关。在车间 1 中，员工根据下线的零件型号及机器型号在条码打印机上输入信息并打印零件条码。当零件下线时，员工将条码粘贴在零件上并使用终端设备扫描，系统自动识别扫描的条码信息便会生成报工记录；在车间 2 中，员工在计划完成后从机器控制面板上采集生产数据记录在纸质生产跟踪表上，生产跟踪表被递交至生产管理人员，在进行核对后生产管理人员将表上数据录入系统中形成报工记录。

通过对上述流程的进一步分析，可以找出造成数据质量问题 1）和 2）的原因。

1）在车间 1 中，每当零件下线员工便通过扫描条码录入报工记录；在车间 2 中，报工记录在生产完成后经员工统一采集上报给生产管理人员，再由后者核对后录入系统，这导致报工存在较大延迟，使得两车间数据在一致性度量 $\langle c_2, f_2 \rangle$ 上的测量结果差异较大。

2）在车间 2 中，报工记录的数据来自机器的数据采集系统，且数据在录入系统前经过生产管理人员核对；在车间 1 中，条码的打印、粘贴和扫描都由员工手动完成，员工的操作失误可能导致条码缺失。

3）系统根据扫描的条码信息生成报工记录的机制存在一定限制，该限制将可能导致生成的报工记录的外键 WorkpieceCompletion.segmentResponseID 缺失，进而导致报工记录无法与产品生产需求记录关联，使得两车间数据在一致性度量 $\langle c_5, f_5 \rangle$ 上的测量结果差异较大。

8.3.2 数据质量改进

为了更好地满足组织数据需求，数据质量的改进是必不可少的。以下列出五种提升数据质量的方法：明确业务需求并从源头开始控制数据质量、建立数据质量控制机制、将数据质量规则构建到数据集成过程中、检查异常并完善规则、建立独立于统计生产者的第三方数据认证机制。

1. 明确业务需求并从源头开始控制数据质量

要想真正提升数据质量，应该从需求开始。组织往往在定义业务需求后忽略对数据质量的控制，而只对已经产生的数据做检查，再将错误数据剔除，这种方法不能从根本上解决问题。组织需要将数据质量的控制从需求开始集成到分析人员、模型设计人员与开发人员的工作环境中，在日常的工作环境中自动控制数据质量，在数据的全生命周期中控制数据质量。针对业务源头数据的产生环节，通过数据质量管理工具的落地实施，灵活配置数据质量规则 [⊖]。在数据接入期对数据进行核查，发现存在的数据质量问题，控制数据流转，同时反馈给相关业务部门，保证数据源头的准确率、及时率、完整率，保证数据在数据中心的流转及其后的应用场景中的可靠性。

2. 建立数据质量控制机制

从业务出发，由工具自动、及时发现问题，明确问题责任人，通过邮件、短信等方式进行通知，保证问题及时通知到责任人。跟踪问题整改进度，保证数据质量问题全过程的管理。比如，探查数据内容、结构和异常。通过探查，可以识别数据的优势和弱势，帮助组织确定业务实施计划。一个关键目标是明确指出数据错误和问题，例如指出会给业务流程带来威胁的不一致和冗余数据。

建立数据质量度量并明确目标。组织需建立一个共同的平台并完善度量标准，用户可以在数据质量记分卡中跟踪度量标准的达标情况，并通过电子邮件发送 URL 来与相关人员随时进行共享。

3. 将数据质量规则构建到数据集成过程中

数据质量服务由可集中管理、独立于应用程序并可重复使用的业务规则构成，可用来执行探查、清洗、标准化、名称与地址匹配以及监测。在组织大数据治理过程中，对于大数据生产线中的每个集成点，都需要做数据质量检查，严格控制输入数据质量。比如在数据采集过程、集成过程、分析过程等都需要做检查。但在大数据环境中，每个集成点都会有海量数据量流过，把数据逐条检查这种传统方式是行不通的，应采用抽样方式，对一批数据做数据质量检查，以此确定这批数据是否满足一定的质量区间，再决定是否需要对这批数据做详细检查。

⊖ 崔伟，刘青，时翔，等.以"一体四位"为核心的电网数据资产管理体系［C］//2020 年中国通信学会能源互联网学术报告会论文集，2020：279-284.

4. 检查异常并完善规则

在执行数据质量流程后,大多数记录将会被清洗和标准化,并达到组织所设定的数据质量目标,但仍不可避免地会存在一些没有被清洗的劣质数据,此时需要完善控制数据质量的业务规则。目前组织内的数据主要分为外部数据和内部数据,大数据时代让各组织广泛采购第三方数据,第三方数据质量逐渐成为决定组织数据质量的关键因素。对于组织的内部数据,可以通过业务梳理直接获得质量检核规则。但对于外部的第三方数据,需要先对这些数据进行采样,并应用关联算法自动发现其中的质量检核规则,持续积累检核规则,形成外部数据的检核规则库。

5. 建立独立于统计生产者的第三方数据认证机制

我国政府统计在完成由统计生产者向统计监管者的角色转换后,要将政府统计机构与国家调查队合并起来,在全面整合资源的基础上建立统计数据认证机制,以履行统计数据认证职责[⊖]。充分利用抽样调查、大数据、数据分析科学等先进的方法与技术手段,对各类法定统计报表数据、普查数据进行认证和质量评价,提出权威性的数据修正意见。同时,要充分运用统计数据认证结果开展统计工作考核评价,以促进部门统计、基层单位统计工作质量不断提升,从而实现"数据认证 → 考核评价 → 质量提升"的良性互动。

8.4 数据湖数据质量控制

数据湖是一个数据存储库,其中来自于多个数据源的数据以它们原生态的方式进行存储。数据湖提供从异构数据源中提取数据和元数据的功能,并能将它们吸纳汇聚到混合存储系统中。数据湖同样需要对数据质量进行控制,数据质量是数据湖架构的重要组成部分。数据湖中的数据质量控制关注需求、检查、分析和提升的实现能力,对数据从计划、获取、存储、共享、维护、应用、消亡生命周期的每个阶段里可能引发的各类数据质量问题进行识别、度量、监控、预警等,并对湖中数据进行治理。

8.4.1 从单向数据湖到多向数据湖

由于数据湖中的信息在设计时并没有考虑未来的访问和分析,导致数据湖最终无法为业务注入有效的价值,因此形成了"单向"数据湖。单向数据湖的核心问题有:有用的数据对于数据分析师来说会变得难以发现,因为它们被掩藏在堆积如山的不相关信息后面;用于描述数据湖中数据个体的原数据并没有被捕捉或存放在一个能被访问到的地方;数据关系丢失了或者从没被识别过。将单向数据湖改造为"信息金矿",可以从数据湖的四个基

⊖ 罗放华,张承莎.多方博弈下统计管理体制改革探索 [J].统计与决策,2020,36(23):160-164.

础组件入手。

1）元数据：数据湖中用于对数据进行描述的数据（与初始数据相对）。它是基础的结构化信息，与每个数据集都有关联。它被数据分析师用来解密数据湖中的初始数据，是栖居于数据湖中数据的基本轨迹。元数据对初始数据打上标签，并保存在数据湖中，这样才能为业务提供有效的服务。

2）整合图谱：一个应用程序中的数据是如何与另一个应用程序中的数据产生关联，以及数据是以什么样的逻辑被组合到一起的。不同应用程序产生的数据注入数据湖形成互不关联的"数据仓罐"，由于应用程序编程语言的不同，在数据仓罐中产生的数据，无法与其他仓罐的沟通。而整合图谱是数据湖中数据如何被整合的详细规范，是解决数据仓罐间相互隔绝问题的最佳方案。

3）语境：脱离上下文语境的文本是无意义的数据。文本语境对数据湖中的数据是一项必要的组成部分，缺乏语境的文本数据是不明晰的。

4）元过程：关于数据被如何处理，或者数据湖中的信息将会被处理的信息。数据分析师在数据湖中提取和分析数据时，元过程信息是非常有用的。如果初始数据的这些特性加入数据湖中，数据湖就有了更高的价值。

8.4.2 数据湖中的数据调整

数据进入数据湖后，首先进入的是初始数据池，此时几乎没有数据分析或者其他处理工作。之后初始数据池内的数据根据数据类型的不同被分别发送到模拟信号数据池、应用程序数据池和文本数据池。不同数据池中的数据需要进行不同的数据处理和调整，完成调整后，才能进行数据分析。如果初始数据没有经过修整，那么它将难以支持业务分析。按照数据类型不同，对数据池中的数据进行转化、调整。

首先，模拟信号数据池存储模拟信号数据，对该数据进行的调整过程被称为数据转换/数据缩减/数据压缩。常用的数据压缩技巧有：消重、切除、压缩、平滑、插值、采样、舍入、编码、标记、阈值、聚类。其中，最常用和最有用的数据缩减方式是数据切除，用于消除不需要的数据，以及分析很可能不会用到的数据。常见的方法有舍入和阈值，舍入是在数据值中删除或者舍入一些无关紧要的数据，阈值是仅保留高于或者低于阈值的数据。

其次，应用程序数据池存储应用程序数据，想要挖掘数据的价值，就必须要将这些数据与业务进行整合，并且由于不同应用程序的编码方式不同，需要进行数据转换才能进入分析阶段。为了实现实验程序数据池中数据的整合，很有必要建立数据模型，这样能够对于如何关联数据提供贯穿实体、关系或者主题的指导，同时也指引了例如元数据这样的重要要素。

再次，文本数据池存储非结构化文本数据，这些数据难以进行深度处理，为了将文本数据用于分析，必须对文本进行文本消歧。文本消歧能够使文本从非结构化状态转成可供计算机分析的结构化的一般状态，识别与文本相关的语境。消歧的机制是读取初始文本，将分类内容与文本内容对比，从而推断文本的基调，最终以数据库格式来创建已经被识别的语境和文本内容的文本数据。其中，一些文本消歧的工作机制有内在语境判断、邻近、拼写转换、同形词辨认、缩写辨认、自定义变量识别、类别辨认、日期标准化等。

最后，前文提到的外部数据也需要进行数据治理，才能在合理的管理下进行数据的使用。外部数据的治理主要遵循：①合规优先原则，遵从法律法规、采购合同、客户授权、公司信息安全与公司隐私保护政策等相关规定；②责任明确原则，所有引入的外部数据都要有明确的管理责任主体承载数据引入方式、数据安全要求、数据隐私要求、数据共享范围、数据使用授权、数据质量监管、数据推出销毁等责任；③有效流动原则，可审计、可追溯；④受控审批原则，在授权范围内，外部数据管理责任主体应合理审批使用方的数据获取要求。

8.5 异常数据监控

异常数据是不满足数据标准、不符合业务实质的客观存在的数据，如某位员工的国籍信息错误、某位客户的客户名称信息错误等。数据在底层数据库多数是以二维表格的形式存储的，每个数据格存储一个数据值。若想从众多数据中识别出异常数据，需要通过数据质量规则给数据打上标签。

8.5.1 数据异常监控体系

当数据出现波动时，要对导致数据波动的背后原因进行筛查，进而找到解决路径。搭建数据异常监控体系可以及时发现数据的异常情况，并对异常情况的解决进行指导，这在数据异常监控中很有必要。本书搭建的数据异常监控体系如图8.4所示。

1. 数据异常检测

（1）制定数据质量规则　数据质量规则是判断数据是否符合数据质量要求的逻辑约束。在整个数据质量监控的过程中，数据质量规则的好坏直接影响监控的效果，因此如何设计数据质量规则很重要。依据数据在数据库落地时的质量特性及数据质量规则类型，设计如下四类数据质量分类框架：①单

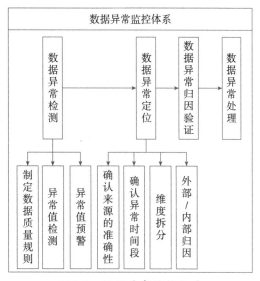

图8.4　数据异常监控体系

列数据质量规则，关注数据属性值的有无以及是否符合自身规范的逻辑判断；②跨列数据质量规则，关注数据属性间关联关系的逻辑判断；③跨行数据质量规则，关注数据记录之间关联关系的逻辑判断；④跨表数据质量规则，关注数据集关联关系的逻辑判断。

当发现某个数据格的数据异常时，往往要思考这一列其他的数据格是否也存在同样的问题，是否应该对这一列的其他数据格进行检查。因此数据质量规则一般以业务属性（即数据列）为对象，数据质量规则类型为细粒度进行设计和应用。这样既能方便获取业务属性的整体数据质量状况，又可清晰定位异常数据、识别严重问题、制定解决方案，同时数据质量规则也不会因互相交织而过于庞大，方便后续的运营维护。

（2）异常值检测　数据异常可以理解为不符合预期的数据，这里的预期可以分为两个部分：业务预期和合群预期。①业务预期：业务预期比较好理解，有经验的业务人员在做一次新的运营活动时，心里往往有预期数据值，当实际值在心理预期之外，需要寻找原因。②合群预期：合群预期是一种定量的判断，如异常数据跟样本中大多数据不同，异常数据在整体数据样本中占比较小。

（3）异常值预警　异常值预警主要包括监测指标、触发阈值和触达方式。一般按照上面说的几种方式计算阈值，当监测指标达到阈值后发送邮件或者钉钉群预警，共有两种形式：一种是设置钉钉群或企业微信机器人，通过 Python 代码实现自动发送预警信息到对应的钉钉群或企业微信群中，邮件也是如此；另外一种是设计自动预警数据平台，用户自由勾选需要监控的指标、阈值和触发方式，相比第一种方式实现更灵活，但需要技术研发支持。

2. 数据异常定位

明确了在一组数据中，如何判断现有的数据是否存在异常后，我们可以通过以下步骤来寻找异常并进行定位。

（1）确认来源的准确性　首先数据的来源必须是准确可靠且来自实际的，不准确的数据会影响后续系统的一系列判断。而后回顾先前数据异常检测的流程中是否出现了问题：确认数据异常的统计规则是否发生了变化；确认异常值的监测和预警过程中是否由于系统出现问题而导致误报等，确认以上流程无误后，方可进行下一步定位。

（2）确定异常时间段　以时间为线索进行数据的梳理，可以更好地判断异常出现的周期，确定异常出现的范围和了解异常发生前后的具体情况。

（3）维度拆分　拆分每个维度寻找影响业务数据出现异常的原因，要选择和业务结合非常紧密的维度进行判断，如用户的基础属性、软件的版本、客户端的类型等。选择合适的维度有利于提高定位异常的效率。遇到指标的异常变化时，可以进一步分析影响指标的相关因素是否出现了异常，如 GMV（商品交易总额）指标 = 平台活跃用户数 × 付费转化率 × 单价，活跃用户可以分为新用户和老用户，付费转化率也可以分为每个层面付费的各自转化率等。

（4）外部 / 内部归因　将异常数据的归因分成两方面进行考虑：外部因素和内部因素，

还可以使用漏斗归因法。漏斗归因就是从异常发生的人事物的下级找原因，比如公司的下级既可以到分公司，再到4S店，也可以从公司到车型；内部归因则是直接从异常发生的人事物入手找原因；剩下的都是外部归因的范畴。针对不同指标在运用漏斗归因、内部归因和外部归因时，还需要规定一下"因""果"异常指标同时出现的频率有多高，这是为了规避偶然发生的两个异常指标撞在一起的情况。

1）**外部因素定位**。外部因素定位一般采用PEST分析法，即通过四个方面去分析政治、经济、社会、技术。PEST分析是指宏观经济环境分析，P是政治（Politics），E是经济（Economy），S是社会（Society），T是技术（Technology）。在分析一个异常数据所处的背景的时候，通常是通过这四个因素来分析所面临异常的外部状况。

政治层面主要是新颁布的一些政策、法规对数据产生影响。如在碳排放方面，国家目标为二氧化碳排放力争2030年前达到峰值，力争2060年前实现碳中和。到2060年，针对排放的二氧化碳，要采取植树、节能减排等各种方式全部抵消。政策实行后，碳排放数据必会受到影响。

经济层面，经济情况的好坏同样会对数据产生影响。可以通过国家经济增长数据等反映的趋势来推断经济对数据产生的影响。如近年来新冠疫情对实体产业的打击较大，总体经济增长速度放缓。

社会因素主要是舆论压力，用户生活方式、消费心理变化、价值观的改变对数据造成的影响。如在舆论和公关操控下人们对品牌的认可度发生的变化，集体抵制或者集体接受都会在一段时间内带来数据的明显变化。

技术层面指的是一些创新技术的问世等带来的影响。这两种因素带来的数据影响一般不会是突然的，用户生活方式的改变、新技术的应用都需要大量的时间积累才会造就。所以如果这两个因素存在，在数据上的表现会是缓慢上升或下降的趋势，而不是突升或突降，并且不同领域的技术更新也会对看似毫不相关的领域产生影响，如外卖平台的建立会对方便食品的市场提出挑战，以技术影响人们生活习惯的方式占领相应的市场份额。

2）**内部因素定位**。实际业务过程中，数据波动由内部因素导致的可能性更高。数据出现波动，那么和数据相关的系统都需要排查是否出现问题。在内部因素的定位中，按照数据的生产关系将各参与系统分成生产者、参与者、加工者三个部分。

生产者是用户，用户侧可能出现什么问题？比较常见的是用户结构出现变化、渠道来源出现调整、用户反馈出现变化等。用户结构指的是在业务指标体系中，用户分成新用户、次新用户、老用户、流失用户，还可以根据用户地域分布、性别、机型、登录时段等其他属性维度来定位。用户维度分得越细，定位就会"快"而"准"。

参与者是产品侧、运营侧、BI侧。在产品侧，产品功能的上新、老功能的下架、已有功能的改版，都会导致数据的波动。运营侧也是同理。所有的数据可视化基本上都是由BI开发的报表堆砌的，所以BI也是数据的重要参与者。由BI侧导致的数据波动大多数出现在口径不一致的问题上。作为BI，数据的准确性是红线，给出准确的数据是义务。但是往往随着公司业务规模的扩大，之前的底层数据架构开始不堪重负。再加上人员的流动，很多历史遗留问题开始凸显。这时，大多数的公司还处在追求业务扩张的阶段，不会花时间和资源来处理数据底层架构的问题，这会导致花时间又看不出明确产出。这个问题的破局只有自上而下，从上层开始解决。

加工者是开发侧的数据开发、数据仓库。这是最容易忽视且出问题频率较高的部分。用户生产的行为、属性等数据并不是直接生成的可视化报表，需要经过 ELT 清洗、数据入库再到数据处理的一系列数据生产加工过程，最后成为可视化看板。而在上述的每个环节中，都可能会造成数据丢失。常出现的问题有对接的服务器漏采数据，传输数据的服务器之间未添加白名单导致数据丢失等。

3. 数据异常归因验证

经过前面两步：数据异常检测、数据异常定位，可以定位到数据异常的原因。再通过 AB 实验的方法来对数据异常进行归因验证。在数据异常归因之后，还要证明确实是这个因素的变动导致了结果数据的变动。

AB 实验本质上是通过将业务数据进行一定比例的抽样，然后通过小样本得出实验结果，来判断某个产品功能，或业务决策是否有效。如定位到了是新增用户变多导致了整体次日留存的下降。那可以控制其他因素不动，只是剔除新用户，再观察数据是否依然波动。AB 实验是一类用于分析事物间因果关系的方法，但 AB 实验对业务场景（单因素）、样本量（小流量 + 预期样本量）、组内差异（随机分流）都有一定的要求，因此并不是所有的业务场景都适用于 AB 实验方式的评估。

4. 数据异常处理

找到原因后，就可以对症下药处理异常，方便今后的举一反三。不同原因导致的数据波动处理方式不同，总体思考原则可以归纳为，①针对下降的情况，思考如何避免下降情况再现、如何止住下降趋势；②针对上升的情况，思考上升因素是否可以放大、复用，或者在周期性上升时抓住机会争取利益最大化，在分析相关原因和结构后，给出相关业务建议、策略，并追踪业务的动作和继续观察数据是否异常。

8.5.2　常用异常数据监控方法

异常数据的发现需要对数据进行一定的检测和监控，下面分类介绍几种异常数据监控的方法。需要注意的是，这些方法往往不是单独使用的，在实际中需要根据不同的数据类型特点来综合使用多种方法对数据进行监控。

1. 单变量数据异常识别

（1）简单统计量分析　对变量做描述性统计，再基于业务考虑哪些数据不合理。常用的统计量是最大值和最小值，判断这个变量是否超过合理的范围。例如：用户的年龄为

1500 岁,这就是异常的。可以使用可视化图形对数据进行描述来快速发现异常数据。

(2)3σ 准则　3σ 准则又称为拉依达准则,它是先假设一组检测数据只含有随机误差,对其进行计算处理得到标准偏差,按一定概率确定一个区间,认为凡超过这个区间的误差,就不属于随机误差而是粗大误差,含有该误差的数据应予以剔除。3σ 方法的思想其实就是来源于切比雪夫不等式。如果总体为一般总体的时候,统计数据与平均值的离散程度可以由其标准差反映,因此有:若随机变量 X 服从一个位置参数为 μ(均值)、尺度参数为 σ(标准偏差)的概率分布,且其概率密度函数为

$$f(x) = \frac{1}{\sqrt{2\pi}\sigma} \exp\left(-\frac{\left(x-\mu^2\right)}{2\sigma^2}\right)$$

则这个随机变量为正态随机变量,正态随机变量服从正态分布,即高斯分布,记作 $X \sim N$(μ,σ^2)(N 为样本数),其概率密度函数图像如图 8.5 所示。

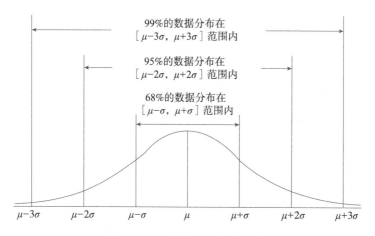

图8.5　3σ 准则概率密度函数

3σ 准则是先假设一组检测数据只含有随机误差,对其进行计算处理得到 σ 和 μ,确定一个区间($\mu-3\sigma$,$\mu+3\sigma$),该组数据在($\mu-3\sigma$,$\mu+3\sigma$)区间的概率为 99%,即可将超过这个区间的值判定为异常值。

3σ 方法是把数据的统计特性运用在质量管理中的一个成功典范。3σ 方法与其他的质量管理方法不同,其通过科学的数据采集和统计分析,追寻误差的根本,并找到消除误差的方法,是根据客户的要求确定的管理活动。

但这种判别处理原理及方法仅局限于对正态或近似正态分布的样本数据处理,它是以测量次数充分大为前提的,在测量次数少的情形下用准则剔除粗大误差不够可靠。因此,在测量次数较少的情况下,最好不要选用此方法。

(3)Z-score　Z-score 处理方法处于整个框架中的数据准备阶段,是数据预处理阶段中的重要步骤。数据分析与挖掘中,很多方法需要样本符合一定的标准,如果需要分析的

诸多自变量不是同一个量级，会给分析工作造成困难，甚至影响后期建模的精准度。Z 值（Z-score、Z-values；Normal Score）又称标准分数（Standard Score，Standardized Variable），是一个实测值与平均数的差再除以标准差的过程。Z-score 标准化是数据处理的一种常用方法。通过它能够将不同量级的数据转化为统一量度的 Z-score 分值进行比较。用公式表示为 $z=(x-\mu)/\sigma$。其中，x 为个体的观测值，μ 为总体数据的均值，σ 为总体数据的标准差。Z 值的量代表着实测值和总体平均值之间的距离，是以标准差为单位计算的。

大于平均数的实测值会得到一个正数的 Z 值，小于平均数的实测值会得到一个负数的 Z 值。总的来说，Z-score 通过 $(x-\mu)/\sigma$ 将两组或多组数据转化为无单位的 Z-score 分值，使得数据标准统一化，提高了数据可比性，削弱了数据解释性。通过将三个值代入 Z-score 的公式，我们就能够将不同的数据转换到相同的量级上，实现标准化。

（4）箱形图（Box Plot）　观察箱形图，或者通过 IQR（InterQuartile Range）计算可以得到数据分布的第一和第四分位数，异常值是位于四分位数范围之外的数据点。它由 5 个重要的特征值组成：最小值（Min）、下四分位数（Q1）、中位数（Median）、上四分位数（Q3）、最大值（Max）。也可以往箱形图里面加入平均值（Mean）。下四分位数、中位数、上四分位数组成一个"带有隔间的箱子"，在上四分位数到最大值之间建立一条延伸线，这个延伸线称为"胡须（Whisker）"，如图 8.6 所示 ⊖。通过绘制箱形图可以直观了解到数据的分布和异常值所处的位置，有助于分析过程的简便快捷。

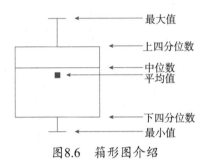

图8.6　箱形图介绍

2. 时间序列数据异常识别

涉及时间维度的异常识别都是基于时间来识别的，且识别的是最新一段时间内数据是否异常。在需要对时间序列数据进行监控的场景，如监控订单量、广告访问量、广告点击量时，我们需要从时间维度识别出是否异常刷单、刷广告点击的问题。广告投放场景下，如果发现渠道刷量，会及时停止广告投放，减少损失。对于时间序列数据异常识别，根据数据的不同特点，识别方法也不同。

（1）设置恒定阈值　设置恒定阈值是直接按照固定的数值进行异常判定，逻辑简单、易于实现与理解。例如设定固定数值是［3800，5600］，在这个区间范围内的数据，认定为正常数据；低于或者高于该区间的数据，认定为异常数据。利用固定数值判断异常的方法，核心在于如何取合理区间的上下限。如果有明确的业务红线，可以将业务红线设为上下限；如果没有业务限制，可以使用分位数进行取值。

该方法的优点是简单明了，易于判断。但是恒定阈值的方法不是对所有的业务都适用。

⊖　何高清，肖健. 轴承尺寸检测数据的异常值检测与数据处理研究［J］. 机电工程，2021，38（2）：198-203.

对于一个发展比较稳定的业务而言，设定固定的绝对数值没有问题。但是对于一个处于快速发展期的业务，固定数值并不适用。随着时间的变化，处于快速发展期的业务会面临不同的成长区间，相对的数据合理区间也相应发生变化。这种情况不适合使用固定数值进行异常判定，需要使用相对值进行判定。

（2）**基于相对值**　相对值，主要就是同比和环比。同比一般情况下是本年第 n 月与过去某年的第 n 月对比。计算同比发展速度主要是为了消除季节变动的影响，用以说明本期发展水平与同期发展水平对比而达到的相对发展速度。其计算公式为：同比发展速度 = 本期发展水平 / 同期发展水平 ×100% ；同比增长速度 =（本期发展水平 – 同期发展水平）/ 同期发展水平 ×100%。在实际工作中，经常使用该指标，如某年、某季度、某月与同期对比计算的发展速度，就是同比发展速度。环比发展速度是报告期水平与前一时期水平之比，表明现象逐期的发展速度。如计算一年内各月与前一个月对比，即 2 月比 1 月，3 月比 2 月，4 月比 3 月，…，12 月比 11 月，说明逐月的发展程度。如分析抗击"非典"期间某些经济现象的发展趋势，环比比同比更能说明问题。

由于同比通常的定义指的是与去年同期比较，因此针对某一天，我们往往是与上周进行对比。如此，上周的数值就是基准值，再增加一个波动区间范围即可。比如上周二的新增用户数为 200，波动范围设定为 [–10%，10%]，那么本周二如果新增用户数在 180～220 则认为是正常的；超出该范围则判定为异常。该方法也有明显缺点。如果上周二就是一个异常值（假设数值异常低），而本周二数据恢复正常了，那么根据相对值的判定逻辑，会把本周二判定为"异常高"。这是点对点对比的缺点。

（3）**设置动态阈值：移动平均法**　当前时间的异常阈值是由过去 n 段时间的时序数据计算决定的。通常对于无周期、比较平稳的时间序列，设定动态阈值的方法是移动平均法。移动平均法是用过去 n 个时间点的时序数据的平均值作为下一个时间点的时序数据的预测值。异常数据识别是确定固定移动窗口 n，以过去 n 个窗口的指标平均值作为下一个窗口的预测值，以过去 n 个窗口的指标平均值加减 3 倍方差作为监控的上下界。

移动平均法可以分为简单移动平均和加权移动平均。简单移动平均的各元素的权重都相等。加权移动平均则是给固定跨越期限内的每个变量值以不相等的权重。其原理是：历史各期产品需求的数据信息对预测未来各期内的需求量的作用是不一样的。除了以 n 为周期的周期性变化外，远离目标期的变量值的影响力相对较低，故应给予较低的权重。运用加权平均法时，权重的选择是应当注意的问题。经验法和试算法是选择权重最简单的方法。一般而言，最近期的数据最能预示未来的情况，因而权重应大些。例如，根据前一个月的利润和生产能力比起根据前几个月的数据能更好地估测下个月的利润和生产能力。但是，如果数据是季节性的，则权重也应是季节性的。

（4）**STL 数据拆解法**　STL 为时间序列分解中一种常见的算法。STL（Seasonal and Trend decomposition using Loess）是一个非常通用和稳健强硬的分解时间序列的方法，其中 Loess 是一种估算非线性关系的方法。STL 分解法由 R.B.Cleveland、Cleveland、McRae 和

Terpenning 提出。STL 将时间序列分解成三个主要分量：趋势、季节项和残差。STL 使用 LOESS（Locally Estimated Scatterplot Smoothing）来提取三个分量的平滑估计。将时间序列的某一时刻数据 Y_i 分解成趋势分量 Y_t、周期分量 Y_s 和余项 Y_r，即 $Y_i=Y_t+Y_s+Y_r$。式中，i 的取值为所有大于 0 的正整数，且该模型为加法模型，分解的分量互不影响。通过 STL 分解时间序列数据，可以观察时间序列数据的走势。

至于如何判断某事的时序数据是否异常，是根据 STL 分解后的余项来进行的。一般情况下，余项部分的时序数据是平稳分布状态，我们可对余项设置恒定阈值或者动态阈值，如果某个时间节点的分解余项超过设定阈值，则是异常数据。

（5）**基于时序模型** 即基于时间序列模型进行异常判定。在统计模型中，有一类模型是专门针对时间序列进行建模的，用以预测未来一段时间的数据走势。我们可以建立相应的 ARMA 模型，基于实际值和预测值的差异，判定是否异常。

自回归滑动平均模型（Auto-Regressive Moving Average Model，ARMA）是研究时间序列的重要方法，由自回归模型（AR 模型）与移动平均模型（MA 模型）为基础"混合"构成。在市场研究中常用于长期追踪资料的研究，如：在 Panel 研究中，用于消费行为模式变迁研究；在零售研究中，用于具有季节变动特征的销售量、市场规模的预测等。

3. 多变量异常数据识别

所谓多变量异常数据识别是指不只从一个特征去判断数据异常，而是在多个特征下来判断其是否异常。多变量异常数据识别的方法很多，比如聚类模型、孤立森林模型、One-Class SVM 模型等。

（1）**聚类模型** 聚类分析是依据"物以类聚"的原则，对数据集进行分类的一种多元统计分析方法。通过聚类分析，可在没有任何先验知识与模式参考的情况下，将大量的数据按照各指标的特性进行合理分类。聚类就是将整个数据集划分成不同的簇类，使得簇内数据差异尽可能小，而簇与簇之间的差异尽可能大。

K-means 算法又被称为 K- 平均或 K- 均值算法，通过聚类中心对数据对象进行聚类划分，随机选择 K 个聚类中心，按照就近原则将数据样本划分为 K 类，然后通过均值计算对归于同一类的数据样本按聚类中心重新划分，反复进行聚类中心筛选操作。当聚类中心不再发生改变时算法终止，实现对数据对象的划分聚类。它将聚类后的各类别内的所有数据样本均值作为该聚类类别的代表点，该代表点也被称为"聚类中心"或者"质心"。算法的主要思想是通过迭代过程把数据集划分为不同的聚类类别，并使得评价聚类性能的目标函数达到最优值，从而使所得的各个聚类簇簇内紧凑、簇间独立。K-means 算法具有聚类速度快、直观性强、易于实现的特点，是一种最广泛使用的聚类算法。该方法根据各点到所属簇的聚类中心的距离之和为标准来衡量聚类效果的优劣。

（2）**孤立森林模型** 孤立森林（Isolation Forest）是一个高效的异常点检测算法。该算法下整个训练集的训练就像一棵树一样，递归地划分。划分的次数等于根节点到叶子节点的路径距离 d。所有随机树的 d 的平均值，就是我们检测函数的最终结果。孤立森林是一个可扩展到多变量的快速异常检测方法。iForest 适用于连续数据的异常检测，将异常值定义为"容易被孤立的离群点"，可以理解为分布稀疏且离密度高的群体较远的点。从统计学的角度看，在数据空间中，分布稀疏的区域表示数据发生在此区域的概率很低，因而可以认为落在这些区域里的数据是异常的。iForest 属于非监督学习的方法，即不需要有标记的训练。

（3）One-Class SVM 模型　One-Class SVM 模型在异常数据检测中被广泛使用。它通过历史正常数据，并假设原点为唯一异常点，构造一个支撑超平面将正常数据点与原点之间间隔最大化，根据构造的支撑超平面来判断待监控数据是否为正常数据。[⊖]One-ClassSVM 严格来说是新奇值检测。异常值检测是指训练数据中含有异常值，通过相关算法找到训练数据的中心模式，忽略偏差观测值，从而检测出异常值。奇异值检测是指训练数据不包含异常值，只含有 positive（正常）的数据，通过算法学习其 pattern。之后用于检测新数据是否属于这个 pattern，如果属于，该新数据是 positive，否则是 negative，即奇异值。One-Class SVM 模型的基本思路如下：在特征空间中找到一个分割的超球体（相比 SVM 的超平面），最小化该球体，落在球体以内的就认为是正例，否则就是反例。

◎ **本章思考题：**

1. 数据质量的定义是什么？什么样的数据才是高质量的数据?
2. 数据质量控制的定义是什么?
3. 数据质量控制的流程分为哪几步?
4. 如何评估数据质量?
5. 常用的数据异常监控的方法有哪些?

⊖ 广发证券股份有限公司. 基于机器学习模型的财务报告欺诈风险识别方法研究［C］// 创新与发展：中国证券业 2020 年论文集，2021：955-965.

第9章 ●─○─●─○─●

数据安全管理

■ **章前案例**⊖：

国家安全部公布三起危害重要数据安全案例。

案件一：某航空公司数据被境外间谍情报机关网络攻击窃取案

2020 年 1 月，某航空公司向国家安全机关报告，该公司信息系统出现异常，怀疑遭到网络攻击。国家安全机关立即进行技术检查，确认相关信息系统遭到网络武器攻击，多台重要服务器和网络设备被植入特种木马程序，部分乘客出行记录等数据被窃取。国家安全机关经过进一步排查发现，另有多家航空公司信息系统遭到同一类型的网络攻击和数据窃取。经过深入调查，确认相关攻击活动是由某境外间谍情报机关精心谋划、秘密实施，攻击中利用了多个技术漏洞，并使用多个网络设备进行跳转，以隐匿踪迹。针对这一情况，国家安全机关及时协助有关航空公司全面清除被植入的特种木马程序，调整技术安全防范策略、强化防范措施，制止了危害的进一步扩大。

案件二：某境外咨询调查公司秘密搜集窃取航运数据案

2021 年 5 月，国家安全机关工作中发现，某境外咨询调查公司通过网络、电话等方式，频繁联系我大型航运企业、代理服务公司的管理人员，以高额报酬聘请行业咨询专家之名，与我境内数十名人员建立"合作"，指使其广泛搜集提供我航运基础数据、特定船只载物信息等。办案人员进一步调查掌握，相关境外咨询调查公司与所在国家间谍情报机关关系密切，承接了大量情报搜集和分析业务，将我境内人员所获取的航运数据都提供给该国间谍情报机关。为防范相关危害持续发生，国家安全机关及时对有关境内人员进行警示教育，并责令所在公司加强内部人员管理和数据安全保护措施。同时，依法对该境外咨

⊖ 青海省司法厅.国家安全部公布！〔EB/OL〕.（2021-11-02）〔2022-11-28〕.baijiahao.baidu.com/s?id=1715243747795735174&wfr=spider&for=pc.

询调查公司有关活动进行了查处。

案件三：李某等人私自架设气象观测设备，采集并向境外传送敏感气象数据案

2021 年 3 月，国家安全机关工作中发现，国家某重要军事基地周边建有一可疑气象观测设备，具备采集精确位置信息和多类型气象数据的功能，所采集数据直接传送至境外。国家安全机关调查掌握，有关气象观测设备由李某从网上购买并私自架设，类似设备已向全国多地售出 100 余套，部分被架设在我重要区域周边，有关设备所采集数据被传送到境外某气象观测组织的网站。该境外气象观测组织实际上由某国政府部门以科研之名发起成立，而该部门的一项重要任务就是搜集分析全球气象数据信息，为其军方提供服务。国家安全机关会同有关部门联合开展执法，责令有关人员立即拆除设备，消除了风险隐患。

案例思考题：

1. 数据安全管理是否有必要？

2. 安全部门该如何运用《中华人民共和国数据安全法》进行监管？

9.1　数据安全管理概述

数据安全已经上升到国家主权的高度，是国家竞争力的直接体现，是数字经济健康发展的基础。数据安全不是单方面强调数据的绝对安全，关键在于维护数据安全性和促进数据开发利用并重，以数据开发利用和产业发展促进数据安全，以数据安全保障数据开发利用和产业发展。同时，我国高度重视数据安全的技术开发和管理管控，不断增强国际社会对中国信息技术的信任程度。数据安全核心价值可以简单概括为"以安全促可信，以可信促发展"。

9.1.1　数据安全概述

1. 数据安全的定义与维度

国内外许多学者对数据安全提出定义。罗娇与刘细文认为，数据安全在不同维度有不同的内涵：从体制角度是指通过制度来保障数据免遭遗失、泄露、非法获取、修改、利用、毁损；从形态角度是指数据存储和传输安全；从内容角度是指硬件、软件、系统、内容安全；从主体角度是指国家、社会、企业和个人数据安全；从操作角度是指数据完整性和数据利用的安全；而我国国家层面立法尚未对数据安全进行定义 ⊖。李善青等人认为，数据安全是通过必要的技术和管理措施，保护科学数据在其全生命周期中免受破坏性外力和非授

⊖　罗娇，刘细文.知识产权视角下科学数据安全管理的策略选择［J］.图书情报工作，2021，65（12）：38-46.

权操作的侵害，保持科学数据的机密性、完整性和可用性。科学数据的生命周期大致可以划分为以下几个阶段：采集生产、汇交整合、加工整理、共享使用、长期保存和退出销毁等[⊖]。Denning 认为，数据安全是一门研究如何保护计算机和通信系统中的数据免受未经授权的泄露和修改的科学，包含密码控制、访问控制、信息流控制、推理控制四种控制活动以及备份和恢复过程[⊜]。

《数据安全架构设计与实战》一书提出，狭义的数据安全往往指保护静态存储级的数据以及数据泄露防护等，广义的数据安全则是基于"安全体系以数据为中心"的立场，泛指整个安全体系侧重于数据分级以及敏感数据全生命周期的保护，数据安全更加接近于一种控制目的。数据安全可分为物理、人员、程序与技术四个维度，见表 9.1。

表9.1　数据安全的四个维度

维度	安全问题
物理	未经授权的用户必须在物理上无法访问你的计算机，意味着你必须将数据保存在安全的物理环境中
人员	负责系统管理和数据安全的人员必须是可靠的，且在雇用数据库管理员前需要检查其背景
程序	系统运行中使用的程序能够确保可靠的数据
技术	数据的存储、访问、操作和传输必须受到技术保护，这些技术可以增强特定信息控制策略

2. 数据安全的主要威胁

目前，数据安全形势严峻，恶意程序、木马、流量攻击仍处高发态势。据《2017年中国互联网网络安全报告》，2017 年，国家信息安全漏洞共享平台（China National Vulnerability Database，CNVD）收集新增漏洞 15955 个，与 2016 年相比，漏洞总数增长 46.4%；移动互联网恶意程序样本数逾 150 万个，增长 23.4%；境内被篡改网站数量为 20111 个，增长 20%[⊜]。

数据安全威胁主要包括数据被滥用、误用和被窃取。滥用指的是对数据的使用超出了其预先约定的场景或目的。用户的数据在服务提供方那里，员工会不会滥用权限、随便访问用户数据？会不会因为好奇或者朋友要求查看某个用户的个人信息？会不会把用户的个人信息倒卖出去？与通过内部网络攻击窃取数据的行为不同，这里说的是服务方员工在授权范围内从事了不符合业务场景的数据访问。例如，用户要求客服人员帮忙，客服人员在这种场景下访问该用户数据解决其问题，这是正常的业务场景。但是如果没有用户请求，

⊖ 李善青，郑彦宁，邢晓昭，等.科学数据共享的安全管理问题研究［J］.中国科技资源导刊,2019,51(3): 11-17.

⊜ DENNING D E. Cryptography and data security［M］. Reading: Addison-Wesley Publishing Company,1982.

⊜ 国家计算机网络应急技术处理协调中心.2017 年中国互联网网络安全报告［R］.北京：人民邮电出版社, 2018.

客服人员擅自访问用户数据，就属于滥用行为。

误用指的是在正常范围内在对数据处理的过程中泄露个人敏感信息。这是在大数据时代变得更加突出的典型问题。大数据通过对数据的各种分析，带来各种业务创新和保持业务价值。但分析过程是否泄露某个特定人的隐私，就属于是否误用的问题。企业如果知道用户的喜好和需求，就可以给用户发送更加精准的广告、提供更加适合的服务，但在这个过程中，用户不希望自己的一举一动都被企业了如指掌。如今的企业都在采集和分析数据，但很多还缺乏技术能力或者安全意识。

数据被窃取在本质上和系统安全相关。外部或者内部的网络攻击者通过各种技术手段非法入侵系统，目的可能是偷取数据，这就变成数据安全问题。如今，大量网站或应用的安全防护水平不高，导致黑、灰色产业人员可以从中大量窃取数据。此外，内部人员入侵作案，偷取客户数据或者公司商业秘密，数量往往比外部入侵的比例要大很多，但很多企业依然只重视对外部入侵的防御而忽视了对内部入侵的防范，或者只重视系统安全层面的防御能力，而没有意识到数据安全层面的不同[⊖]。

3. 数据安全与数据治理差异

数据安全与数据治理的差异体现在发起部门、应用目标、产出内容、资产管理四个方面，详见表9.2。

表9.2　数据安全与数据治理的差异

差异对比	数据安全	数据治理
发起部门	安全合规部门 / 业务部门在驱动	数据管理部门 / 业务部门在驱动
应用目标	让数据使用更安全，保障数据的安全使用和共享，实质也是保障数据价值	数据驱动商业发展，发挥或发掘企业数据价值
产出内容	通过企业数据分级分类，针对性加强访问安全策略、数据合规安全措施	通过数据清洗和规范的过程，提升数据质量
资产管理	明确数据分级分类的安全标准，识别敏感数据资产分布，呈现敏感数据资产的访问状况和授权报告	通过元数据管理，赋予数据上下文和含义的参考框架

4. 数据安全与信息安全差异

数据安全是信息安全项下的内容，信息安全同时还要求数据承载内容的合法性[⊖]。狭义的信息安全是为了"防止敏感信息的不当扩张"，根据国际标准化组织（ISO）对信息安全的定义，信息安全是指为数据处理系统建立和采取的技术与管理的安全保护，保护计算机硬件、软件和数据不因偶然与恶意而遭到破坏、更改和泄露。而广义的信息安全则突出"安全体系架构以信息为中心"，强调安全管理体系，包括信息的完整性、保密性、可用

　⊖　杜跃进. 数据安全治理的几个基本问题［J］. 大数据，2018，4（6）：85-91.
　⊖　马民虎. 网络安全法适用指南［M］. 北京：中国民主法制出版社，2018.

性的保持，计算机通信设施运行的正常，信息内容的合法和受法律保护，等等。其差异见表9.3。

表9.3 数据安全与信息安全的差异

项目	狭义	广义	使用场景
信息安全	防止敏感信息的不当扩张，包括有毒有害信息、内部人为泄密	"以信息为中心"理念的产物	强调安全管理体系；强调信息及信息系统的保密性、完整性和可用性；强调内容合规；强调防止内部人为的信息泄露；强调对静态信息的保护（存储介质上的信息）
数据安全	保护数据本身的核心	"以数据为中心"理念的产物	强调全生命周期中的数据保护；强调数据作为生产力；强调数据主权或主体权利；强调长臂管辖和隐私保护

5. 数据分类分级

数据分类分级在数据安全管理过程中具有重要意义。数据分类是根据数据的共同特征，例如它们的敏感性水平和风险以及保护它们的合规规则，将数据分离和组织到相关组或类的过程。我国《科学数据管理办法》[一]规定，科学数据中心需负责科学数据的分级分类、加工整理和分析挖掘；法人单位要对科学数据进行分级分类，明确科学数据的密级和保密期限、开放条件、开放对象和审核程序等，按要求公布科学数据开放目录，通过在线下载、离线共享或定制服务等方式向社会开放共享。

《中华人民共和国数据安全法》[二]（下称《数据安全法》）在第三章规定了各项数据安全制度，其中之一便是"数据分类分级保护制度"。《数据安全法》第二十一条规定，国家建立数据分类分级保护制度，根据数据在经济社会发展中的重要程度，以及一旦遭到篡改、破坏、泄露或者非法获取、非法利用，对国家安全、公共利益或者个人、组织合法权益造成的危害程度，对数据实行分类分级保护。国家数据安全工作协调机制统筹协调有关部门制定重要数据目录，加强对重要数据的保护。关系国家安全、国民经济命脉、重要民生、重大公共利益等数据属于国家核心数据，实行更加严格的管理制度。各地区、各部门应当按照数据分类分级保护制度，确定本地区、本部门以及相关行业、领域的重要数据具体目录，对列入目录的数据进行重点保护。

数据分类分级保护制度类似于网络安全等级保护制度采用的分级管理，但二者并不完全一致。《中华人民共和国网络安全法》（下称《网络安全法》）[三]首次提出了网络安全等级保

───────────

[一] 中华人民共和国国务院. 科学数据管理办法［EB/OL］.（2018-04-04）［2022-12-04］. most.gov.cn/xxgk/xinxifenlei/fdzdgknr/fgzc/gfxwj/gfxwj2018/201804/t20180404_139023.html.

[二] 全国人民代表大会常务委员会. 中华人民共和国数据安全法［EB/OL］.（2021-06-10）［2022-12-04］. www.npc.gov.cn/npc/c30834/202106/7c9af12f51334a73b56d7938f99a788a.shtml.

[三] 全国人民代表大会常务委员会. 中华人民共和国网络安全法［EB/OL］.（2016-11-07）［2022-12-04］. www.gov.cn/xinwen/2016-11/07/content_5129723.htm.

护制度的概念，并从管理制度和技术措施两个方面对网络运营者的网络安全保障义务进行规定，包括制定内部安全规范、确定网络安全负责人、采取防范病毒攻击的技术措施、监测网络运营、留存网络日志、采取加密措施等。在调整对象方面，《网络安全法》规范的是在中华人民共和国境内建设、运营、维护和使用网络的行为，而《数据安全法》侧重规范数据处理活动，立法目的在于保障数据安全，促进数据开发利用。但同时，《数据安全法》和《网络安全法》也具有相同的立法目的，即维护国家主权、安全和发展利益。因而在立法上，《数据安全法》与《网络安全法》相衔接，具体表现在《数据安全法》第二十七条规定了相应的数据安全保护义务。"数据分类分级保护制度"与"网络安全等级制度"作为两个不同的制度，内涵相近，且存在一定的关联，但规制对象与具体要求并不相同，从业者依据《数据安全法》搭建数据保护制度时应注意二者的区别与关联。

最近，我国工业和信息化部颁布了《工业数据分类分级指南（试行）》，率先在国内把工业数据分为一、二、三、四级，鼓励企业在做好数据管理的前提下适当共享一、二级数据，但二级数据只对确需获取该级数据的授权机构及相关人员开放，三级数据原则上不共享，确需共享的应严格控制知悉范围[一]。2017 年，美国华盛顿特区采用了一种 5 级数据分类模式，即 0 级（开放数据）、1 级（公共数据）、2 级（供地方政府使用的数据）、3 级（机密数据）、4 级（限制机密数据）[二]，受到了开放数据倡导者的广泛赞扬。加州大学伯克利分校把研究数据分为：1 级（敏感性最小的，即公共信息）、2 级（低度敏感性，即非公共、非敏感的个人身份信息）、3 级（中度敏感性的个人可识别信息）、4 级（高度敏感的个人可识别信息）[三]。类似地，澳大利亚新南威尔士大学把数据分为公共级、私人级、敏感级、高度敏感级 4 个层次。

9.1.2　数据安全管理概述

1. 数据安全管理的定义与必要性

数据安全管理是通过计划、发展并执行相关数据安全政策和措施，为数据与信息提供适当的认证、授权、访问和审计。吴金红等学者认为，数据安全管理是对科学数据管理中存在的安全问题进行管理的过程。数据安全管理的目标是为数据资产读取和变更提供适合的方法、阻止不适合的方法；实现监管对隐私性和机密性的要求；确保实现所有利益相关者隐私性和机密性的要求。科学数据安全管理的主要管理活动包括科学数据安全管理的计划、安全隐患识别、安全问题的定性定量评估、安全威胁的应对措施以及安全威胁控制

[一]　工业和信息化部办公厅. 工业和信息化部办公厅关于印发《工业数据分类分级指南（试行）》的通知［EB/OL］.（2020-02-27）［2022-11-23］.www.gov.cn/zhengce/zhengccku/2020-03/07/content_5488251.htm.

[二]　AWS. Data classification: Secure cloud adoption［EB/OL］.（2020-03-01）［2022-11-23］. d1.awsstatic.com/whitepapers/compliance/AWS_Data_Classification.pdf.

[三]　Berkeley Information Security Office. How to classify research data［EB/OL］.［2022-11-23］. security.berkeley.edu/resources/how-classify-research-data.

等[⊖]。数据安全管理具体包括数据的分类规则、数据共享的限制（对数据保密级别、共享方式进行说明）、数据处理、对涉及人类参与者隐私安全保护等几个方面[⊜]。

政府作为数据安全管理的主体，加强数据安全立法工作，防范数据安全风险是其职责所在。《网络安全法》于 2017 年 6 月 1 日起正式生效实施，是网络安全领域内的基础法，对我国的数据安全管理立法有着很好的借鉴作用，但是大数据安全管理领域内尚未有专门法律出台。政府应加强大数据立法工作，才能有效保护人们的数据权[⊜]。

2. 数据安全管理和数据安全治理的区别

数据安全管理与数据安全治理是两个不同的概念。数据安全管理是对安全策略与程序的规划、开发和执行，以提供数据和信息资产的适当认证、授权、访问与审计。基本目标是要确保合适的人以正确的方式使用和更新数据，并限制所有不适当的访问和更新数据。最终目标是保护数据资产符合隐私与保密法规要求，并与业务要求相一致^⑭。主要业务活动是理解组织数据需求和监管要求；定义数据安全策略和标准；定义数据安全控制及措施；管理用户和密码及访问权限；监控用户身份认证和访问行为；划分数据与信息等级；审计数据安全。

数据安全治理是维护组织数据资产的机密性、完整性和可用性的系统，包括管理承诺和领导、组织结构、用户意识和承诺、政策、程序、流程、技术和合规执行机制^⑮；是对数据安全进行综合治理的过程，需要从决策层到技术层、从管理制度到工具支撑，自上而下在各个层级之间对数据安全治理的目标达成共识，确保采取合理和适当的措施，以最有效的方式保护数据资产^⑯。主要目标是确保组织数据资产的安全性，并实现数据资产的保值与增值。主要业务活动是理解组织数据安全战略需求；发展和维护组织数据安全战略；建立数据安全治理机构与制度；任命数据安全管理专员；制定并审核数据安全政策、标准和程序；协调数据安全治理活动；解决数据安全相关问题；监督数据安全管理项目与服务；评估数据资产价值；监控合规行为。

由此看来，尽管数据安全管理与数据安全治理有内在联系，但两者在主要目标、业务活动等方面存在明显差异。总之，数据安全管理为数据安全治理奠定基础，数据安全治理为数据安全管理提供保障^⑰。

⊖ 吴金红，陈勇跃 . 面向科研第四范式的科学数据监管体系研究［J］. 图书情报工作，2015，59（16）：11-17.

⊜ 张瑶，顾立平，杨云秀，等 . 国外科研资助机构数据政策的调研与分析：以英美研究理事会为例［J］. 图书情报工作，2015，59（6）：53-60.

⊜ 周筱 . 数据安全管理立法问题研究［J］. 法制博览，2019（13）：276.

⑭ MOSLEY M, BRACKETT M, EARLEY S, et al. The DAMA guide to the data management body of knowledge: DAMA-DM-BOK［M］. Denville: Technics Publications, 2009.

⑮ SOLMS S H, SOLMS R. Information security governance［M］. NewYork: Springer, 2009.

⑯ 陈磊 . 拨开云雾见天日：数据安全治理体系［J］. 安全月刊，2019（10）：4-10.

⑰ 盛小平，郭道胜 . 科学数据开放共享中的数据安全治理研究［J］. 图书情报工作，2020，64（22）：25-36.

3. 数据安全管理的规划

数据安全管理规划包括三方面的内容：建立安全组织、制定制度规范、建立技术架构。

（1）**建立安全组织** 基于数据治理组织构架，在合规或IT部门成立专业化数据安全团队，通过与数据治理组织的协同配合，保证能长期持续执行数据安全管理工作。制定数据安全的决策机制，界定部门与角色（受众）职责和权限，使数据安全任务有的放矢。灵活设计该组织的结构、规模和形式，协同多方部门积极参与数据安全管理过程。

（2）**制定制度规范** 建立整体方针政策，加强数据资产分级分类和管控，划分敏感数据使用部门和人员角色，限定角色的数据使用场景，制定场景对应制度规范、操作标准和模板，推动执行落地。

（3）**建立技术架构** 规划数据安全技术架构，保护计算单元、存储设备、操作系统、应用程序和网络边界各层免受恶意软件、黑客入侵和内部人员窃取等威胁：①信息基础设施层保护，如认证机制、数据和资源访问控制、用户账户管理、身份管理系统等；②应用数据层保护，整个数据生命周期内正确分类和保护存储于数据库、文档管理系统、文件服务器等的敏感数据；③内部审计监控层，合规管控系统、监控与自动化内部审计验证系统和数据访问控制是否有效。

4. 数据安全管理的流程

数据安全管理的流程主要有需求分析、对象识别、风险评估、治理规划、持续改善。

（1）**需求分析** ①外部法律合规需求：理解国内外相关法律法规，如《网络安全法》、GDPR、商业银行数据中心监管指引等对数据安全的合规要求。②内部管理提升需求：理解企业发展战略、业务和技术建设路径，识别企业对数据安全的主要诉求，如数据完整性、数据保密性、数据可用性等。

（2）**对象识别** ①数据资产盘点：识别企业存在哪些数据资产，以及其使用部门和角色授权、资产分布、使用量级、访问权限等数据使用情况。②数据资产分类分级：从数据资产清单中，基于二八原则识别企业核心数据资产（个人信息/隐私，核心、重要数据），划分其资产属性，如类别、密级，制定不同的管理和使用原则。

（3）**风险评估** ①数据生命周期评估：从组织、流程、人员、技术角度出发，使用数据安全成熟度模型评估数据生命周期各阶段的数据安全风险。②场景化数据安全评估：从数据应用场景出发，评估各类场景，如开发测试、数据运维、数据分析、应用访问、特权访问等数据使用/应用场景。③安全风险矩阵设计：归集不同风险类型，进行差距分析，设定风险消除策略。

（4）**治理规划** ①组织结构，建立数据安全的决策机制、职能岗位、组织结构、合规检测流程、治理建议等；②制度规范，制定数据安全的方针政策、制度规范、操作标准、管理模板等；③技术架构，规划数据保护技术架构及系统方案。

（5）**持续改善** ①行为管控：结合其业务流程加强数据访问、数据运维、数据传输、数据存储、数据销毁等各环节的数据安全保护举措。②过程控制：明确数据安全过程化场景，如开发测试、数据运维、数据分析、应用访问、特权访问等，引入有效管理手段和监管技术工具。③闭环管理：从组织、流程、人员、技术维度设计持续完善策略，积极响应政策合规、管理规范等需求。

5. 数据安全风险评估

（1）**数据安全风险来源**　在数据生命周期里，数据收集、存储、传输、分析和使用等过程中，数据安全面临各种风险。大数据安全威胁渗透在数据生产、流通和消费等大数据产业链的各个环节，数据提供者、加工者、分析服务者等主体都是威胁源。

1）**网络和数据设施、设备缺陷**。关系到国计民生和公共利益的信息、能源、交通等行业的关键信息基础设施涉及大量的重要数据，是数据安全风险来源的重点区域。数据一旦被篡改、泄露，可能导致有关行业及其他社会公共服务大面积受到牵连并陷入混乱，对社会秩序和稳定造成极大的破坏及威胁。我国信息网络基础设施还远远不能满足自主可控、安全可信的要求，并且在万物互联的形势下，关键信息基础设施面临的风险增大，大规模的互联互通为攻击者提供了更多的攻击路径。普通计算机、手机、传感器、路由器、移动存储器等都可以成为数据收集、流通、使用的介质，也因此会成为数据安全问题的窗口。目前，我国网络和计算机产品，如服务器、数据库等产品国产化率低。如果被预先植入后门，很难发现，一旦发生数据安全事故，造成的损失将无法估量。

2）**系统漏洞和恶意攻击**。2017年全球范围爆发的勒索软件（WannaCry）感染事件中，勒索软件利用 Windows SMB 服务漏洞进行攻击，全球100多个国家的数十万用户中招，我国多个行业也遭受不同程度的影响。国家互联网应急中心发布的《2017年中国互联网网络安全报告》显示，网络安全风险来源主要是恶意程序、安全漏洞、拒绝服务攻击；通过篡改、窃取数据或攻击服务器，对数据安全造成极大威胁，严重危害人民群众的个人信息安全和财产安全。由于系统漏洞客观上一直存在，因此也为不法之徒提供了可乘之机，蓄意攻击防不胜防。

3）**内部工作人员道德风险**。内部人员利用工作之便泄露大量用户数据，一定程度上反映了企事业单位在数据内部管理上的失序。未采取有效的数据访问权限管理、身份认证管理、数据利用控制等措施，是大多数企业内部人员盗窃数据的主要原因。

4）**数据安全管理薄弱**。数据安全法律保障不完善。个人信息的保护、关键信息基础设施保护、网络安全等级保护、网络安全信息共享、网络安全监测预警和信息通报、网络安全应急处置、网络安全风险评估等已有相关制度，但缺少可操作性的配套措施。目前，我国已建立以《网络安全法》为基础的数据安全法律保障体制，中央网信办印发《国家网络安全事件应急预案》，国家网信办、工信部、公安部、广电总局、其他行业主管部门等均已出台有关数据安全保障的具体办法和规定，数据安全风险治理的法律制度框架基本形成，但对数据这一基础性战略资源缺少专门的体系化的法律保护制度。

"1+X"的监管方式符合目前数据利用的管理现状，但从数据安全的长效保障来看，不利于数据安全统一保障机制的形成。《网络安全法》第八条规定，"国家网信部门负责统筹协调网络安全工作和相关监督管理工作。国务院电信主管部门、公安部门和其他有关机关……负责网络安全保护和监督管理工作"，可见国家网信部门是网络安全统筹协调机关。刑事犯罪由公安部门负责，涉及电信、互联网用户信息安全的则由电信主管部门及其他有关机关在各自职责范围内负责监督管理工作。

网络运营单位缺乏数据安全的系统管理。许多网络运营单位高层对数据资产所面临的安全风险的严重性认识不足，或者对数据安全管理认识局限于信息安全技术，没有形成一套合理的数据安全规章制度来预测、防范、化解数据安全风险，对员工缺少必要的数据安全法律法规和风险防范教育与培训，缺乏相应的数据管理责任制度。数据安全管理的意识还停留在传统的"出事后补救"阶段，这显然已不适应新时代数据技术高速发展的形势。数据不断地被抓取、流通、利用，处于变化之中，数据安全风险具有动态特征，如果等风险发生后再采取措施，后果将不可控 [⊖]。

（2）**数据安全风险评估方法**　数据安全风险评估分为"数据生命周期安全评估"和"场景化数据安全评估"两种。前者基于数据生命周期各阶段进行风险识别，按数据安全成熟度评估相应差距；评估重点包括数据采集阶段、数据传输阶段、数据存储阶段、数据处理阶段、数据交换阶段、数据销毁阶段。后者是在数据生命周期各阶段的数据安全细化场景，基于数据资产分级分类的不同安全属性，识别数据安全具体风险点；评估重点有数据访问权限管理、数据使用权限管理、涉密数据存储管理、用户权限稽核。

数据安全风险识别是将风险评估识别出的数据安全风险，按风险类型归集并做风险分析，输出风险消除举措、保护技术和管控行为，形成风险分析统一视图。

6. 数据安全管理现状

（1）**全球数据安全威胁空前严峻**　当前，全球数据安全形势越发严峻，对个人隐私、企业机密和国家安全等带来严重安全威胁。据统计，2015 年全球数据泄露为 7.07 亿条，2016 年为 14 亿条，2017 年高达 50 亿条，围绕网络攻击、数据窃取和数据交易形成的网络黑市已经成为大规模、有组织的犯罪集团，甚至是国家黑客主导的高度成熟的经济体，全球数据黑产规模超过数千亿美元。数据安全问题不仅给企业和个人造成巨大的经济损失，而且对各国的政治安全和社会稳定构成复杂影响，例如美国民主党"邮件门"事件对美国大选政治进程产生重大影响，我国"徐玉玉"事件等也引发广泛的社会关注。

（2）**各国数据安全治理日趋严苛**　面对日益严峻的数据安全威胁，世界主要国家全面加强数据保护的立法和监管。截至 2016 年 12 月，全球共有 115 个国家和地区制定了专门的个人信息保护法，确立了个人信息收集、使用以及安全保护等数据保护规则。2018 年 5 月 25 日，被称为史上最严格数据保护法的欧盟《一般数据保护条例》（GDPR）正式实施，成为全球数据安全保护的重要标杆。我国《网络安全法》也将个人信息保护纳入网络安全保护的范畴，围绕数据保护的相关配套法规和管理标准相继出台。纵观全球，各国数据保护

的相关法律法规持续升级，对企业数据安全合规提出了更高的要求。"数据泄露通知""数据保护官""隐私风险影响评估""从设计保护安全"等原则和要求正成为企业需要承担的新型数据保护义务。

（3）**数据安全产业创新迎来重大机遇**　数据经济时代，数据安全技术发生深刻变革，数据保护需求全面释放，数据安全的新技术、新模式不断涌现，数据安全产业边界呈现不断拓展和融合的态势。根据 Gartner 2017 年最终用户安全支出行为调查结果，51% 的企业表示数据安全风险是整体安全支出的主要驱动因素，而数据安全风险中企业对"用户隐私问题"关注度成为多种安全风险的主要焦点，也是涉及企业业务的核心问题，超过七成的企业在 2018 年增加了数据安全的预算。以全球网络安全产业风向标著称的 2018 年 RSA 大会议题中，大量讨论涉及 GDPR 影响范围、法律问题、应对措施、技术支撑、最佳实践等，而 GDPR 相关的数据安全产品和技术也成为产业关注的焦点，包括 IBM、微软、思科等 IT巨头的展台上，随处可见 GDPR 相关解决方案，以帮助客户降低数据保护的法律合规风险。以色列网络隐私保护新锐公司 BigID 凭借数据隐私保护技术获得 RSAC 创新沙盒竞赛冠军，该公司主要借助机器学习技术开发软件平台，帮助企业更好地保护员工和客户的数据，量级可达到 PB 级。此外，Absolute 公司的 GDPR 数据风险和终端准备评估系统、Forcepoint Dynamic Data Protection 公司的动态数据保护、MinerEye 公司的 MinerEye 数据追踪系统等也受到业界广泛关注[⊖]。

7. 数据安全管理面临的问题和机遇

（1）**数据安全法律法规不健全问题**　近年来，我国数据安全领域内的法律法规处于持续健全和完善之中，但是如何采取法律措施保障大数据安全是值得我们思考也亟待解决的问题。

（2）**数据资源管理问题**　政府是国家信息的保有者，掌握了 80% 的数据，有义务对这些数据进行有效管理，防止数据被某些非法人员窃取和破坏。目前相关部门数据资源管理的现状有待完善，对数据资源的管理力度有待加强，政策有待进一步落实，管理技术有待进一步提高。

（3）**数据资源泄露问题**　由于数据的流动性，每一个数据源都会成为潜在的受攻击目标。传统数据安全保护措施难以应对日益频发的数据泄露事件。数据外泄事件严重威胁着我国国家安全和社会公共利益。

（4）**数据安全保障体系建设问题**　数据安全监督不到位的问题已引起国家的高度重视，数据安全管理的现状需要国家层面上的整体策略来指导数据安全工作的开展。数据安全风险评估标准体系有待进一步完善，需要相应的数据安全风险评估评价体系以及系统完整的数据安全保障体系[⊜]。

⊖　石英村. 全球数据安全治理态势与产业趋势分析［J］. 信息安全与通信保密，2019（4）：35-37.

⊜　周筱. 数据安全管理立法问题研究［J］. 法制博览，2019（13）：276.

随着数据成为新型生产要素，新技术的应用、数字经济的发展、海量数据的汇聚、数据开放共享等为数据安全管理的发展带来机遇，个人隐私、企业秘密、国家安全等问题逐渐得到重视。数据安全立法和监管加强，《数据安全法》《个人信息保护法》全称为《中华人民共和国个人信息保护法》以及各类数据合规工作和标准体系的建设都使得数据安全管理的各项工作制度化、规范化。数据开发利用的需求提升，数据价值挖掘、数据资产管理、人工智能等都在扩大对数据的需求。

8. 数据安全管理工具

（1）**核心理念** 数据安全管理的核心理念是"一个组织、两个分支、三个体系"，如图 9.1 所示。

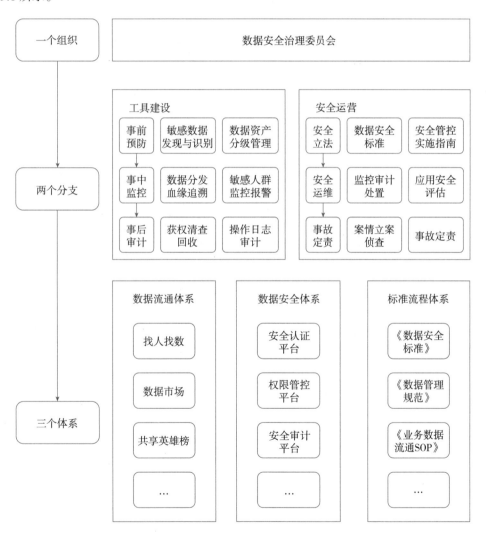

图9.1 数据安全管理的核心理念

（2）**工具框架** 数据安全管理工具整合分散产品，集合权限服务、流程服务、离职转岗服务、安全审计服务、数据流通服务，提供综合化安全管控治理服务，如图9.2所示。

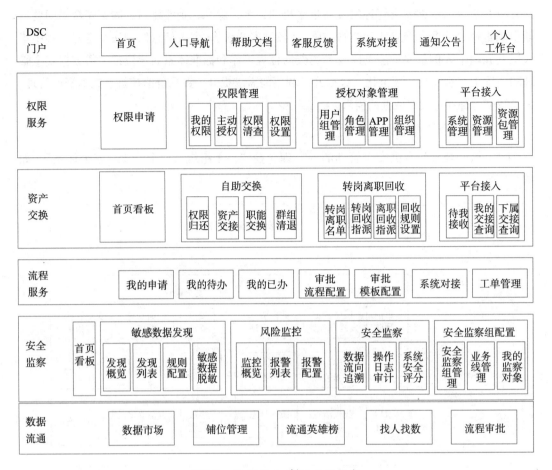

图9.2 数据安全管理工具框架

（3）工具设计 数据安全工具围绕身份认证、访问控制、鉴权授权、数据资产保护和监察审计来设计，如图9.3所示。

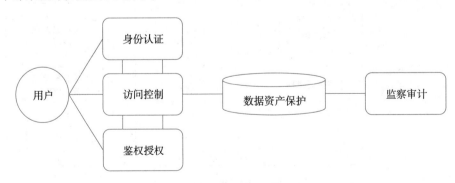

图9.3 数据安全工具范围

①身份认证（Authentication）：你是谁，以及怎么证明你是你。②鉴权授权

（Authorization）：允许/拒绝你对某个对象进行访问/操作。③访问控制（Access Control）：控制措施以及是否放行的执行者。④数据资产保护（Asset Protection）：对数据资产进行立法保护、预防监控等。⑤监察审计（Auditable）：数据血缘可以追溯，用户行为可以审计。

1）**身份认证**。身份认证包含账号和认证两个部分，其中账号用于管控对象的身份，常见的账号类型如图9.4所示。比如，每个人都有电话、邮箱等，可以作为在登录微信或者QQ时候的账号，账号是保障数据安全的最基本前提。账号通常包含三类，分别是自然人账号、应用/服务账号和组织账号。

如图9.5所示，对于特定系统，为了保障安全，是不允许用户自行注册的，只能通过BD或者管理员去创建账号，比如：商家CRM系统，创建商家账号，用于商家货品上单和管理；经营参谋，创建分类账号，针对不同类型的账号制定分类授权策略；测试系统，创建测试账号，用于系统测试。

如图9.6所示，认证就是证明"你确实是你"的过程。认证通常交给公司内部统一的单点登录系统（SSO）负责，用户身份认证通常有账号密码认证、电话/邮件验证码认证、第三方认证等。

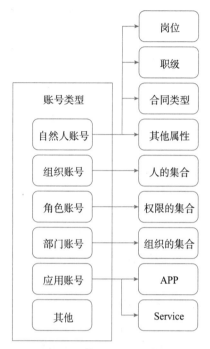

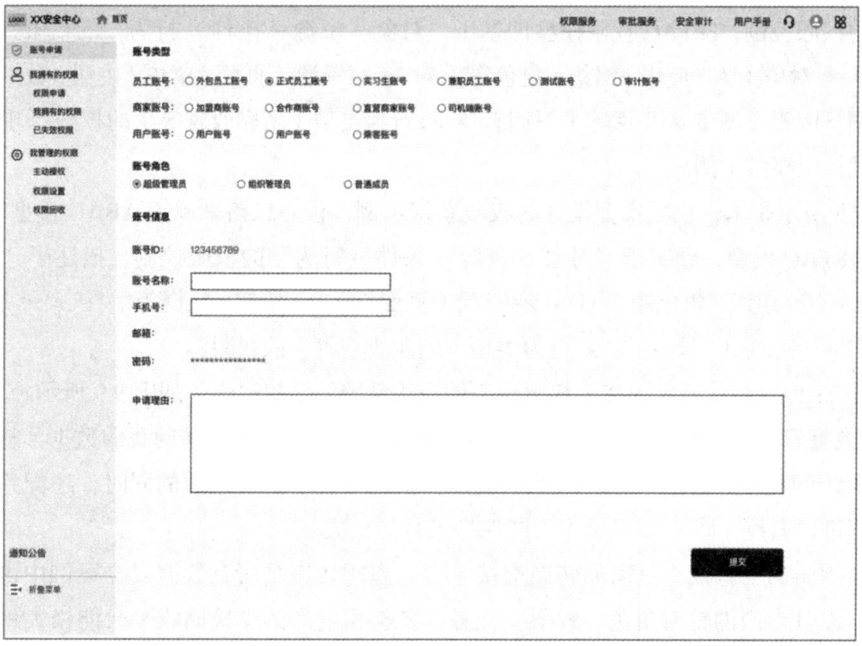

图9.4　常见的账号类型

图9.5　账号系统设计示例

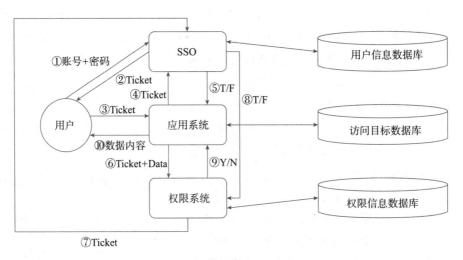

图9.6　账号认证过程示例

2）**授权与访问控制**。权限管控的核心是声明人和权限的关系。纵观行业发展，权限管控模型先后经历了以 ACL 模型为代表的 1.0 时代和以 RBAC 模型为代表的 2.0 时代，现在正式迈入以 ABAC 模型为核心的 3.0 时代：ACL（Access Control List）模型，直接维护列表中用户与资源的关系从而达到权限管控的目的；RBAC（Role-Based Access Control）模型，基于角色的访问控制，将用户添加到角色列表从而间接获得对应的权限；ABAC（Attribute-Based Authorization Control）模型，基于属性的访问控制，通过事先定义好的规则属性来控制用户的权限范围；TRFAC 权限模型即基于"对象－资源－条件－行为"的权限控制，描述了"×× 对象（人 / 应用 / 组织 / 角色等）对 ×× 资源（页面 / 菜单 / 按钮 / 数据等）在 ×× 条件 / 因素（城市 = 北京等）下拥有 ×× 行为类型（增删改查等）的权限"。图 9.7 所示是基础权限模型示例。

图 9.8 所示是基于权限模型设计的权限系统示例，核心思路来源于 ABAC 模型的改良，命名为 TRFAC 模型，即基于"对象－资源－条件－行为"的权限控制，描述了"×× 对象（人 / 应用 / 组织 / 角色等）对 ×× 资源（页面 / 菜单 / 按钮 / 数据等）在 ×× 条件 / 因素（城市 = 北京等）下拥有 ×× 行为类型（增删改查等）的权限"。

基于 TRFAC 权限模型，接入权限中心的应用系统的鉴权逻辑，如图 9.9 所示。

3）**数据资产保护与监察审计**。账号和认证保证了我知道谁来访问我的数据，权限保证了他能够访问到什么数据，那资产保护就是在给他安装了一个监控的同时，还配置了一个门卫时刻进行监控。图 9.10 显示了资产保护工具的组成。

事前预防的工具之一是离职转岗交接平台。离职转岗是所有数据安全案例中占比最高的类别，设计专门的针对角色、权限、任务、各类型资产的交接回收平台能极大地降低风险发生的可能性。图 9.11 所示是离职转岗交接平台示例。

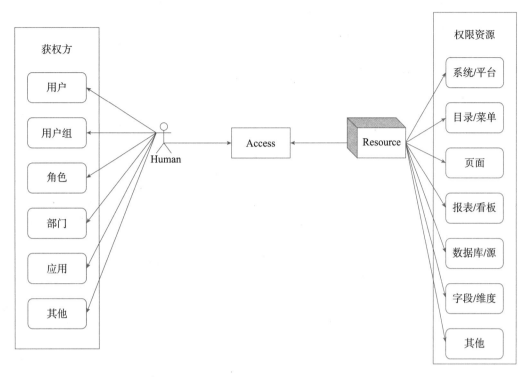

图9.7　基础权限模型示例

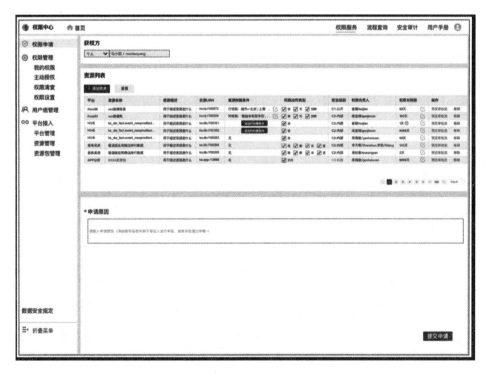

图9.8　权限系统示例

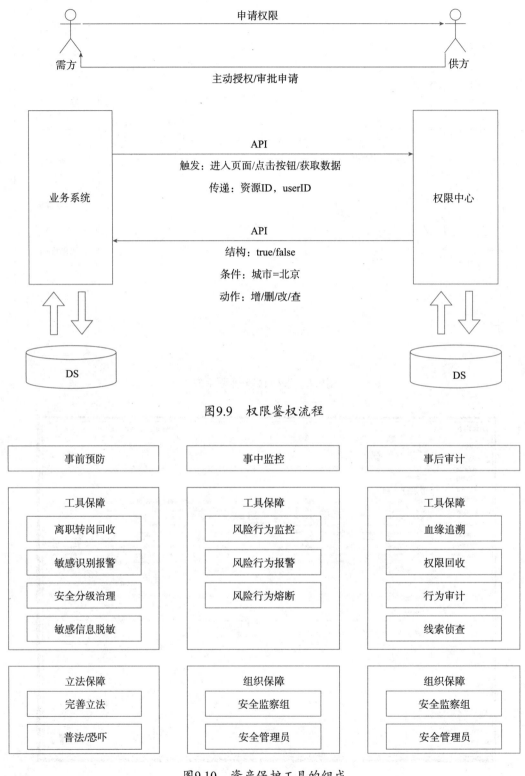

图9.9　权限鉴权流程

图9.10　资产保护工具的组成

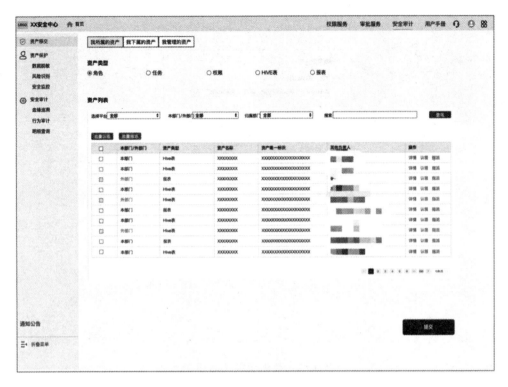

图9.11 离职转岗交接平台示例

事前预防的第二个工具便是敏感数据识别。如果我们能及时发现诸如电话、身份证号等敏感数据，及时对识别出的数据做出标记和升级，就能规避可能发生的泄露风险。图 9.12 所示是敏感数据识别示例。

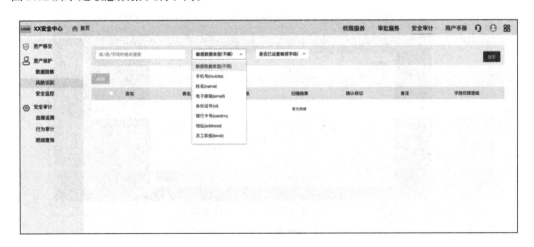

图9.12 敏感数据识别示例

事前预防的另外一个工具便是敏感数据脱敏展示及下载，可在特定用户查看或下载数据时进行数据脱敏，示例如图 9.13 所示。

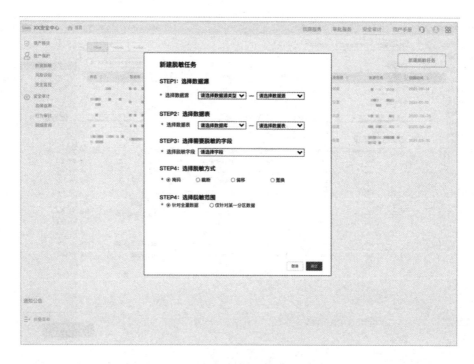

图9.13　数据脱敏工具示例

事中监控主要是针对高风险人群（比如待离职人员、外包账号、实习生等）和高风险行为（比如敏感数据下载、敏感数据查询等）配置监控规则，从而达到及时感知风险进而阻止风险的目的。报警监控系统示例如图 9.14 所示。

图9.14　报警监控系统示例

安全风险一旦发生，应在第一时间找到风险源，追查风险责任人便成了堵住安全漏洞的必要措施，因此设计审计日志查询工具可以解决这个问题。安全审计工具示例如图 9.15 所示。

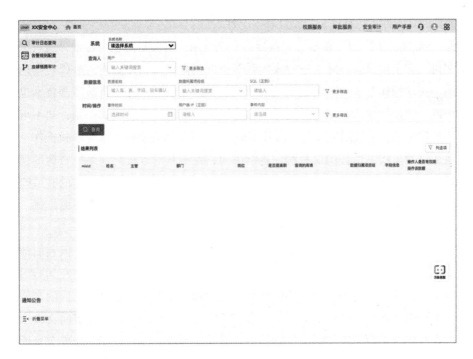

图9.15 安全审计工具示例

　　数据的私密性与数据的完整性是数据安全的重要内容。区块链运用公钥加密、零知识证明算法以及哈希算法等技术可以实现数据安全和隐私保护。其中，公钥加密能验证数据来源，保护数据安全；哈希算法等匿名算法能保护数据隐私，防止泄露。一般而言，公钥加密技术是指加密和解密过程中使用两个密钥来完成，即通过对应的公钥与私钥来验证身份、加密和解密信息，以满足信息所有权的验证和签名，提高数据的安全性。同时为了提高遭受系统攻击和信息泄露的难度，用户的公钥需要定期更新。

　　哈希算法通过对一个输入消息进行数学运算，得到一个固定长度的输出字符串，并且不同的信息会得到不同的字符串。目前，哈希算法主要用于生成前区块地址，记录数据摘要、交互者地址与构造梅克尔数据结构等，保障数据的隐私性。在区块链中，每个参与主体可以将生成的数据通过全网广播与核实后写入区块，保证写入数据的真实性和唯一性。依据哈希算法的原理，数据所有者在写入数据时要在区块头前加盖时间戳，标识数据的时间顺序，并用私钥对数据加密存储。数据使用者和监管机构用相应的公钥访问数据库，解密并读取数据。由于时间戳记录读取数据的时间，当任何一方发现不合理时，可以随时随地通过区块数据和时间戳来追溯历史数据。

　　另外，区块链的数据存储在分布式的链式结构中，确保数据的多重备份，提高数据库的容错性和安全性。即使某个区块的数据被恶意攻击或者发生故障时，其他相关方仍有完整的数据副本可供正常使用，且在未被核实认可的情况下，恶意修改的数据无法写入区块。这些技术和特性加大了试图篡改、删除数据或者恶意攻击数据库等行为的难度，从而保证

区块链数据的真实性、完整性、隐私性和安全性。[注]

沙盒（Sandbox）广为人知始于浏览器的安全应用，主要是防止病毒木马通过浏览器途径感染本机，其主要机制是通过进程及内存等资源隔离，控制沙盒内的进程对本地系统资源的调用。移动操作系统中也沿用和发展了该技术，在杀毒软件中目前沙盒技术也广泛使用。应该说，沙盒技术的应用，对病毒木马传播的风险进行了有效的控制，功不可没。可以说，沙盒技术的安全机制主要是"防外不防内"，其默认安全模型认为本机操作系统是可靠的，而通过沙盒将不信任的应用程序进行隔离，控制其对本机其他系统资源的调用。沙盒技术具有以下特点：①完全隔离并轻量的虚拟化技术；②自动识别特定的有风险软件隔离运行；③所有的磁盘操作放置在一个缓冲区，没有真正写入；④安全不留痕迹，用得省心更安心。

沙盒加密技术可以说是一种虚拟机的发展，它们的原理也大致相同，但它们却存在着很大的差别。沙盒加密技术是一种更深层的系统内核级技术，当一个程序在运行时，沙盒会接管程序调用接口的行为，并会在确认攻击行为后让系统复原。重定向后的文件是经过加密的，即使重定向的文件被泄露，也没有安全隐患。用户注销后，重定向文件全部被删除，即所有在安全桌面下进行的文件操作对于默认桌面没有任何改变。在安全桌面中，所有的通信也被严格控制，安全桌面与计算机桌面之间的通信也会被重新定向而进行控制，防止用户把资料泄露出去。

沙盒加密技术由于在原理上是不信任沙盒内的程序，但信任本机系统的程序和环境，所以其控制机制是限制沙盒内的进程行为，但是由于其在本机运行，无论存储、内存交换还是各种资源，都必须使用本机的，所以理论上从沙盒（安全桌面）外可以获取沙盒内的一切信息，而回到数据防泄密的根本，正是因为害怕数据使用者窃取信息，而数据使用者显然具备控制本终端计算机的全部权限，可以通过简单的手段从本机操作系统（沙盒外）轻而易举地获取基于沙盒加密技术构建的"安全桌面"环境中的各种敏感信息，让数据防泄密措施形同虚设，所以沙盒显然无法胜任数据防泄密这种"防内"的安全模型。

从上面的简单分析可知，沙盒加密技术从原理上就不适用于以"防内"为目标的政府及企事业单位内部防泄密，一些厂商在对技术原理和模型不求甚解的情况下，以易用性和表面性误导用户，这是种不负责任的行为。

9.2 新时代的数据安全管理

大数据时代，数据成为新时代推动经济社会创新发展的关键生产要素，基于数据的开放与开发推动了跨组织、跨行业、跨地域的协助和创新，催生出各类全新的产业形态和商

[注] 戚学祥.区块链技术在政府数据治理中的应用：优势、挑战与对策［J］.北京理工大学学报：社会科学版，2018，20（5）：105-111.

业模式，全面激活了人类的创造力和生产力，同时也给数据安全管理带来更严峻的挑战。

9.2.1 大数据与数据安全管理

大数据是一把双刃剑，在给我们带来各种便利的同时，也伴随着越来越多的信息安全问题。比如经常接到保险推销电话、卖房推销电话、提供贷款电话、培训班推荐电话等，给生活带来很多困扰。近年来，全球数据安全事件层出不穷。例如 2017 年 1 月，大数据基础软件陷入一场全球范围的大规模勒索攻击，Hadoop 集群被黑客锁定为攻击对象。Shodan 互联网设备搜索引擎的分析显示，因 Hadoop 服务器配置不当导致 5120TB 的数据暴露在公网上，涉及近 4500 台 HDFS 服务器。如何在大数据时代处理好数据安全问题成为全球普遍关注的热点 ⊖。

1. 大数据时代的数据安全不仅是大数据安全

很多人在讨论大数据安全这个话题的时候，会纠结于"这是不是大数据"或者"这是不是大数据系统"。例如个人信息被犯罪分子通过省高考网上报名信息系统这个网站窃取，这个信息系统不是"大数据系统"，这些数据也不属于"大数据"，所以这次数据窃取不属于大数据安全事件。然而真正的问题在于：在数据无处不在、无处不用的情况下，如何保证数据安全 ⊜。相比于保护静态文件或数据库等的传统数据安全，大数据环境下的数据安全具有特殊性。目前在数据安全领域面临非常多的新挑战和新问题，过去的工具、方法和标准都需要改进 ⊜。纠缠什么是"大数据"，然后定义什么是"大数据安全"，是没有意义的。

2. 传统保护方法不适用于大数据时代的数据安全

大数据时代下的数据安全是一个全新的问题，无法简单地用原来的安全方法解决。这主要体现在以下两个层面。

一是不能用"以系统为中心的安全"思路解决问题。以系统为中心的安全是大家熟悉的安全方法，例如看某个软件、某个服务器或某个手机终端安全与否。这主要是看这些系统在各种人为干预下是否会出现与预期设计不符合的功能，从而导致运行状态失控。如今，数据要在不同的系统之间流动，若某个系统出了问题，可能影响到当时在这个系统中的数据（包括被窃取），但这些数据也可能在别的系统中出问题。数据本身并不存在运行状态，数据出问题的概念和系统出问题的概念也不同。这两者的关系有点像医院里"心血管科"和"血液科"一样，前者解决的是血液循环系统本身的安全（运转正常），后者则是要保障血液自己的安全。两者显然有关系，但又有很大不同。单个系统的安全并不等价于数据的安全，系统被入侵也不等于数据一定会被偷走，每个系统都固若金汤也不等于数据就不会

⊖ 王竹欣，陈湉. 大数据时代面临安全挑战分析及应对策略研究［J］. 电信网技术，2018（2）：20-23.
⊜ 杜跃进. 数据安全治理的几个基本问题［J］. 大数据，2018，4（6）：85-91.
⊜ 杜跃进. 数据安全能力将成为大数据时代的重要竞争力［J］. 中国信息安全，2017（5）：72-75.

被滥用或误用。解决数据自身的安全问题，需要切换到"以数据为中心"的安全思路上来。

二是不能用传统的"数据安全"方法解决问题。数据安全是最古老的安全概念。古代战场上就产生了数据安全的需求，并推动了相关技术的不断发展。对一个文件、一个数据库的记录的保护等都是数据安全的概念。但是，如今的数据安全的概念和方法已经和过去完全不一样了，数据的存在形式、使用方式和共享模式与过去相比有了极大的变化，数据的权属也不都是数据处理者的。数据可能以文件、记录、字段等方式在不同的环节中被快速打散、重组、流动，在这个过程中还会源源不断地产生新的数据。在一个业务里，数据可能涉及很多设备、服务器、产品、用户和不同部门的人的信息，然而真正需要回答的是数据在这么复杂的全过程中，从用户的角度来说安全不安全。显然，这和传统的"数据安全"概念有很大区别 ⊖。

3. 大数据安全管理的难点

（1）**大数据资源基础设施无法实现安全可控**　就目前我国大数据技术架构而言，无论是使用 Hadoop、Spark、MongoDB 等开源软件搭建平台，还是采用 Cloudera、Amazon、EMC 等大数据产品搭建平台，均面临大数据资源平台核心底层技术无法安全可控的风险。"斯诺登事件""美国非法制裁中兴事件"等给我国拉响了 IT 核心软硬件产品安全可控的警报，中国在新一轮大数据产业发展中需要通过国产芯片、操作系统、数据库等的创新应用，全面提升国家数据资源安全。

（2）**数据大规模集中存储增加数据泄露风险**　数据资源需要通过集中才能实现共享利用，然而当"鸡蛋放在一个篮子里"时，针对性的外部攻击威胁和内部泄露风险都将全面增加，客观上要求大数据采集和存储机构具有更强的数据安全保障能力。

（3）**大数据开放流通导致用户数据滥用风险**　数据开放流通才能增加数据资源的商业价值和社会价值。然而随着大数据融合开发，数据权属关系将更为复杂，即便采取匿名化和假名化的技术措施，仍然可能在开放流通的各个环节产生用户数据滥用等法律风险。此外，针对开放海量数据的关联分析也可能引发商业机密甚至国家情报的泄露 ⊜。

（4）**攻击手段多样化，传统安全技术不足以防护**　大数据存储、计算、分析等技术的发展，催生出很多新型高级的网络攻击手段，使得传统的检测、防御技术暴露出严重不足，无法有效抵御外界的入侵攻击。传统防护通过在网络边界部署防火墙、IPS、IDS 等安全设备，以流量分析和边界防护的方式提供保护，而针对大数据环境下的高级可持续攻击（APT）通常具有隐蔽性高、感知困难等特点，常规安全措施基本无法防御。传统防护体系侧重于单点防护，而大数据环境下的网络攻击手段及攻击程序大量增多，导致出现了许多传统安全防护体系无法应对的问题，企业所面临的风险在不断增加。

（5）**大数据中的用户个人数据安全问题突出**　近年来我国网络购物、共享经济、移动

⊖ 杜跃进. 数据安全治理的几个基本问题 [J]. 大数据，2018，4（6）：85-91.
⊜ 石英村. 全球数据安全治理态势与产业趋势分析 [J]. 信息安全与通信保密，2019（4）：35-37.

支付等数据经济发展迅猛，为广大民众提供了便捷的服务。然而，用户享受便捷服务的同时也存在着个人数据泄露的风险。如各大购物网站都在记录着用户的购物习惯。个人隐私的泄露可能影响到个人的情感、身体以及财物等多个方面。但是在大数据时代，基于大数据对人们状态和行为的预测也是当前面临的主要威胁。如上所述的各大购物网站记录人们的购物习惯，然后基于这些数据推测人们的需求，进而进行广告的推送等，这些行为往往会对人们的日常生活造成骚扰。因此，如何有效保护个人信息的安全，是大数据时代面临的巨大挑战之一[⊖]。

数据安全是中国大数据工程项目和大数据产业发展的关键痛点，客观上要求做大做强中国数据安全产业，以此全面推动和保障中国数字经济的健康发展。

9.2.2　数据共享安全管理

随着大数据技术和应用的快速发展，促进跨部门、跨行业数据共享的需求已经非常迫切。但是，安全问题是影响数据共享发展的关键问题，世界各国对数据共享的安全越来越关注，包括美国、欧盟和中国在内的很多国家、地区和组织都制定了数据安全相关的法律法规和政策，以推动数据共享的合法利用和安全保护。

1. 国内数据共享安全现状

（1）**成果**　国内的数据共享安全在政策支持、技术支持、数据管理、宣传教育、产业支持、国际合作等方面都取得了丰厚成果，为数据共享的安全实施提供了有力保障。

1）**政策支持**：制定一系列法律法规，明确了数据安全的法律责任和处罚措施，包括《网络安全法》《个人信息保护法》《数据安全法》等。这些法律法规为数据共享提供了法律保障。

2）**技术支持**：我国在数据共享方面加大技术投入，推动新技术的发展和应用。例如，云计算技术可以加密数据传输，保证数据在传输过程中的安全；区块链技术可以实现去中心化的数据存储，保证数据的不可篡改性。同时，大量高技术企业和研究机构也在数据共享技术方面进行研发和应用，例如腾讯、阿里巴巴、百度等公司都在数据共享方面进行了探索和实践。

3）**数据管理**：制定了一系列数据管理规定，加强对数据的分类管理、权限管理、审批流程等方面的管控，避免数据被滥用或泄露。例如，政府部门在数据共享前需要进行严格的审批和认证，保证数据使用方的资质和用途符合规定；同时政府部门也建立了数据共享的权限管理系统，对不同类型的数据分别进行管理。

4）**宣传教育**：通过各种宣传教育活动加强数据安全意识和风险防范意识的普及，例如

⊖　王世晞，张亮，李娇娇. 大数据时代下的数据安全防护：以数据安全治理为中心［J］. 信息安全与通信保密，2020（2）：82-88.

在中小学教育中普及网络安全知识，提高公众对数据安全问题的认识。同时，政府还鼓励媒体加强宣传报道，向公众传达数据共享的重要性和安全风险。

5）产业支持：我国鼓励和支持数据共享产业的发展，通过制定相关政策和措施，引导企业和机构参与数据共享，推动数据产业的快速发展。例如，中共中央、国务院印发的《数字中国建设整体布局规划》指引数字开放共享生态构建，为数据共享产业的健康发展提供了政策支持。

6）国际合作：中国政府与其他国家和地区加强数据共享领域的合作与交流，推动全球数据治理和数据安全的国际标准制定与合作机制的建立。例如，中国政府参与了全球数据治理倡议，与其他国家和地区签订了数据共享合作协议，推动全球数据共享和安全的建设。

（2）不足　国内的数据共享虽然取得了重大成果，但是依旧存在一些安全问题需要解决。

1）法律法规依旧面临挑战。数据共享过程中存在数据拥有者与管理者不同、数据所有权和使用权分离的情况，即数据会脱离数据提供方的控制而存在，从而带来数据滥用、权属不明确、安全监管责任不清晰等法律制度的挑战。

2）行业发展良莠不齐。国内数据共享行业仍处于起步发展阶段，国家层面的标准规范体系不完善，政府部门、企业、社会组织等开展数据共享时缺少相关文件指导，容易各自发展自成体系。

3）安全风险日益突出。平台进行数据共享时会导致大量数据的集中，过于集中的数据容易成为黑客攻击的主要目标，数据的安全保护措施如果不到位，数据容易泄露。除了外部攻击的风险，在数据共享过程中也会面临内部的安全风险，主要表现为用户和工作人员的过量下载、违规使用等行为。

4）技术应用创新滞后。数据共享行业的发展也依赖于相应大数据技术的发展，国内大数据产业虽然与国际大数据发展几近步伐相同，但是仍然在技术上存在一定的差距，在大数据相关的数据库及数据挖掘等技术领域，处于支配地位的领军企业大部分为国外企业，如 IBM、甲骨文、SAP 等国外 IT 企业 [⊖]。

2. 国外数据共享安全管理经验

（1）**管辖范围更细致**　国外法律规定的管辖对象不仅包括在境内成立的机构，还包括一部分在境外成立的机构。只要在提供产品或者服务的过程中（不论是否收费）处理了境内个体的个人数据，无论通信、记录或其他信息是否存储在境内，服务提供者均应当按照义务要求保存、备份、披露通信内容、记录等信息。

（2）**明确数据共享参与主体的权责**　国外法律对数据共享的参与角色及其权力和责任进行了明确的划分，便于监管。例如，明确个人对其个人信息所有的权力，要求企业在内部建立完善的问责机制，确保其员工能够遵守有关保密的要求，不得对处理的数据进行二

⊖ 闫桂勋，刘蓓，程浩，等．数据共享安全框架研究［J］．信息安全研究，2019，5（4）：309-317．

次分包等。

（3）**加强保护个人信息**　国外法律明确了个人对其信息所具有的权利，如知情权、访问权、反对权、被遗忘权等，对数据控制者与处理者规定了其必须遵守的制度和履行的义务，甚至对教育等专项个人信息专门立法进行保护，成立相应的数据安全管理部门来开展个人信息保护工作。

（4）**明确数据跨境传输要求**　国外法律规定服务提供者应当按照义务要求保存、备份、披露个人信息，不考虑服务提供者将信息存储在境内还是境外。公民个人数据不得转移至不能达到与本国同等保护水平的国家，并给出跨境数据传输的合法途径和要求。

（5）**严厉处罚违法行为**　国外法律尤其是欧盟的 GDPR，针对不同程度的违法行为分两档进行处罚。对没有实施充分的 IT 安全保障措施、没有提供全面的透明的隐私政策、没有签订书面的数据处理协议等违法行为，处以 1000 万欧元或者企业上一年度全球营业收入的 2% 的罚金，两者取其高；对无法说明如何获得用户的同意、违反数据处理的一般性原则、侵害数据主体的合法权利、拒绝服从监管机构的执法命令等违法行为，处以 2000 万欧元或者企业上一年度全球营业收入的 4% 的罚金，两者取其高 ⊖。

3. 企业数据共享的安全隐患

数据共享并非是完全开放的，需要遵循一定的共享规则。例如对数据采取分级分类管理的措施，不同级别数据的共享方式或共享范围要有所差别。对于普通企业信息或者宣传信息，企业员工或者社会公众能够很方便地从网络上进行浏览、下载，级别相对较高的保密性业务数据，需要在通过对信息使用者的审核后才能够使用。过去的授权批准方式是一种常见的业务内部控制手段，在网络化程度不高的办公系统中，每一个环节都有相应管理权限的人签章办理，这种传统的方式虽然效率不高，但可有效地防止作弊。但是在网络办公环境下，权限分工的形式主要是口令授权，但授权方式的改变，使相关人员作弊的可能性增大。因为口令存在于计算机系统中，而不像手工操作会留有笔迹，一旦口令被偷看或窃取，便会给企业带来巨大的隐患。

网络病毒等信息非法侵扰也成为企业数据共享的另一个安全隐患，增加了企业控制信息的难度。网络是一把双刃剑，既能使企业利用 Internet 网络寻找潜在贸易伙伴、完成网上交易、完成企业信息的有效传输，同时，也使企业将自己暴露于风险之中，给企业信息数据带来很大的安全隐患。不论在 Internet 还是在局域网，网络环境中一切数据信息在理论上都是可以被访问的，除非它们在物理上断开连接。因此，网络上的企业 IT 信息系统很有可能遭受非法访问甚至黑客或病毒侵扰。这种攻击可能来自系统外部，也可能来自系统内部，而且一旦发生，就会给企业造成巨大的损失。网络安全问题是数据共享必须解决的问题 ⊖。

⊖ 闫桂勋，刘蓓，程浩，等 . 数据共享安全框架研究 ［J］. 信息安全研究，2019，5（4）：309-317.

⊖ 刘同录 . 企业数据共享存在的问题及其解决措施 ［J］. 现代电子技术，2009，32（20）：88-90；102.

4. 加强数据共享安全管理的措施

（1）加强数据安全立法 在我国信息技术、互联网应用以及大数据快速发展的推动下，相关立法工作要与时俱进，要满足国家大数据发展战略要求，同时结合国内的实际情况制定并完善相关的法律法规。既要严格数据保护要求，加大执法力度和惩罚措施，维护国家安全和公众利益，也要有效推动产业发展，促进数据共享流动和开发利用。同时，还要学习国外立法的先进经验，能够与国外法律形成对照和对接，推动数据共享健康有序发展。

（2）建设数据安全管理制度 对数据共享的安全管控，除了健全国家法律法规以外，还需要在行业、部门、地方或平台层面建设配套的、完善的数据安全管理制度，以落实相关法律的要求。管理制度的设计要上承法律要求、下接标准支撑，在实践方面能够有效规范数据共享行为，确保数据共享组织管理机构职责明确、数据共享活动流程清晰、数据共享过程安全可控和监管有效。

（3）研发和应用数据安全技术 数据开放及共享交换过程必然会涉及数据的汇聚、数据在提供者和使用者之间传输、数据脱离所有人控制使用等情况，数据将面临更大的安全风险，包括个人信息泄露，数据容易遭受攻击而泄露，数据非法过度采集、分析和滥用等。国家安全主管部门或者相关责任单位制定的数据安全管控要求，包括立法、立制、立标等，需要能够部署应用相应的自动化安全监管技术手段，才能真正有效落到实处。

发展数据共享安全保护技术的目标是保障数据共享全程的可监测、可管控和可追溯。目前需突破的关键技术包括：全方位全天候的数据共享安全监测技术、细粒度数据资源访问控制技术、共享数据脱敏及去标识化技术、跨域多模式网络身份认证技术，以及数据标记和追踪溯源技术等，并在上述技术中推广使用国产密码算法[⊖]。

9.2.3 以元数据为基础的数据安全管理

数据安全管理可以比作"治疗过程"，见表9.4。先做全面的体检（元数据发现）、建立病历（数据分类等），再由专业的医生给出治疗方案（策略制定与执行，数据安全保护与控制），整个过程都是以元数据为基础的。

元数据就是描述数据的数据，即数据的上下文。数据安全的管理要求、网络安全要求可以由元数据承载，用元数据来组织和描述安全隐私管理策略与约束。管理数据安全的思路，就是在数据管理和元数据管理的基础上，构建对数据共享业务影响小且介入式的治理框架。数据安全管理的愿景是"让数据使用更安全"。为了让大家快速理解数据安全管理的核心价值，整个数据安全管理保护过程都要以元数据为基础[⊖]。

⊖ 闫桂勋，刘蓓，程浩，等.数据共享安全框架研究［J］.信息安全研究，2019，5（4）：309-317.

⊖ 华为公司数据管理.华为数据之道［M］.北京：机械工业出版社，2020.

表9.4 数据安全管理比作"治疗过程"

体检	数据扫描	①持续的元数据扫描；②持续的安全隐私风险识别
病历 = 元数据	数据治理	①数据资产注册；②主题分组、标识；③数据分布、标准
诊断	制定安全策略	①数据风险等级；②动态，流转与使用约束；③静态，保护与留存规则
控制 = 流转监控、 吃药 = 脱敏、 打针 = 加密、 手术 = 集中管控	执行策略	①数据保护落地，兼顾数据的完整性与可用性；脱敏、加密、隔离、IDS 等；②数据流转控制；③策略合规稽查

泰康在线已建立"流批一体"的大数据平台，支持数据的批量同步和实时计算，实现数据资产化，充分发挥数据价值。[一] 目前，大数据平台已经做到元数据的对外开放，向全公司具有数据分析需求的部门开放权限。对于数据分析中涉及的权限管理问题，大数据平台采用常规权限和特许权限相结合的方式，进行安全灵活的管控。对于常规权限，根据部门和岗位特点设置通用权限，用户根据规则获得相应的数据权限。但是，在复杂数据分析中，或者临时的特殊分析中，需要获得常规权限外的元数据访问权限，此时需单独申请明细到表和字段的特许权限，经相关流程审批后，特许权限在生效期内支持用户访问。对于具备元数据访问权限的用户，为便于数据的二次加工，同时维护元数据的完整性和二次加工数据的私密性，分析均在独立的环境中进行，用户从大数据平台共有域获取元数据后，导入私域进行加工分析。在分析过程中提供多元化的数据分析工具，只能进行数据及分析结果展示，不支持任何方式的数据提取，完成分析后私域数据将进行清空处理。

9.3 数据安全相关法律法规

数据安全与数据保护法律制度的完备性密切相关。不同国家有不同的法律保障水平，蕴含着不同程度的数据安全风险因素。当然，同一个国家在不同的阶段，法律保障水平会发生变化，所面临的数据安全风险也随之改变。数据法律保护最严格的是欧洲大部分国家、加拿大、美国、澳大利亚、韩国、中国，其次是新西兰、日本、阿根廷等，再次是俄罗斯、巴西、墨西哥等；数据法律保护低级别的国家有印度、巴基斯坦、土耳其等[二]。

[一] 陈玮.勇于承担数据安全责任 不负用户信任［J］.金融电子化，2021（7）：54-55.

[二] DLA Piper Intelligence.Compare data protection laws around the world［EB/OL］.（2019-09-26）［2022-11-23］.www.dlapiperdataprotection.com/#handbook/world-map-section/c1_BR.

9.3.1 中国数据安全立法

从国家到各级管理部门、高校等层面，中国对数据安全问题越来越重视。2016年11月，我国颁布《网络安全法》，明确指出处理个人数据的合法、正当和必要这三大原则。2020年6月，第十三届全国人大常委会第二十次会议初次审议了《中华人民共和国数据安全法（草案）》（下称《数据安全法（草案）》），⊖并于2020年7月向社会公布，征求公众意见。2021年6月，《数据安全法》正式颁布，旨在保障数据安全，促进数据开发利用，保护个人信息安全，维护国家数据主权。第一、二章厘清相关概念，主张在中央协调下共同促进数据的保护和利用，鼓励发展数据产业，也照顾老年人、残疾人的需求，建设相关国家标准，发展测评和认证服务，建立数据交易市场，增强数据教育培训等；第三章构建我国数据安全基本制度，涵盖数据分类分级保护制度，重要数据保护目录，数据安全风险评估报告信息共享监测预警制度，数据安全应急处置制度，数据安全审查及出口管制制度等；第四章主要规定数据处理活动参与者的安全保护义务，包括合法合规经营，增进社会福祉，遵守社会公德，进行风险监测评估，保留交易记录，依法取得资质，配合侦查犯罪，保护境内数据，同时赋予了主管部门监督管理的职责；第五章对政务数据规定了更为严格的保护义务，同时规定了依法公开相关数据的义务；法律责任这一章主要规定警告罚款，责令停业整顿、吊销等行政处罚方式，针对国家核心数据的违法行为，最高罚款额可以达到1000万元。

1. 国家层面数据安全立法现状

数据安全立法在2018年9月被列入十三届全国人大常委会立法规划，《数据安全法（草案）》向社会公开征求意见，引起了业界、学界的高度关注。2021年6月，《数据安全法》正式公布，共七章、五十五条，包括总则、数据安全与发展、数据安全制度、数据安全保护义务、政务数据安全与开放、法律责任以及附则。在我国数据安全法律体系中，该法起到承上启下的作用。

（1）立法背景 草案之前，法律法规中也有关于数据安全管理的立法，但国家制定数据安全法依然很有必要。

法律层面：《网络安全法》第三十七条规定了关键信息基础设施的运营者在中华人民共和国境内运营中收集和产生的个人信息和重要数据应当在境内存储，因业务需要，确需向境外提供的，应当按照国家网信部门会同国务院有关部门制定的办法进行安全评估；法律、行政法规另有规定的，依照其规定。第七十六条对网络安全的定义中包含"保障网络数据的完整性、保密性、可用性的能力"的表述。该法规定的风险监测和预警机制、网络安全事件应急处置机制等也相应地适用于网络数据的管理。此外，《中华人民共和国国际刑事司

⊖ 全国人民代表大会常务委员会.中华人民共和国数据安全法（草案）[EB/OL].（2020-09-03）[2022-12-04].dsj.guizhou.gov.cn/xwzx/gnyw/202007/t20200703_61330516.html.

法协助法》[○]从维护国家主权、安全和社会公共利益的角度出发，规定"非经中华人民共和国主管机关同意，外国机构、组织和个人不得在中华人民共和国境内进行本法规定的刑事诉讼活动，中华人民共和国境内的机构、组织和个人不得向外国提供证据材料和本法规定的协助"。

行政法规层面：涉及国家安全、公共利益的重要行业领域的立法，如《征信业管理条例》[○]《地图管理条例》[○]等，规定在我国境内采集的数据的整理、保存和加工应当在境内进行，存放数据的服务器应当设在境内。

（2）未来立法补充 近年来中国步入数据保护和网络治理制度建设的快车道，2015年至今出台了一系列新法如《网络安全法》[○]《中华人民共和国密码法》[○]，在《中华人民共和国国家情报法》[○]等增加了数据保护条文，2019年将《中华人民共和国个人信息保护法》[○]列入十三届全国人大常委会立法规划，配套的行政法规和部门规章、标准规范等也相继推出。《数据安全法》的起草说明中，定位是"数据安全领域的基础性法律"。这决定了该法的条文表述必然包含很多原则性、宣示性的规定，因此，在未来可能需进一步出台与之相配套的实施细则[○]。这些已成立或即将出台的法律法规意味着我国正努力为科学数据的安全风险治理提供重要的法律保障。[○]

2. 地方层面数据安全立法现状

在国家出台《数据安全法》前，为了维护数据安全、促进相关产业健康发展，具有地方立法权的城市，通过请示报告、多次调研等方式，进行了一批地方的数据安全管理立法。这些地方立法在某些层面上还有待完善，通过案例研究可以为提供完善的思路奠定基础。

（1）贵州省大数据安全保障条例 《贵州省大数据安全保障条例》[○]是全国首个省级的数

○ 全国人民代表大会常务委员会.中华人民共和国国际刑事司法协助法［EB/OL］.（2018-10-26）［2022-12-04］.www.gov.cn/xinwen/2016/11/07/content_5129723.htm.

○ 中华人民共和国国务院.征信业管理条例［EB/OL］.（2013-01-29）［2022-12-04］.www.gov.cn/zwgk/2013-01/29/content_2322231.htm.

○ 中华人民共和国国务院.地图管理条例［EB/OL］.（2015-12-14）［2022-12-04］.www.gov.cn/zhengce/content/2015-12/14/content_10403.htm.

○ 全国人民代表大会常务委员会.中华人民共和国网络安全法［EB/OL］.（2016-11-07）［2022-12-04］.www.gov.cn/xinwen/2016-11/07/content_5129723.htm.

○ 全国人民代表大会常务委员会.中华人民共和国密码法［EB/OL］.（2019-10-26）［2022-12-04］.www.npc.gov.cn/npc/c30834/201910/6f7be7dd5ae5459a8de8baf36296bc74.shtml.

○ 全国人民代表大会常务委员会.中华人民共和国国家情报法［EB/OL］.（2018-06-12）［2022-12-04］.www.npc.gov.cn/npc/c30834/201910/6f7be7dd5ae5459a8de8baf36296bc74.shtml.

○ 全国人民代表大会常务委员会.中华人民共和国个人信息保护法［EB/OL］.（2021-08-20）［2022-12-04］.www.npc.gov.cn/npc/c30834/202108/a8c4e3672c74491a80b53a172bb753fe.shtml.

○ 贾宝国.完善数据安全立法的思考［J］.中国国情国力，2021（1）：39-41.

○ 肖冬梅，孙蕾.云环境中科学数据的安全风险及其治理对策［J］.图书馆论坛，2021，41（2）：89-98.

○ 贵州省人民代表大会常务委员会.贵州省大数据安全保障条例［EB/OL］.（2019-09-24）［2022-12-04］.dsj.guizhou.gov.cn/zwgk/xxgkml/zcwj/zcfg/201909/t20190924_10392438.html.

据安全保障条例，在立法过程中进行了广泛探索和尝试，进一步明确了数据安全责任人的安全责任、监督管理、法律责任，突出了对数据安全的监督、管理和保护，体现了发展与安全并重，以安全促发展、以发展促安全的理念。它坚持按照政府主导，预防为主、监督与利用并重等十项内容在内的基本原则，进而维护大数据总体和动态安全，但条例中没有明确设立统一的投诉举报平台。

（2）广东省公共数据安全管理办法 2022年2月，广东省政务服务数据管理局发布《广东省公共数据安全管理办法（征求意见稿）》[⊖]，指出公共数据安全管理应当坚持安全与发展并重，遵循统筹规划、权责统一、综合防范的原则，保障公共数据依法开放、共享和开发利用。各级公共数据主管部门按照本办法和有关法律、法规、规章的规定，负责统筹协调本行政区域内的公共数据安全管理工作。此外，《广东省公共数据安全管理办法（征求意见稿）》花费了大量的篇幅对公共数据安全做出了细致的规定，包括数据安全基础制度体系、全生命周期数据安全管理、数据安全支撑保障、监督与法律责任等四章内容，强调公共管理和服务机构应当按照国家网络安全等级保护制度、商用密码应用要求，采取数据脱敏、加密保护、安全认证等安全保护措施，保障公共数据安全。

（3）贵阳市大数据安全管理条例 《贵阳市大数据安全管理条例》[⊜]是全国首部数据安全管理地方法规，其第三条规定实施数据安全管理所必须遵循的包含坚持统一领导、政府管理、行业自律等在内的八项基本原则。制定过程中走访了9家数据企业，拟定了14个具体调研问题，并向全社会公开征求意见，听取贵州大学、贵阳学院等相关专家、学者的意见，专程征求了贵州省人大法制委、内司委和省人大常委会法工委等16个省级单位的意见和建议。贵阳市对收集到的109条意见进行认真的梳理和研判，才形成了政府及相关部门、安全责任单位职责明确、安全审计、投诉举报平台、应急处置机制齐全的地方性法规，并在此基础上继续探索数据安全管理以及全国性的安全市场需求和互利互惠的商业发展模式。

（4）深圳经济特区数据条例 《深圳经济特区数据条例》[⊝]是为了规范数据处理活动，保护自然人、法人和非法人组织的合法权益，促进数据作为生产要素开放流动和开发利用，加快建设数字经济、数字社会、数字政府，根据相关基本原则，结合深圳经济特区实际制定的条例。这是国内数据领域首部基础性、综合性立法，内容涵盖个人数据、公共数据、数据要素市场、数据安全等方面。

⊖ 广东省政务服务数据管理局.广东省公共数据安全管理办法（征求意见稿）［EB/OL］.（2022-02-15）［2022-12-04］. https://www.gd.gov.cn/hdjlpt/yjzj/answer/17682#:~:text=%E4%B8%BA%E5%8A%A0%E5%BC%BA%E6%95%B0%E5%AD%97%E6%94%BF%E5%BA%9C%E5%85%AC,%E5%BE%81%E6%B1%82%E6%84%8F%E8%A7%81%E7%A8%BF%EF%BC%89%E3%80%8B%E3%80%82.

⊜ 贵阳市人民代表大会常务委员会.贵阳市大数据安全管理条例［EB/OL］.（2018-08-17）［2022-12-04］. https://sft.guizhou.gov.cn/xwzx_97/zwyw/201905/t20190515_2536818.html.

⊝ 深圳市人民代表大会常务委员会.深圳经济特区数据条例［EB/OL］.（2021-07-06）［2022-12-04］. www.szrd.gov.cn/szrd_zlda/szrd_zlda_flfg/flfg_szfg/content/post_706636.html.

（5）**宁波市公共数据安全管理暂行规定** 《宁波市公共数据安全管理暂行规定》[⊖]提出，公共数据安全管理应当坚持政府主导、综合防范、保护隐私、兼顾发展的原则。构建公共数据全生命周期的安全保障体系，强化对公民、法人和其他组织的合法权益，注重部门协同监管和法律责任的容错免责。但由于该规定是针对公共数据安全做出的，数据保护范围较为狭窄。

9.3.2 欧盟数据安全立法

为了有效保护数据安全，2017 年德国通过了《新联邦数据保护法》（new BDSG），英国2018 年通过了新版《数据保护法》。2018 年 5 月 25 日，欧盟《通用数据保护条例》（General Data Protection Regulation，GDPR）正式实施，对于欧盟国家个人数据的收集管理、数据的可见性以及使用限制，即个人数据的保护制定了原则和规范。GDPR 合规性不受自然地理的限制，只要存储和处理了欧盟数据主题的数据，都必须遵守该条例。GDPR 虽未明确禁止数据出境，但规定任何欧盟境内机构组织，涉及相关数据处理均须在主体授权前提下进行最审慎处理。GDPR 的处罚力度空前，2019 年 7 月，英国航空公司因违反 GDPR 被处以 1.8339亿英镑（约 15.8 亿元人民币）罚款，成为目前数据安全保护史上的最大罚单[⊖]。

GDPR 最重要的两个原则在于：①最大限度地保护个人隐私，严格限定企业、政府对个人信息数据的使用条件，将科技、人工智能、数据渗透阻挡于个人隐私之外；②要求人工审查重要的人工智能中的算法决策，提供个别算法决策的详细解释或关于算法如何做出决定的一般信息，从而大大降低技术黑箱问题的存在。这两个原则试图保护人类个体不受越发失控的数据或技术黑箱的侵害。

1. GDPR出台的目的

欧盟希望通过 GDPR 加强对数据的保护力度，统一欧盟内部的数据保护制度，促进欧盟的数字经济发展。1993 年欧盟就开始布局数字经济，在其《迎接 21 世纪的挑战》白皮书中，明确提出发展数字经济对于欧盟的重要性，并且认为欧洲整个社会都应该创建信息社会的战略。在《i2010——欧洲信息社会：促进经济增长和就业》报告中，欧盟提出在三大领域的改进措施：内部建立统一的以数字经济为导向的法律；深化与私营领域进行合作，提升数字创新的领导力；提供便捷的在线服务。2015 年，欧盟还发布了数字一体化市场战略，战略旨在为欧盟个人和企业提供更好的数字产品与服务，为数字网络和服务发展创造有利条件，并且在未来能够取得更大的发展潜力。GDPR 直接适用于各个成员国，不需要成员国国内法律落实，因此能够充分落地。

⊖ 宁波市人民政府办公厅. 宁波市公共数据安全管理暂行规定［EB/OL］.（2020-10-09）［2022-12-04］. dsjj.ningbo.gov.cn/art/2020/10/9/art_1229051079_1620931.html.

⊖ 李晓轩，蒙永明. 做好跨境数据安全管理 护稳商业银行国际业务［J］.现代商业银行，2022（8）：38-41.

欧盟希望通过GDPR形成统一规范的数字经济市场。数据的自由流动是确保欧盟数字经济一体化发展的前提，也是未来创新与增长的动力。而现在分散的欧盟市场，不利于云计算、大数据、物联网等产业在欧盟的发展壮大。GDPR要求不能以保护个人信息或者个人数据为理由限制数据在欧盟范围内的自由流动，并且取消了数据本地化的限制，服务提供商从此并不需要在所在国或者地区建立昂贵的数据中心，从而大大降低了服务提供商的压力，促进了数据的流通。同时，欧盟也在建立统一数字经济社会与提升个人数据保护水平之间寻求平衡，从2012年GDPR草案公布后，收到了超过4400多份的修改意见，可见其背后政治、经济和文化因素之间博弈的复杂性。

隐形的政策目的在于，GDPR对非欧盟国家设置了一定的贸易壁垒，从而保护欧盟内部企业，促进自身发展。数据是发展数字经济的关键，因此提升欧盟对内部数据的掌控权，一定程度上就能保护内部企业，提升其竞争力。传统壁垒主要有补贴、提高关税等形式，现代新型壁垒则逐渐衍变出数据技术、数据保护等方式，而GDPR中包含的一些标准如"同意权""透明度原则""自动化决策和数据画像"等都呈现出新型壁垒的特点。数据保护政策有助于欧盟提升数据掌控权，保护和发展欧盟的数字经济在数字经济领域的影响力。

2. GDPR的特点

与欧盟之前出台的数据保护规则相比，GDPR的特点可以概述为六个方面。

第一，数据保护执行力更强。欧盟早在1995年就出台了数据保护的相关法令，但形式仅限于指令，还需要各个成员国制定相应的国内法来进行转换。各项条款也不够细化，因此执行力度在各个成员国之间大打折扣。GDPR却完全不同，其出台本身就可直接适用于整个欧盟，不需要进行任何转换，有效解决了国家之间的差异性问题和效力问题。同时，欧盟还出台了一站式监管模式，即根据企业的所在国来确定数据监管机构，由当地的数据保护机构进行统一的管辖，统一了欧盟的数据规范，使得GDPR的执行力增强。

第二，欧盟数据管辖权，也就是法律的域外效力进一步扩张。在跨境数据的自由流动方面，管辖权是核心，掌握管辖权一定程度上就能控制数据的流动规则。传统思维的数据管辖权都是以地理位置为标准的静态划定的思路，而GDPR中的数据管辖进行了升级，通过弱化数据地理管辖范围的限制，用动态的数据管理和处理行为作为管辖的核心关注点，只要涉及欧盟的个人数据就应遵守，且至今在国际领域还没有建立起相关的数据保护国际标准。这在一定程度上扩大了欧盟在个人信息数据保护方面的管辖权，并且会随着欧盟实力的增强而不断扩大。

第三，将数据保护与发展数字经济相结合，但更侧重于数据保护。这种价值取向主要是基于两个因素：①欧盟的数字经济和数据产业并没有达到高度发达的状态，因此，欧盟更多是站在数据需求方的立场进行立法规范市场；②欧盟的数据保护传统以及由此建立起来的人权保障机制，使得欧盟把数据安全放在首位。

第四，在加强数据保护的同时，兼顾中小微企业的利益。欧盟在强调数据保护义务和责任的同时，也着重关注中小微企业的利益，通过对企业规模的划分，来避免对企业形成过重的负担。GDPR中的第40条特别指出，各成员国在制定行动指南的时候应该充分考虑到中小微企业的特殊需求；同时在惩罚的金额方面，采用的是两种模式，一种是两千万或一千万欧元的惩罚，另一种是全球年营业额的百分比，虽然两者取最高，但是对于营业额较低的中小微企业，会根据不同案件、不同程度有不同的罚金；在设立相应的数据保护机制时，并没有强制规定所有企业都要设立，只是针对一部分特殊的企业设立。这些都体现了GDPR对中小微企业的关注。

第五，在规则设定上强调技术中立，虽然实际情况值得商榷。在这个快速变革的时代，技术发展速度要远远超过立法的速度，因此GDPR更多地强调技术中立，从而避免因为技术革新而出现的规则漏洞或者法律影响技术的发展，但是这样的指导思路能否实现值得探讨。例如在GDPR中，根据数据可携带权，用户拥有数据的自主决策，数据可以在多家企业进行转移。但是这样的行为本身就违背了技术发展的规律，因为大数据需要长期的数据积累和深度学习才能发展得更好，这样的选择违背了技术中立的初衷。

第六，以私权为切入点强化公权。个人数据保护权属于私权，GDPR其实是将这种私权转化成为公权进行介入。这主要体现在两个方面：①欧盟作为监督机关有权力对数据处理者的行为或记录进行检查，对于违规的行为进行处罚；②通过对私权领域的保护，推动欧盟在公权领域的扩大。

3. GDPR对欧盟的影响

GDPR自出台以来对欧盟产生了重大影响，具体表现在以下几个方面。

1）网络安全状况改善：2017—2018年BitSight机构对全球不同地区网络安全评级，欧盟的表现不尽如人意。自GDPR实施以来，欧盟的网络安全评级不断上升，由原来的落后于大洋洲逐渐转变为世界评级最高的地区，超过排名最低的非洲地区近10％的等级。这在一定程度上反映出GDPR的成效，网络安全的推进也保证了地区的稳定与安全。

2）数据主权拓展：GDPR一周年报告显示，GDPR的影响遍布全球，智利、韩国、阿根廷和肯尼亚等国都积极响应，签订跨境数据流通国的充分性认定条款。GDPR适用于欧盟及与其产生关联的来自全球各地的企业，拓展了欧盟的数据主权。

3）数字经济发展：保证其自身内部的数字经济安全。美国和中国的数字经济巨头，如谷歌、亚马逊、腾讯等在欧洲已发展成熟，具备较强的竞争力。GDPR可以在一定情形下对这些巨头实行巨额罚款，为欧盟内部的数字经济企业提供利于发展的环境 ⊖。

4. GDPR与中国立法对比

GDPR和我国《数据安全法》的相同点是管辖范围宽，对数据的跨境流通都做出一定限制。若中国境外主体违反了我国《数据安全法》，损害到境内主体的利益，那么我国有权管辖该境外主体。GDPR要求满足一定条件的大型企业必须要设立数据安全官，我国《数据安

⊖ 张彭.大数据安全背景下欧盟《通用数据保护条例（GDPR）》研究［D］.上海：华东师范大学，2020.

全法》则要求重要数据处理者必须明确数据安全负责人和管理机构。二者最大的区别在于保护客体的范围，我国《数据安全法》保护的客体是任何以电子或其他方式对信息的记录，GDPR 保护的仅是自然人的个人数据。

9.3.3　美国数据安全立法

美国国会研究服务局（Congressional Research Service，CRS）是专门为美国国会工作，向美国的参众两院提供政策和法律建议的机构。CRS 分别于 2019 年 3 月和 5 月发布了《数据保护法：综述》和《数据保护与隐私法律简介》两份报告，系统介绍了美国数据保护立法情况。

与欧盟统一立法模式不同，美国联邦层面没有统一的数据保护基本法，鉴于普通法和《宪法》对数据保护的局限性，美国采取了分行业式分散立法模式，美国国会颁布了一系列数据保护联邦立法，在电信、金融、健康、教育以及儿童在线隐私等领域有专门的数据保护立法。具体如下。①《格雷姆 - 里奇 - 比利雷法》（GLBA）:《金融现代化法》，旨在对金融机构处理非公开个人信息（Nonpublic Personal Information，NPI）进行规定。②《健康保险流通和责任法》（HIPAA）：旨在保护受保护的健康信息（Protected Health Information，PHI）。③《公平信用报告法》（FCRA）：旨在确保信用报告机构（Credit Rating Agencie，CRA）的报告中消费者信用信息的准确性，保护消费者免受错误信用信息的侵害。④《视频隐私保护法》（VPPA）：旨在保护租赁、买卖或交付录像带和视听资料过程中的个人隐私，规定未经消费者明确同意不得披露消费者的个人可识别信息（Personally Identifiable Information，PII）。⑤《家庭教育权和隐私权法》（FERPA）：旨在保护教育机构收集的教育信息。⑥《联邦证券法》：没有直接对数据保护进行规定，但是要求公司应采取防止数据泄露的控制措施，在发生数据泄露时及时向证券交易委员会披露相关情况。⑦《儿童在线隐私保护法》（COPPA）：旨在对商业网站或网络服务商收集、使用或披露 13 岁以下儿童的个人信息行为进行规定。⑧《电子通信隐私法》（ECPA）：不针对特定领域进行规定，是美国目前有关电子信息最全面的立法。但是也有批评者指出，ECPA 规定的是窃听和电子监听行为而非商业数据收集行为。⑨《计算机欺诈和滥用法》（CFAA）：旨在规制计算机黑客，禁止未经授权侵入计算机，不解决数据收集和使用等数据保护问题。但 CFAA 对于未经授权而侵入计算机并获得了他人信息的行为规定了法律责任。⑩《联邦贸易委员会法》（FTC Act）：旨在"禁止不公平或欺骗性贸易行为"，在数据保护方面发挥着重要作用。但 FTC Act 并未要求企业遵守特定的数据保护实践，并且无法规制没有做出数据保护承诺的企业。⑪《金融消费者保护法》（CFPA）：与 FTC Act 类似，旨在禁止机构从事不公平、欺骗或滥用行为。CFPA 新设了消费者金融保护局，专门负责消费者金融保护，职责包括制定规则、进行法律监督和执行[⊖]。

　　美国一方面支持数据跨境自由流动，另一方面也将数据出境作为影响其国家安全的重要方面而有所限制，这在《国家安全与个人数据保护法案2019》中体现得尤为明显。值得关注的是，美国立法者在解决数据出境可能带来的风险方面表现出了监管技巧，使得美国同样在实施数据本地化但较少受到国际社会质疑。美国并未一刀切地要求数据本地化，通过《国家安全与个人数据保护法案2019》大体可以看出，其立法者更倾向于建立黑名单制度，以保障国家安全和个人隐私为由仅对部分国家进行数据传输限制，在具体执行上主要通过个案审查机制，实现灵活管控。此外，美国还充分利用外商投资审查、出口管制、加强供应链安全管理等措施达到限制数据出境的效果[⊜]。

◎ **本章思考题：**

　　1. 新时代的数据安全管理还有哪些?
　　2. 如何更好地利用《数据安全法》来保护数据安全?

⊖　王滢. 数字经济时代世界各国数据安全立法现状探讨［J］. 法制博览，2020，2：215-216.

⊜　黄道丽，胡文华. 中国数据安全立法形势、困境与对策：兼评《数据安全法（草案）》［J］. 北京航空航天大学学报（社会科学版），2020，33（6）：9-17.

第10章 ●─○─●─●─●

数据资源管理机构

■ **章前案例**⊖⊜：

2015 年 9 月，国务院印发的《促进大数据发展行动纲要》指出，我国在大数据发展与应用方面存在缺乏顶层设计和统筹规划等问题。为统筹推进大数据发展与应用，沈阳、广州、成都、保山、兰州、厦门、石家庄和黄石组建数据管理机构。2016 年 3 月出台的《中华人民共和国国民经济和社会发展第十三个五年规划纲要》提出，实施国家大数据战略。为响应国家号召，咸阳、宁波、江门、贵阳、银川和青岛成立数据管理机构。2017 年，数据管理机构的组建态势向纵深发展，中卫、佛山、南通、合肥、呼和浩特、昆明、杭州、江门、酒泉、重庆、阳江和鞍山纷纷组建数据管理机构；成都改变数据管理机构的组建方式，由政府部门挂牌转换为成立事业单位。

2018 年 2 月，党的十九届三中全会审议通过了《中共中央关于深化党和国家机构改革的决定》。在职责归类、统筹协同和府际差异的原则性设计下，组建数据管理机构成为大数据背景下地方机构的改革亮点。上海、北京、南宁、大连、天津、常州、徐州、抚顺、温州、福州、西宁和鄂尔多斯共 12 个地方政府组建数据管理机构，重庆、沈阳和阳江的数据管理机构则由事业单位或挂牌部门变为独立的政府部门。数据管理机构是冠以"大数据管理中心""数据管理中心"等名称，负责统筹管理、协同治理和审慎监管数据资源，推动数据发展和应用的行政单位或事业单位。各地在组建数据管理机构时，出现了重组新部门、下设事业单位和原有部门挂牌三种不同的组建方式。

⊖ 国务院. 国务院关于印发促进大数据发展行动纲要的通知 [EB/OL]. (2015-09-05) [2022-11-28]. www.gov.cn/zhengce/content/2015/09/05/content_10137.htm.

⊜ 中共中央关于深化党和国家机构改革的决定 [EB/OL]. (2018-03-04) [2022-11-28]. http://news.cnr.cn/native/gd/20180304/t20180304_524151927.shtml.

案例思考题:

1. 组织机构开展数据资源管理的参与者有哪些?

2. 数据资源管理的组织架构如何设计?

10.1　数据资源管理参与者

加强对数据管理职责范围的明确和界定,在最大限度地提高数据管理水平方面具有重要作用。发电企业在实际的建设、管理和经营中会产生大量数据,数据管理职责包含主管部门、运营单位、项目建设总包商等部门要遵守的相关标准和要求。发电企业要构建数据管理标准程序,根据管理组织规模,制定科学合理的数据管理标准,明确规定部门人员的职责范围,做好对数据采集流程以及移交流程的规范和管理,以实现对数据的规范化、标准化、自动化管理。本节主要介绍数据管理参与者及其角色与责任。

10.1.1　数据资源管理主体

1. 企业的数据管理参与者

企业数据管理的参与者有数据架构者、数据产生管理者、数据应用管理者和各数据所有者。根据信息架构管理的原则,数据架构者需要建立企业级信息架构,统一数据语言,保证所有变革项目须遵从数据管控要求。对于不遵从管控要求的变革项目,数据管控组织拥有一票否决权。应用系统设计和开发应遵从企业级信息架构,保证关键应用系统必须通过应用系统认证。

根据数据产生管理原则,数据产生管理者需要将数据规划对齐业务战略规划,业务战略规划必须包含关键数据举措及其路标规划,保证公司数据所有者拥有公司数据管理的最高决策权。各数据所有者承担数据工作路标、信息架构、数据责任机制和数据质量的管理责任。关键数据须定义单一数据源,多点调用。数据质量问题应在源头解决。谁产生数据,谁对数据质量负责。数据所有者负责基于使用要求制定数据质量标准,且需征得关键使用部门的同意。

根据数据应用管理原则,数据应用管理者应该让数据应在满足信息安全的前提下充分共享,数据产生部门不得拒绝跨领域的、合理的数据共享需求。信息披露、数据安全管理、数据保管和个人数据隐私保护等必须遵守法律法规和道德规范的要求。公司保护员工、客户、商业伙伴和其他可识别个体的数据。根据数据问责与奖惩管理原则,各数据所有者应建立数据问题回溯和奖惩机制。对不遵从信息架构或存在严重数据质量问题的责任人进行问责。

2. 科研数据管理参与者

在科研数据管理中，数据管理参与者有数据中心、机构 IT 部门和图书馆等。数据中心用来在 Internet 网络基础设施上传递、加速、展示、计算、存储数据信息，是科研数据管理中最核心和最重要的部分。在科研数据管理中，数据中心主要承担长期管理数据、满足良好的时间标准、提供技术培训、保护数据提供者的权利、为数据利用者提供工具等任务。

科研数据的搜集、存储、共享、获取等各个科研数据管理的环节，需要以 IT 基础设施的建立和维护为基础，因此 IT 部门作为科研数据管理基础设施的建设者，其重要性越来越凸显。长期以来，图书馆的主要工作包括语义描述及规范、分类编目、数据挖掘及加工以及信息资源建设等。为此，在科研数据管理的内容组织方面，图书馆一直都被认为是最为理想的组织部门。因此，在科学数据管理与传播共享的过程中，图书馆作为科研数据管理的核心服务部门之一，其主要责任是对科研数据内容的组织和为科研数据管理的用户提供科研数据咨询服务。

3. 政府数据管理参与者

在数字政府中，数据管理者有政策制定部门、政策执行部门、政策监督部门、政府公职人员。①政策制定部门在政府数据开放中负责制定政府数据开放的政策，明确数据开放原则、数据标准、政策范围等系列内容。另外，政策制定部门还负责指导与协调各级政府、不同部门之间的数据开放工作。②政策执行部门负责建立符合标准的数据开放平台，负责数据搜集、存储、处理、发布等相关工作。③政策监督部门即负责数据开放的安全审查和绩效考核两项重要工作的政府机关。该部门既要保证数据开放工作合法合规，确保国家安全、商业机密、个人隐私得到保护，又要建立数据开放的考核和奖惩制度，将数据开放纳入政府绩效评估范围，以使数据开放工作系统化和常态化。④上述政府部门中的政府公职人员，一方面，负责政府数据开放中的具体工作，例如维护数据开放平台的正常运转；另一方面，负责与用户进行交流互动，及时了解民意并反馈给相关部门，搭起政府与公民之间沟通的桥梁。

10.1.2 数据资源管理主体角色与责任

1. 企业数据管理角色与责任

在企业数据管理中，主要有公司数据所有者、各数据所有者、各级流程所有者和数据这几个角色。例如，华为按分层分级原则任命数据所有者，在公司层面设置公司数据所有者，在各业务领域设置领域数据所有者，这样既能确保公司数据工作统筹规划，也能兼顾各业务领域灵活多变的特征。

公司数据所有者是公司数据战略的制定者、数据文化的营造者、数据资产的所有者和数据争议的裁决者，拥有公司数据日常管理的最高决策权，职责有：制定数据管理体系的愿景和路标；传播数据管理理念，营造数据文化氛围；建设和优化数据管理体系，包括组织与任命、授权与问责等；批准公司数据管理的政策和法规；裁决跨领域的数据及管理争议，解决跨领域的重大数据及管理问题。

各级流程所有者就是该流程域的数据所有者，在公司数据所有者的统筹下负责所管理流程域的数据管理体系的建设和优化。各业务部门是执行规则，保证数据质量，进而推动规则优化的关键环节。通过主管机构正式任命各数据主题域和业务对象的数据所有者与数据管家。数据所有者的职责有：①负责数据管理体系建设，数据所有者要负责所辖领域的数据管理体系建设和优化，传播数据管理理念，营造数据文化氛围；②负责信息架构建设，数据所有者要负责所辖领域的信息架构建设和维护，确保关键数据被识别、分类、定义及标准化，数据的定义在公司范围内唯一，数据标准制定要考虑跨流程要求；③负责数据质量管理，数据所有者要负责保障所辖领域的数据质量，承接公司设定的数据质量目标，制定数据质量标准及测评指标，持续度量与改进；④负责数据底座和数据服务建设，数据所有者要负责所辖领域数据入湖，建设数据服务，满足公司各个部门对本领域数据的需求；⑤负责数据争议裁决，数据所有者要建立数据问题回溯和奖惩机制，对所辖领域的数据问题及争议进行裁决，对不遵从信息架构或存在严重数据质量问题的责任人进行问责。数据管家是数据所有者的助手，是数据所有者在数据管理方面的具体执行者。

2. 科研数据管理角色与责任

在科研数据管理中，有数据管理员、数据经理、研究软件工程师、数据科学家、数据拥护者这五个角色。

数据管理员主要负责分析学院对数据管理的需求；制定政策和工作流程；确定技能差距并确保提供适当的培训；确定支持服务方面的差距并设计策略以弥补这些差距；就数据管理的内部和外部开发向学院提供建议。

数据经理主要负责分析研究团队的数据管理需求；规划、实施和监督工作流程与工具，以改善数据管理规范；监督数据的收集、描述、清理、合并、许可、共享和发布。

研究软件工程师主要负责为应用程序 / 界面 / 数据处理 / Web 服务等开发代码；倡导软件可持续性规范，监督并确保团队成员生成的代码的维护和文档化；设计和维护特定用例的数据库。

数据科学家主要负责查找、清理、合并、分析和解释数据集；确保不同项目数据的知识一致性；建模，可视化，呈现并向不同受众传达数据见解和发现，推荐应用程序。

数据拥护者主要负责为其他研究人员提供建议；倡导 RDM 和本地共享；和研究人员交流自己在数据管理方面的经验；参加数据拥护者会议。

3. 政府数据管理角色与责任

在数字政府中，政府的角色尤为重要，分为数据基础设施的建设者、网络可视化的指挥者、公共管理机制的创新者。

对于数据基础设施的建设者，政府信息公开、数据开放和信息服务的基础在于数据，信息技术还是"实现良政的重要手段"。信息数据只是辅助，数字政府的发展不能只依赖于信息技术。数字政府要明确定位政府在数字化转型过程中是数据的建设者，而不仅限于数据的拥有者。针对政府信息碎片化等行为，建设重点在于构建先进、安全和可靠的信息资源数据，形成数据共享交换平台、数据管控平台、数据开放平台，加强政府公共服务供给，促进数据互联互通和共享开放。

网络可视化类似于数据空间的"岗哨"，对网络数据进行采集，并将有用信息进行可视化处理后传递给最终用户。一般将采集设备称为网络可视化产业的"前端"，而将数据存储、分析与处理称为"后端"。网络可视化市场的大量需求来自政府，受相关预算情况的影响很难查到直接的数据。全面有效的可视化解决方案必须能够对整个网络中的所有动态数据提供全面可视化服务。由于当前网络信息呈爆发式增长状态，信息数据的数量越来越庞大，复杂、烦琐的信息数据使得公民想要甄别出有价值的信息数据变得十分困难，效率也越来越低，造成信息堵塞和安全危机。但是信息数据可视化主要由数字政府进行操作，通过有效的处理方法解决上述问题，让复杂的信息数据转化为直观易懂的信息，降低了公民获取信息数据的难度。数字政府作为网络可视化的指挥者，在开展"前端"和"终端"管理的过程中，全面了解网络，有效掌控各个部门、区域等相关网络数据流量，将主要的实际操作布置给基层技术人员，安排专门的技术人员使用评价、分析、交互的方法对信息数据进行处理。只有这样，在日益复杂的网络中，数字政府才能有效地管理、保护和了解动态数据的运行情况。

推广以公众为中心、为公众服务的治理理念是数字政府发展的一个重要趋势。这种治理理念创新的实质是要改变公共部门集中权力的运行方式，重点表现在注重为公众提供个性化、便捷化、定制化的服务。面向未来，建立并完善有效的体制机制和政策体系应成为实现数字政府创新化发展的最重要抓手之一。依托现代信息技术大力发展数字政府，着力倡导理念创新、制度创新、技术创新、体制机制创新，构建"政企合作"新模式，致力于实现政府数字化转型。逐步建立中央政府和地方政府统一共享、开放互助的信息体系，通过中央政府与地方政府上下互动的构建模式，打破沟通合作体制机制中的障碍。同时，不断利用数字时代延伸出的大数据技术科学评估中央政府和地方政府的供给决策机制，补齐短板，优化更新。

10.1.3 数据要素利益相关方

1. 如何分析数据要素利益相关方

识别和分析数据要素利益相关方，可以采用利益相关者分析。利益相关者理论认为，企业并不只是为了股东的利益服务，所有利益相关者都对企业拥有所有权，为了企业的持久生存和长远发展，公司治理必须考虑各类利益相关者的诉求并为其留有足够的发言权。

按照经济学家 Freeman 在 1984 年提出的利益相关者概念框架，所谓利益相关者，指的是"那些影响企业目标实现，或者能够被企业实现目标的过程影响的任何个人和群体"。

利益相关者理论虽然发端于企业管理学科，但是利益相关者及其治理问题并非仅存于企业场域，这一分析还可以用来识别要素利益的相关方。利益相关者有三种类型，即确定型利益相关者、预期型利益相关者和潜在型利益相关者。确定型利益相关者同时拥有合法性、权力性和紧急性，对组织生存发展的意义重大，是管理层必须重点关注的群体；预期型利益相关者拥有三种属性中的两种，与组织保持着比较密切的联系，且对组织有一定的期望；潜在型利益相关者只拥有三种属性中的一种，时常处于蛰伏状态，根据组织的运转情况决定是否发挥作用。

2. 企业数据要素利益相关方

在企业数据管理中，确定型利益相关者有企业股东、企业管理者和企业员工。对于企业股东，以会计信息相关数据为例，大股东对于国家总体经济形势，公司所在行业的前景，公司本身的前景，企业的营运能力、偿债能力、经营风险等信息十分关注；而对于小股东而言，他们被动地参与企业决策，希望通过企业披露的会计信息进行获利状况的评价，侧重关注企业的发展前景、竞争地位、经营风险、盈利能力等信息。

对于企业管理者而言，一方面，必须协调和平衡员工、投资人与债权人的利益需求，因此，管理者特别关注企业的财务状况、持续发展能力和盈利能力等相关数据。另一方面，管理者需要掌握企业拥有的各项资源，了解企业实际营运状况，以加强企业管理，提高企业核心竞争力。因此，管理者也特别关注企业的营运能力、总资产的营运效能、流动资产的周转速度、固定资产利用率等数据。这里的员工是指除管理者以外向企业投入人力资本的普通雇员。员工需要企业提供真实的数据，了解企业的经营情况和发展前景。所以，他们对于企业提供的经营状况、发展前景、工资报酬、福利制度的健全情况、退休后的保障、人身的自由权利等相关数据更为关注。

预期型利益相关者有政府、债权人和消费者。对于政府，主要关注区域财政税收状况、市场供求情况、城市社会秩序、吸纳城乡就业能力、生态环境和自然资源保护等数据。对于债权人，债权人向企业投入了债权性资本，其目的是按约定的利率收取利息。为了规避风险，债权人特别关注企业的盈利状况、短期偿债能力和长期偿债能力等相关数据。对于消费者，企业的价值和利润是通过为消费者提供产品与服务实现的，消费者对企业的生存和发展具有举足轻重的作用。消费者购买商品是为了满足需要，他们一般关注所购买的商品质量安全、商品性能、商品使用价值、价格、使用方法、服务态度、保养及修理便利程度等相关数据。

潜在型利益相关者有供应商、分销商和社区。对于供应商，主要为企业提供产品及相应的服务，是企业生存发展中不可或缺的合作伙伴。在经济一体化条件下，供应商与企业形成一条价值产业链，在合作中共赢。他们更加关注产品经营、产业链管理、质量认证制度、价格定位策略、企业形象与信誉等相关数据。对于分销商，是将商品从生产者转移给消费者的机构或个人，他们有力地克服了传统经营的弊端，对商品的推广具有促进作用。他们特别关注商品的市场竞争力、商品所带来的利润和附加值等相关数据。对于社区，企业开展基本建设和生产经营活动对其所在社区会产生许多影响。一方面，企业为社区提供就业岗位，促进社区劳动就业，也带动了周边区域的经济发展与文化繁荣；另一方面，企业在生产建设或日常经营活动过程中产生各种噪声、排放有害物质、造成交通拥堵、破坏生态环境等，在一定程度上影响或危及社区居民生活和身体健康。社区关注企业环境保护设备和经费的投入、公共利益重视程度、污染物达标排放、新增就业等相关数据。

3. 科研数据要素利益相关方

对于科研数据管理，确定型利益相关者有科研机构与科研人员、数据出版商、高校、图书馆；预期型利益相关者有国家及相关部门；潜在型利益相关者有科研资助机构。下面主要介绍确定型利益相关者。

高校作为我国科研的主要阵地和基础结构单元，其科研活动中的数据具有学科范围广泛、数据零散、类型多样、连续性较差等特点。其数据开源也较为复杂多样，主要包括本校科研活动数据、政府开放数据、社会调查或机构统计数据等。高校科学数据管理的目的是结合科研过程管理科学数据，交流和共享科学数据，为科技创新提供有力支撑。国家及相关部门从宏观层面制定科学数据管理政策，而高校则需制定详细的可供操作的细则，来规范数据的提交、组织、存储、共享及使用等，推动科学数据管理与共享平台的建设。

图书馆是高校的信息、情报、知识、文献服务机构。顺应大数据时代的发展要求，开展科学数据管理服务，是图书馆在新时代发挥支撑高校科研作用的使命担当，也是高校和科研人员对图书馆的基本要求，更是图书馆提升服务能力、实现自身价值的内在要求。图书馆可以充分发挥自身优势，向学校建言献策，参与制定数据管理政策，加强与二级单位协作，引入或建设科学数据管理平台，辅导编制数据管理计划，指导数据存储，完成数据整合、分析和关联，提供数据分享服务，为科研人员解决数据管理难题，提高科研效率和效益，保护数据安全和知识产权。

科研人员除了高校专职从事科研工作的"研究员"，也包括从事科研的师生。科研人员不仅要保存数据，而且要共享数据。科学数据管理能有效解决科研过程中数据分散、数据流失、存储缺乏安全保障的问题，有利于科研人员对相关数据的有效利用，同时吸引同一领域科研人员的兴趣，由此促进更加广泛、更加开放的学术交流与合作。

数据出版商希望通过合法的方式出版科学数据资源，提升出版物学术价值并取得高额利润收入。为促进科学数据共享，很多科技期刊对作者提出了数据管理要求。有着重要学术及应用价值的科学数据加工整理后，也可以独立公开出版或者发表。科研资助机构将科学数据开放共享并获得社会承认，则可以提升该机构的资金使用效益和社会公信力。

4. 政府数据要素利益相关方

对于数字政府数据要素的利益相关者分析，可将各个利益相关分析成政府类、市场类、社会组织、社会公众。政府类数据要素利益相关者有立法机构、管理机构和实施机构。开放数据各实施机构在政策制定、信息资源提供和整合、明确数据公开范围及顺序、数据公开渠道、数据质量标准、开放许可制度，制定开放数据指南、基础设施建设、资金投入、需求分析、反馈收集及改善、推进非政府组织参与等环节发挥主导作用，全面参与开放数据的具体实施工作，是开放数据建设的重要支柱。

政府的管理机构则从战略层面全面把控政府数据开放建设，统筹开放数据建设工作，协调推进政府各部门积极参与政府数据开放建设，是开放数据建设的领头羊。立法机构则参与政府数据开放与利用的政策制定过程，为政府数据开放与利用夯实法律基础。

市场类数据要素利益相关者有信息技术企业、数据创新企业、媒体、金融机构。信息技术企业在政府数据开放的前期规划和基础设施建设阶段发挥重要作用，投入先进的技术设备和技术人才，搭建开放数据建设的基础设施，为政府数据的高效存储和开放利用提供技术支撑。数据创新企业在政府数据开放许可下，利用自身的数据创新应用能力增值政府数据，基于社会需求开发出创新型的数据产品和服务，在自身获得经济收益的同时，也为解决农业、医疗、教育、交通、金融、就业等领域存在的社会问题提供了可行的解决方案。另外，数据创新企业因在数据治理方面的优势，使其在政府数据整合处理、存储设计、开放标准制定等方面有充当智囊团的可能，进而获得政府的资金支持。

媒体是促进政府数据开放和增值利用的重要参与者。首先，媒体是政府数据开放与利用的宣传者。其次，媒体也是政府数据开放与利用的监督者，一方面，政府数据开放强调公众平等地享有查看和利用公共信息资源的权利，另一方面，政府数据开放也指出政府应提高开放数据的质量和资源利用的便捷性。最后，媒体是公众需求反馈的桥梁。媒体的社会调查能贴切地反映群众在检索和利用政府开放数据时存在的问题及其实际需求，将群众的问题和需求向上反馈给政府，提升政府数据开放的质量。

金融机构在数据开放前期建设推进阶段，以及后续网站和数据维护过程中，投入大量资金，弥补了政府资金不足的问题，为开放数据建设提供资金支持，并获得经济及声誉上的回报。另外，金融机构在满足初创的数据驱动型企业的融资需求，推动形成完整的数据产业链方面也起到至关重要的作用。

社会组织类数据要素利益相关者有国际组织与社会团体、科研院所。国际组织和社会团体在数据开放与利用的整个过程中起到催化推动和智囊团的作用，在国际上以自身对政府开放的研究经验和能力指导与辅助各国数据开放实践，统一政府开放数据标准；在民间积极宣传政府数据开放相关工作，推进政府数据开放的普及教育，启蒙社会公众的权利义务意识和数据通识能力。作为激励，政府向该类社会组织提供财政支持，可以视为其收益。科研院所包括各类高校、科研机构，是政府开放数据的需求者和创新利用者，同时也是政府数据开放的智囊团。政府掌握的巨量数据是科研院所进行科学研究的重要数据资源。另外，科研院所通过直接参与、申请国家科研项目的形式投入知识、人力成本到政府数据开放的战略规划、政策制定、标准体系开发等方面，是政府数据开放的智力支撑。

社会公众是政府数据开放和利用的主要对象，政府数据开放的一切战略方针的制定都必将以社会公众及其他企业、社会团体的需求和问题为导向，合理、快速、高效、有序地开放政府所掌握的公共信息资源。社会公众可以分为两类：一是具有数据开发利用能力的公众；二是普通公众。他们的数据检索、分析与利用能力相对较弱，更多的是间接有偿/无偿地获得其他利益相关者提供的数据产品和服务来享受到政府数据开放释放的红利。另外，政府数据开放进一步拓宽了公民参政议政的途径，保障了公民的知情权和监督权，消除了政府与公民之间的信息不对称。最后，社会公众作为政府数据的利用者和受益人，积极主动地获取开放数据相关信息，合理利用并及时反馈利用过程中的问题和需求是激励政府优化数据开放，推进政府数据开放与利用形成闭环的生态系统不可或缺的重要一环。

10.2 数据资源管理机构设置

不同类型的机构有不同的数据管理体系。本节将讲解数据管理的机构，仅以政府、企业、科研类型的机构为例。

10.2.1 政府数据资源管理机构

在数字政府方面，数据管理机构主要有立法机构、管理机构和数据实施机构：①立法机构主要负责组织各级人民代表大会，负责政府数据开放与利用政策的表决；②管理机构主要负责政府数据开放与利用顶层战略规划、政策制定，协调各部门、各地级政府工作，指导和推进政府数据开放工作，对政府数据开放工作进行监管和评估；③数据实施机构如中央及地方的信息化小组、网信办、发改委及开放数据的具体部门等，负责主要数据开放与利用的指南、标准编制，数据提供、数据聚合与开放，资金的筹措等，促进开放数据的社会化利用。

10.2.2 企业数据资源管理机构

在数字企业中，数据管理的领导和组织内部机构有信息技术战略规划委员会、信息技术主管、信息化战略办公室和信息中心。

信息技术（战略规划）领导小组（委员会）是企业信息化工作的最高决策机构。信息技术主管负责具体领导企业信息化，尤其应领导制定和实施信息技术的发展战略与计划，发布与此有关的指令。信息化战略办公室具体制定和实施 IT 发展战略与计划，授权公司内各业务部门执行 IT 发展计划，并实施对 IT 的经费控制。除此之外，还授权 IT 支持部门或信息中心管理信息系统的开发，管理已经运行的系统的操作，管理经费开支等。信息中心通常的工作包括开发系统和管理系统的开发；操作管理及维护各系统。

在企业层面，以华为公司（案例分析）和中国建设银行（案例分析）为例。为支撑公司实施数据治理，华为在企业范围内建立了一个公司级数据管理部，代表公司制定数据管理相关的政策、流程、方法和支撑系统，制定公司数据管理的战略规划和年度计划并监控落实。建立并维护企业信息架构，监控数据质量，披露重大数据问题，建立专业任职资格管理体系，提升企业数据管理能力，推动企业数据文化的建立和传播。

华为数据管理组织有体系建设者、能力中心、业务的数据伙伴、文化倡导者；公司的数据管理专业组织、数据管控组织、财经各级 CFO 组织、公司各级数据管理专业组织、内审部门、内控组织。体系建设者负责数据管理的战略、规划、政策、规则的制定，负责数据管理体系建设，进行数据架构及核心数据资产管理，确保公司数据质量水平。能力中心主要负责构建数据管理的方法、工具、平台，负责专业能力的开发和建设，包括数据架构、数据分析、信息管理、数据质量管理。业务的数据伙伴主要负责面向业务提供数据解决方案，解决业务数据痛点，支撑业务数据需求，向业务提供标准化的主数据或基础数据服务。文化倡导者主要负责在公司范围内建设追求卓越、"谁创建（录入）数据，谁对数据质量负责"的文化，用数据支撑业务决策的文化。

公司的数据管理专业组织作为公司数据工作的支撑组织，负责组织信息架构的建设、维护、落地及遵从管控，负责协调跨领域的信息架构冲突。各领域各事业群（BG）数据管理专业组织协助完成本领域信息架构建设和维护工作。数据管控组织作为信息架构专业评审机构，确保信息架构的质量和集成。财经各级 CFO 组织应遵循职业道德准则，诚实记录和报告财经数据，承担财务监控和及时报告责任。

公司各级数据管理专业组织为数据拥有者提供数据质量管理专业支撑。内控组织应将数据质量管控要素的执行情况纳入 SACA（Semi-Annual Control Assessment，半年度控制评估）评估范围，推动数据质量问题的闭环管理。内审部门作为独立机构，负责重大数据问题的审计和责任回溯。中国建设银行已建成了以"一委、一部、一中心"为主的三层数据管理组织结构体系，数据治理委员会作为中国建设银行数据管理组织最高领导机构，负责全行数据管理整体工作规划、重大事项的决策制定和实施。该机构下设数据管理部和上海大数据智慧中心，纵向覆盖高层推动、中层管控、下层执行，横向贯通业务、数据、IT 三者之间的紧密协同，一方面强调高层领导对数据管理工作的重视及指导，另一方面重点突出业务、数据、IT 三者的共同责任及关系，其中数据管理部作为全行数据资源的综合管理部门，牵头全行数据治理体系建设，履行数据治理专业委员会职责，负责外部监管数据报送工作，同时管理上海大数据智慧中心的业务，牵头推动全行数据管理与数据应用能力持续提升。

10.2.3 科研数据资源管理机构

在科研数据资源管理中，数据管理机构有政策制定机构、科研资助机构、科研活动机构、数据管理机构、出版机构、数据生产机构。政策制定机构主要负责战略开发、政策开发、制定政策、获取政策反馈；科研资助机构主要负责共享协议、监督数据；科研活动机构主要负责生产数据、利用数据；数据管理机构主要负责平台运营、数据管理、数据保存、数据开放、咨询服务、教育培训；出版机构主要负责充当数据中介、开展数据出版；数据生产机构主要负责采集数据、提供数据。

◎ **本章思考题：**

　1. 数据资源管理与大数据资源管理有何异同？
　2. 还有哪些数据资源管理机构？